# Stufenlos verstellbare mechanische Getriebe

# Stufenlos verstellbare mechanische Getriebe

Von

## Dipl.-Ing. Friedr. W. Simonis VDI

Reg.-Baurat a. D.

Beratender Ingenieur VBI, Vereidigter Sachverständiger
für Werkzeugmaschinen und Werkzeuge, Berlin

Zweite, völlig neubearbeitete und erweiterte Auflage
des in erster Auflage erschienenen
Werkstattbuches Heft 96

Mit 252 Abbildungen

Springer-Verlag

Berlin / Göttingen / Heidelberg

1959

ISBN-13: 978-3-642-47373-9     e-ISBN-13: 978-3-642-47371-5
DOI: 10.1007/978-3-642-47371-5

# Vorwort

Für zahlreiche Arbeitsmaschinen wie Papier-, Druck-, Textil- und besonders auch Werkzeugmaschinen ist eine stufenlos veränderliche Antriebsdrehzahl erwünscht, wenn nicht geradezu unabdingbar erforderlich, da nur hierdurch volle Ausnutzung der Antriebsleistung und bestmögliche Anpassung der Drehzahlen an die jeweilig veränderlichen Arbeitsbedingungen erreicht wird. Bei Werkzeugmaschinen ist diese Forderung insbesondere dadurch bedingt, daß verschiedenartige Werkstoffe mit unterschiedlichen Werkzeugen zu bearbeiten sind, wobei Schnittgeschwindigkeiten und Vorschübe, um immer beste Arbeitsverhältnisse zu schaffen, möglichst nicht in Stufen, sondern als Idealfall stufenlos verändert werden sollen. Beste Bearbeitung, höchste Leistung, sichere Vermeidung von resonanzgefährdeten Schwingungsbereichen und volle Ausnutzung der Werkzeuge erfordern feinfühlige Anpassung der Drehzahlen an die jeweiligen Betriebsverhältnisse, was nur durch eine stufenlose Verstellmöglichkeit der Drehzahlen möglich wird. Es ist aus diesen Gründen verständlich, daß von immer mehr Firmen Getriebe entwickelt werden, die geeignet sind, derartige Forderungen zu erfüllen, und daß Firmen, die seit langer Zeit stufenlose Getriebe bauen, sich bemühen, ihre Erzeugnisse durch vertiefte wissenschaftliche Erkenntnisse und konstruktive Verbesserungen immer mehr den Forderungen der Praxis anzupassen.

Das vorliegende Buch ist in erster Auflage 1949 als Heft 96 der Werkstattbücher erschienen. Der Stoffumfang ist inzwischen derart angewachsen, daß es notwendig wurde, es nunmehr als selbständiges Buch herauszugeben und auf mechanische Bauarten zu beschränken. Es soll dem Betriebsmann und auch dem Studierenden eine kurzgefaßte Zusammenstellung der wichtigsten heute ausgeführten stufenlos verstellbaren *mechanischen* Getriebe unter Kennzeichnung ihrer wesentlichen Merkmale, Sonderheiten und Betriebseigenschaften bieten.

Berlin-Dahlem, im Juli 1959

**Friedr. W. Simonis**

# Inhaltsverzeichnis

# 1. Einleitung

## 1.01 Möglichkeiten stufenloser Drehzahlveränderung

Das Bedürfnis, die Antriebsdrehzahlen von Arbeitsmaschinen verändern zu können, um Drehzahl, Drehmoment und Leistung den jeweiligen Betriebsverhältnissen und Arbeitsbedingungen anzupassen und möglichst wirtschaftlich zu arbeiten, ist fast so alt wie die Technik selbst. Der Zusammenhang zwischen Drehzahl, Drehmoment und Leistung ist durch die Grundgleichung

$$n = 71\,620 \cdot \frac{N}{M_d}$$

$n$ = Drehzahl in U/min,
$N$ = Leistung in PS,
$M_d$ = Drehmoment in cmkg

gegeben. Bei gleichbleibendem Drehmoment steigt also die Leistung mit wachsender Drehzahl linear an; bei gleichbleibender Leistung sinkt mit wachsender Drehzahl das Drehmoment nach einem hyperbolischen Gesetz ab.

Bei bestimmten Kraftmaschinen wie Diesel- und Ottomotoren, Wasser-, Dampf- und Gasturbinen können deren Drehzahlen durch geeignete Maßnahmen unmittelbar verändert werden. Der zum Antrieb von Arbeitsmaschinen in der Industrie am häufigsten verwendete Drehstrommotor jedoch besitzt eine gleichbleibende Drehzahl, die von der Frequenz und der Polpaarzahl nach dem Gesetz

$$n = \frac{60 \cdot f}{p}$$

$f$ = Frequenz in Hz,
$p$ = Polpaarzahl.

abhängt.

Bei Benutzung dieses billigen, wirtschaftlichen und praktischen Antriebsmotors müssen zwischen ihm und solchen Arbeitsmaschinen, die aus betrieblichen oder arbeitstechnischen Gründen veränderliche Drehzahlen erfordern, *Getriebe* eingebaut werden. Seit langem bekannt sind zur Änderung der Antriebsdrehzahlen von Arbeitsmaschinen zahlreiche Ausführungen von Stufengetrieben, die meistens mit Hilfe von Riemen oder von Zahnrädern arbeiten. Der Nachteil der Stufengetriebe liegt darin, daß diese keine kontinuierliche Veränderung der Arbeitsdrehzahlen ergeben und daß zum Umschalten entweder die Maschine angehalten werden muß oder eine Rutschkupplung erforderlich ist, die beim Umschalten mehr oder weniger lange rutschen muß, bis An- und Abtriebswelle wieder mit gleicher Drehzahl laufen, was oft mit erheblichen Beschleunigungs- oder Verzögerungsstößen verbunden ist, wenn nicht

1 Simonis, Getriebe, 2. Aufl.

eine besondere, die Kosten beträchtlich erhöhende Synchronisierungseinrichtung vorgesehen wird.

So wird es verständlich, daß die Technik sich bereits seit langem mit dem Problem der stufenlosen Drehzahlveränderung beschäftigt. Stufenlose Veränderung von Abtriebsdrehzahlen kann grundsätzlich durch folgende drei Verfahren erreicht werden:

a) Durch stufenlos verstellbare mechanische Getriebe,
b) durch stufenlos verstellbare hydraulische Getriebe und
c) durch Verwendung von besonderen elektrischen Schaltungen oder von Spezial-Elektromotoren.

Die nachstehenden Ausführungen sollen einen Überblick über die wichtigsten bekannten Ausführungen stufenlos verstellbarer mechanischer Getriebe geben. Die erwähnten hydraulischen Getriebe arbeiten nach hydrostatischem oder hydrodynamischem Prinzip und stellen grundsätzlich die Kombination zwischen einer mit konstanter Drehzahl angetriebenen Flüssigkeitspumpe und einem mit veränderlicher Drehzahl arbeitenden Flüssigkeitsmotor dar[1].

Stufenlose Drehzahlverstellung auf elektrischem Wege erfordert meistens Gleichstrom (Gleichstrom-Nebenschlußmotor, LEONARD- sowie Zu- und Gegenschaltung) oder zum Teil recht komplizierte elektronische Drehstromschaltungen bzw. Gittersteuerungen. Die hierfür erforderlichen Aufwendungen lohnen sich meist nur bei größeren Leistungen oder, wenn zahlreiche Antriebsmaschinen gemeinsam miteinander hinsichtlich ihrer übereinstimmenden Drehzahlen zu verändern sind.

## 1.02 Grundsätzliche Anforderungen an stufenlos verstellbare mechanische Getriebe

Die grundsätzliche Aufgabe bei der Konstruktion eines stufenlos verstellbaren Getriebes besteht darin, eine möglichst vollständige Leistungsübertragung bei kontinuierlicher Drehzahlveränderung über einen möglichst großen Verstellbereich, oft mit möglichst gleichbleibender oder doch nur wenig abfallender übertragbarer Leistung ohne Unterbrechung des Kraftschlusses beim Verstellen zu verwirklichen, was bei Verwendung von Stufengetrieben, selbst wenn man eine große Vielzahl von sich evtl. sogar überdeckenden Stufen anordnet, nicht möglich ist. Das Verstellen soll möglichst sowohl im Stillstand, im Leerlauf als auch bei belastet laufendem Getriebe möglich sein. Der Wirkungsgrad soll möglichst über den gesamten Verstellbereich gut und tunlichst nicht schlechter sein, als der von entsprechenden Zahnradgetrieben. Das Getriebe soll einen möglichst großen Verstellbereich (Verstellbereich gleich Verhältnis zwischen $n_{max}$ und $n_{min}$ der Abtriebswelle) ermöglichen und, ähnlich wie bei Zahnradgetrieben, wenig Wartung benötigen, verschleißarm, ruhig, ruckfrei und geräuschlos arbeiten sowie auch nach langer Betriebszeit seine Drehzahl- und Leistungscharakteristik nicht verändern. Der Raum- und Gewichtsbedarf soll möglichst nicht größer sein

---

[1] KRUG, H.: Flüssigkeitsgetriebe, 2. Aufl. Berlin/Göttingen/Heidelberg: Springer 1959.

als der eines entsprechenden Stufengetriebes. Seine Verstellung muß
einfach, mit geringen Kräften und möglichst auch durch besondere
Maßnahmen von einem beliebigen, nicht in unmittelbarer Nähe des
Getriebes befindlichem Ort aus erfolgen können. Die Betriebssicherheit
soll in jeder Hinsicht möglichst groß sein, und die stufenlos verstellbaren
Getriebe sollen sich den verschiedenen Einbau- und Drehzahlanforderun-
gen — möglichst in kostensenkender Baukastenausführung — weitmög-
lich anpassen können.

# 2. Reibradgetriebe mit Kegelscheiben und Zylindern

## 2.01 Grundsätzliches

Sehr viele der in der Praxis zur Anwendung kommenden stufenlos
verstellbaren mechanischen Getriebebauarten sind Reibgetriebe. Bei
allen Ausführungen von Reibgetrieben, die nur kraftschlüssig, nicht
formschlüssig sind, ist ein gewisser Schlupf zwischen treibender (An-
triebs-) und getriebener (Abtriebs-) Welle nicht absolut zu vermeiden.
Ein solcher Schlupf hat einerseits grundsätzlich zwar den Vorteil, daß
in ihm eine gewisse Sicherheit gegen eine Überbelastung des Getriebes
selber und evtl. anderer im Antrieb liegender Bauteile zu erblicken ist,
d. h., wenn die übertragenen Drehmomente zu groß werden, rutscht das
Triebwerk an der reibenden Übertragungsstelle.

Im Interesse eines guten Wirkungsgrades ist jedoch anzustreben,
bei gewöhnlicher Belastung möglichst weit von der Schlupfgrenze entfernt zu bleiben. Bei Ganzmetall-Reibgetrieben ist es zweckmäßig,
jeden Schlupf möglichst weitgehend zu vermeiden, weil mit zunehmen-
dem Schlupf der Verschleiß wächst und die Lebensdauer des Getriebes
abnimmt. Schlupf sollte deshalb nur dort auftreten und geduldet werden,
wo er einen wesentlichen Verschleiß, wenn er kurzfristig auftritt, nicht
hervorruft, was insbesondere bei Umschlingungsgetrieben der Fall ist.

## 2.02 Allgemeines über Reibradgetriebe

*Reibgetriebe* werden bereits seit über dreißig Jahren zum Antrieb von
Werkzeugmaschinen und anderen Arbeitsmaschinen in vielen Formen
verwendet. Mit ihnen ist es nicht möglich, ein unbedingt feststehendes
Übersetzungsverhältnis zwischen An- und Abtriebswelle zu schaffen;
sie sind deshalb überall dort, wo ein solches verlangt wird, nicht anwendbar. Für die Benutzung aller stufenlos verstellbaren Getriebe ist vielfach die Drehzahlcharakteristik des verwendeten Getriebes von maß-
gebender Bedeutung. Unter der Drehzahlcharakteristik ist die Änderung
der Drehzahl der abgetriebenen Welle in Abhängigkeit von einer gleich-
mäßigen Bewegung des Verstellorgans zu verstehen. Wie später gezeigt
wird, kann man bei allen mechanisch stufenlos verstellbaren Getrieben
wesentlich vier derartige Drehzahlcharakteristiken unterscheiden (vgl.
Abb. 2, 3, 11, 38 und 63).

1*

## 2.03 Getriebe mit Kegelscheibe und Reibrolle

Eine der ältesten Ausführungsformen eines stufenlos verstellbaren Reibgetriebes ist die Vereinigung einer breiten Kegelscheibe mit einer dazu längs verschiebbaren Rolle. Diese Ausführung wird grundsätzlich in der Abb. 1 dargestellt. Der Motor $m$ treibt die Kegelscheibe $a$ mit gleichbleibender Drehzahl an. Auf der abgetriebenen Welle $c$ ist auf einer Keilwelle die Rolle $b$ derartig verschiebbar, daß sie auf verschiedene Radien der Kegelscheibe gebracht werden kann. Zur Verbesserung der Reibungszahl zwischen Kegelscheibe und Rolle wird diese zweckmäßig mit einem besonderen Reibbelag überzogen. Da die Umfangsgeschwindigkeit der Kegelscheibe im Verhältnis des Radius zunimmt, ist sie in jeder Längenlage verschieden; also entsteht zwischen der Rolle $b$ und der Kegelscheibe $a$ unter der Voraussetzung, daß beide in der Mitte der Rolle beim Leerlauf genau dieselbe Umfangsgeschwindigkeit haben, über die Breite der Rolle ein Schlupf, der auf der einen Seite positiv und auf der anderen negativ wird. Die abtreibende Welle $c$ bleibt außerdem um ein von dem übertragenen Drehmoment abhängiges Maß gegenüber der Solldrehzahl zurück, so daß sich die Reibrolle $b$ ungleichmäßig über ihre Breite abnutzt, und zwar immer auf derjenigen Seite stärker, die zum größeren Durchmesser der Kegelscheibe hin liegt.

Zur Erhöhung des Anpreßdruckes zwischen den beiden Übertragungselementen ist es oft zweckmäßig, die Lager der Abtriebswelle $c$ elastisch derartig verschiebbar auszuführen, daß die Lager und damit die Reibrolle selber z. B. unter Federspannung oder mit Hilfe von Preßluftzylindern an die Kegelscheibe angepreßt werden. Die in Abb. 1 gezeigte Ausführung wird von der Seite der Kegelscheibe her angetrieben. Die Drehzahl der Abtriebswelle $c$, in Abhängigkeit vom Regelwege $x$, entspricht

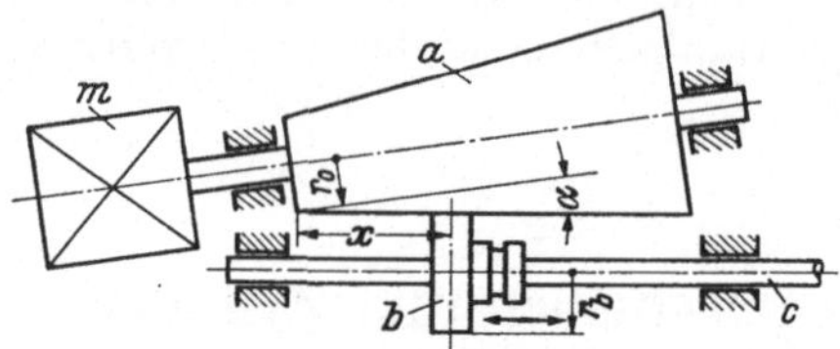

Abb. 1. Kegelscheibe mit Rolle. $a$ Kegelscheibe; $b$ Verschieberolle; $c$ Abtriebswelle; $m$ Motor; $\alpha$ halber Kegelwinkel

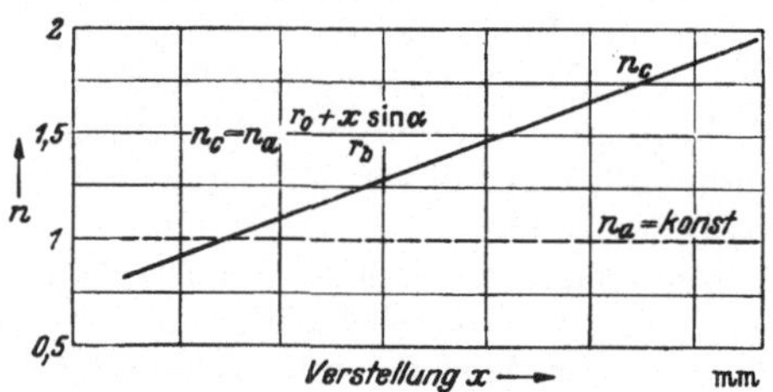

Abb. 2. Drehzahländerung bei Getrieben mit je einem konstanten und einem kegeligen Glied (Antrieb auf der Kegelseite)

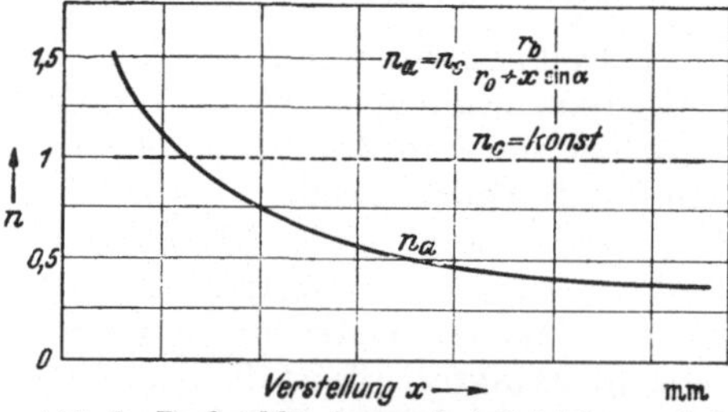

Abb. 3. Drehzahländerung bei Getrieben mit je einem konstanten und einem kegeligen Glied (Antrieb auf der zylindr. Seite)

dann, linear ansteigend, folgendem Gesetz:

$$n_c = n_a \frac{r_0 + x \cdot \sin \alpha}{r_b}.$$

Diese Drehzahlcharakteristik ist in der Abb. 2 wiedergegeben. Sie ist beispielsweise für den Antrieb von Drehmaschinen denkbar ungeeignet, soweit diese zum Plandrehen benutzt werden sollen, da in diesem Falle ein hyperbolisches Anstiegsgesetz für die Drehzahlen wünschenswert ist.

Würde der Antrieb des Getriebes nach Abb. 1 von der Welle $c$ aus erfolgen, so erhielte man für die nunmehr abgetriebene Welle $a$ solche hyperbolisch veränderlichen Drehzahlen:

$$n_a = n_c \frac{r_b}{r_0 + x \cdot \sin \alpha}$$

(s. Abb. 3).

Aber auch in diesem Falle bleibt die große Abnutzung der Übertragungsrolle $b$, so daß diese Getriebeart nur in einfachsten Fällen und bei kleinen Leistungen zur Anwendung kommen dürfte.

## 2.04 RZG-Getriebe[1]

Dieses stufenlos verstellbare Getriebe mit einem Verstellbereich bis 1:15 wurde für die Übertragung kleinster und kleiner Leistungen von 10···12 W entwickelt. Der angebaute Antriebsmotor ist ein Einphasen-Wechselstrom-Kurzschlußläufer, der für Spannungen von 6···260 V geliefert werden kann. Abb. 4 zeigt eine Außenansicht des Getriebes mit Motor, während aus Abb. 5 die Wirkungsweise zu erkennen ist. Auf der Motorwelle sitzt die aus Stahl hergestellte, gehärtete und geschliffene Kegelscheibe $a$, deren Mantellinien jedoch nicht gerade, sondern ein wenig konkav verlaufen. Hierdurch soll erreicht

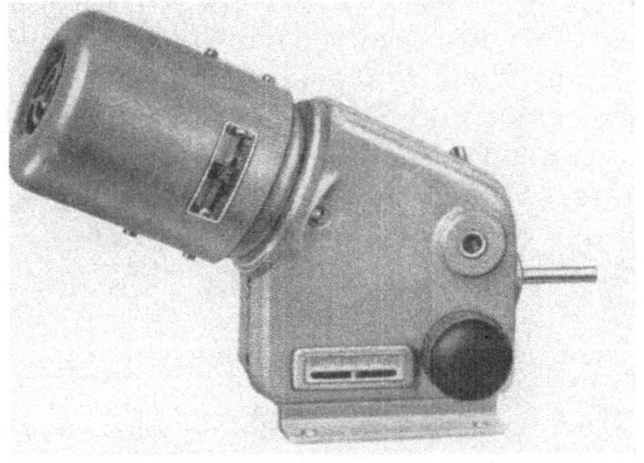

Abb. 4. RZG-Getriebe, Ansicht von der Verstellseite; der Kunststoff-Knopf dient zur Verstellung, daneben Anzeigeskala für Abtriebs-Drehzahlen, über dem Verstellknopf die Hilfs-Abtriebswelle für langsame Abtriebsdrehzahlen

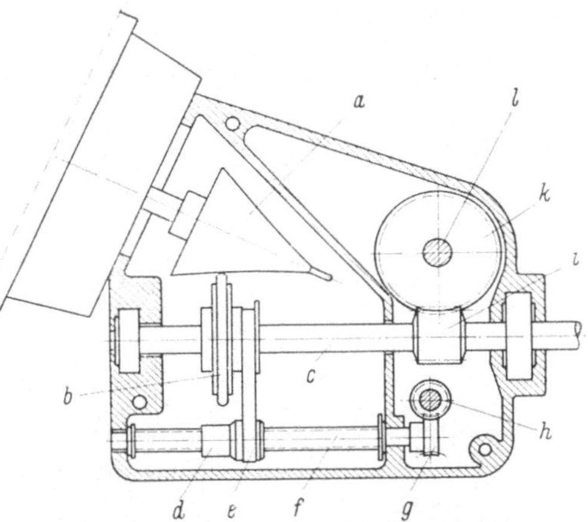


Abb. 5. RZG-Getriebe, Schnittzeichnung. $a$ Kegelscheibe auf Motorwelle; $b$ Gegenrad; $c$ Haupt-Abtriebswelle; $d$ Verschiebegabel; $e$ verschiebbare Mutter; $f$ Gewindespindel; $g$ und $h$ Schraubenräder; $i$ Schnecke; $k$ Schneekenrad; $l$ langsam laufende Hilfswelle

---

[1] Hersteller: H. Heidolph, Schwabach b. Nürnberg.

werden, daß das volle Drehmoment der Motorwelle von 400 cmg bei
jeder Verschiebestellung übertragen werden kann. Das auf seiner Welle
axial verschiebbare Gegenrad $b$ besitzt einen aufvulkanisierten Gummi-
belag; seine Verschiebung erfolgt mit Hilfe der Verschiebegabel $d$, einer
Mutter $e$ und der Gewindespindel $f$, die von einem Handrädchen aus über
die Schraubenräder $g$ und $h$ gedreht werden kann. Der Motor ist am
Getriebegehäuse so verschiebbar angebracht, daß Abnutzungen des
Belages vom Gegenrad ausgeglichen werden. Um dieses Getriebe möglichst
universal anzuwenden, kann der Abtrieb entweder von der Welle $c$ oder
von der Welle $l$ abgenommen werden, die über ein Schneckengetriebe
(Schnecke $i$ und Schneckenrad $k$) mit erheblich verlangsamter Drehzahl
angetrieben wird. Dieses Kleinstgetriebe findet Anwendung für Labor-
geräte, in der Feinmechanik sowie im Kleinmaschinen- und Gerätebau.
Bei der Kleinheit der zu übertragenden Leistung spielt der Wirkungsgrad bei diesem Getriebe meistens keine Rolle.

## 2.05 Graham-Getriebe [1]

Dieses in Abb. 6 (Schnittzeichnung) und Abb. 7 (photographische
Darstellung der Innenteile) wiedergegebene Getriebe wird in den USA,
besonders für kleinere Leistungen, vielfach angewendet. Es wird in

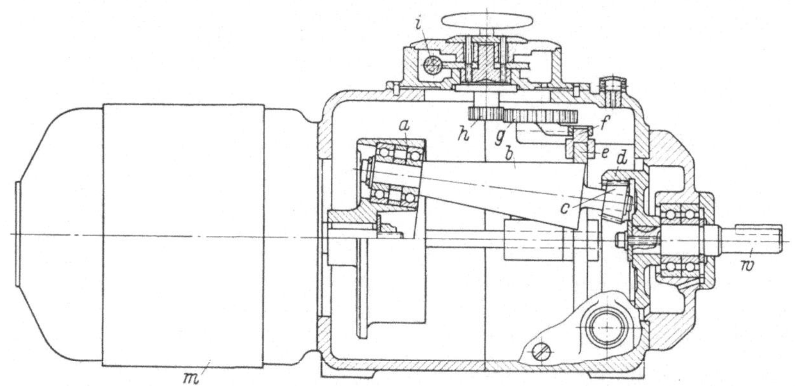

Abb. 6. Längsschnitt durch das Graham-Getriebe. $a$ Trägerkörper für Kegelwellen;
$b$ Kegelwellen; $c$ Kegelräder; $d$ Abtriebstrommel; $e$ feststehender, jedoch axial verschieb-
barer Reibring; $f$ Verschiebklaue für $e$; $g$ Zahnsegment; $h$ Zahnrad; $i$ Schneckengetriebe;
$m$ Motor mit Antriebswelle; $w$ Abtriebswelle

zahlreichen Größen bis zu übertragbaren Leistungen von 3 PS gebaut. Der
Motor treibt mit gleicher Drehzahl (normal 1800 U/min) einen trommelförmigen Trägerkörper $a$ an, in dem drei, außen glatte, schlanke Kegelwellen $b$ schrägliegend so gelagert sind, daß ihre äußeren Mantellinien
parallel zur Hauptachse verlaufen. Auf ihren rechten Achsenden tragen
alle Kegelwellen kleine Kegelräder $c$, die in die innenverzahnte Abtriebstrommel $d$ eingreifen, die fest auf der Abtriebswelle $w$ sitzt. Um die drei
Kegelwellen herum ist ein axial verschiebbarer Reibring $e$ angeordnet.

---

[1] Hersteller: Graham Transmissions Inc., Menomenee Falls/Wisc. USA.

gegen den sich von innen her die Kegelwellen durch die auftretenden Zentrifugalkräfte anpressen. Die axiale Verschiebung des Reibringes erfolgt durch die Verschiebklaue $f$ mittels Zahnsegment $g$ durch das

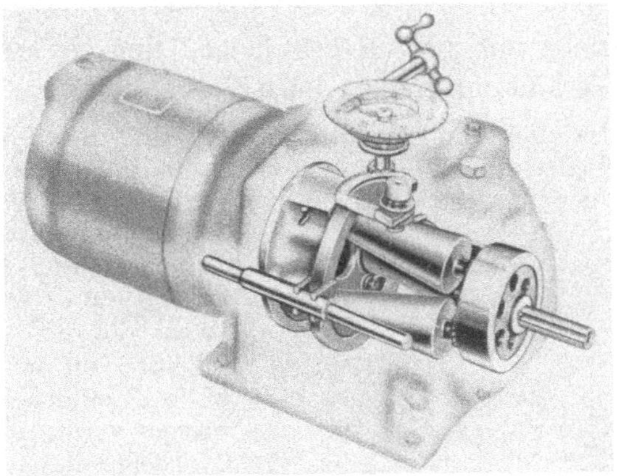

Abb. 7. Graham-Getriebe mit Darstellung der Innenteile

Zahnrad $h$, das entweder von Hand über ein Schneckengetriebe $i$ oder auch durch einen besonderen Verstellmotor angetrieben wird. Da sich die Achsen der Kegelwellen durch die Trägertrommel mit gleichbleibender Umfangsgeschwindigkeit bewegen, wälzen sich die Kegelwellen in dem feststehenden Reibring mit einer veränderlichen Drehzahl ab, die von der Axialstellung des Reibringes abhängig ist. Wird der Reibring in die Richtung der kleineren Durchmesser der Kegelwellen verschoben, so vergrößert sich deren Drehzahl stufenlos bis die Umfangsgeschwindigkeit der Kegelwellen der Umfangsgeschwindigkeit ihrer Achsen gleicht. In diesem Augenblick ist die Abtriebsdrehzahl der Welle $w$ gleich Null. Bei weiterer Verschiebung des Reibringes kehrt die Abtriebswelle ihre Drehrichtung um.

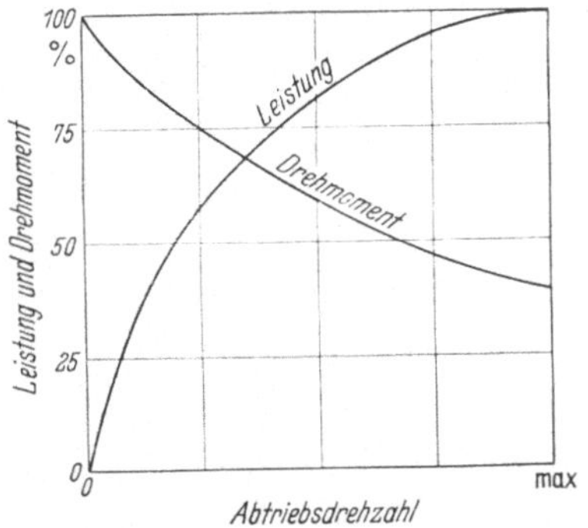


Abb. 8. Leistungs- und Drehmoment-Kennlinien beim Graham-Getriebe

Die Getriebe werden in zwei Ausführungsarten gebaut: Erstens für Abtriebsdrehzahlen von Null bis zu einem Maximum, das ungefähr 33% der Antriebsdrehzahl beträgt, und zweitens für Abtriebsdrehzahlen, die zwischen einem gleich großen maximalen Plus- und Minuswert liegen, wobei sie sich jeweils um ungefähr 20% von der Antriebsdrehzahl entfernen. Die Veränderung von Leistung und Drehmoment in Abhängigkeit von der Abtriebsdrehzahl ist in Abb. 8 dargestellt. Die Wirkungsgrade liegen bei den Getrieben von $^1/_6$ bis 3 PS maximal bei 85%, bei den kleineren Getrieben allerdings niedriger.

## 2.06 Rollax-Getriebe

(Siehe Nachtrag, S. 186)

## 2.07 Getriebe mit zwei Kegelscheiben und Zwischenrolle, Verbindungsriemen oder Verbindungsring

Zwei grundsätzlich ähnliche Ausführungen sind in den Abb. 9 und 10 schematisch wiedergegeben. Bei dem Getriebe nach Abb. 9 wird von dem Motor $m$ eine Kegelscheibe $a$ mit gleichbleibender Drehzahl angetrieben, die je nach der Verschiebestellung der Zwischenrolle $c$ mit veränderlichem Wert auf die zweite Kegelscheibe $b$, die auf der Abtriebswelle $d$ aufgekeilt ist, übertragen wird. An Stelle der Zwischenrolle $c$ ist bei dem Getriebe nach Abb. 10 ein Flachriemen $c$ verwendet, der mit Hilfe einer Verschiebeeinrichtung $d$ axial verstellt werden kann. Da bei beiden

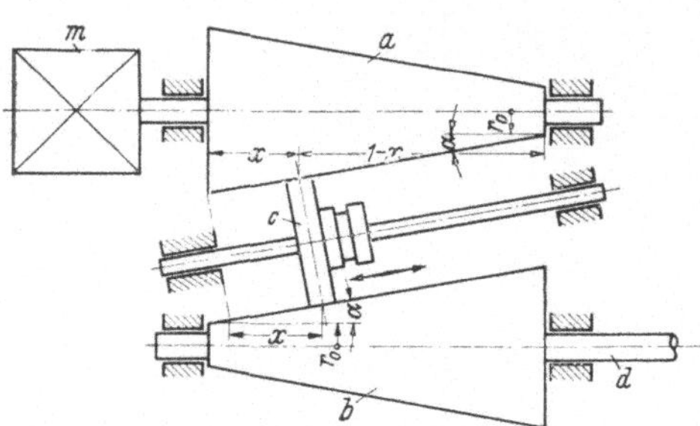

Abb. 9. Zwei Kegelscheiben und Zwischenrolle.
$a$ Antriebskegelscheibe; $b$ Abtriebskegelscheibe;
$c$ Zwischenrolle; $d$ Abtriebswelle; $m$ Motor

Getrieben beim Verschieben des Übertragungsgliedes $c$ nach rechts der Radius der Kegelscheibe $a$ verkleinert und zugleich der Radius der Kegelscheibe $b$ vergrößert wird, ergibt sich mit den Bezeichnungen der Abb. 10 für die Drehzahlcharakteristik ein hyperbolisches Gesetz in folgender Form:

$$n_b = n_a \frac{r_0 + (1 - x)\,\operatorname{tg}\alpha}{r_0 + x \cdot \operatorname{tg}\alpha}.$$

Die bildliche Darstellung der Drehzahländerung nach der vorstehenden Formel ist in der Abb. 11 gezeigt. Hierbei ist zu betonen, daß wegen der gleichzeitigen Änderung der Radien von treibender und getriebener Scheibe die Hyperbel nach Abb. 11 steiler verläuft als die nach Abb. 3.

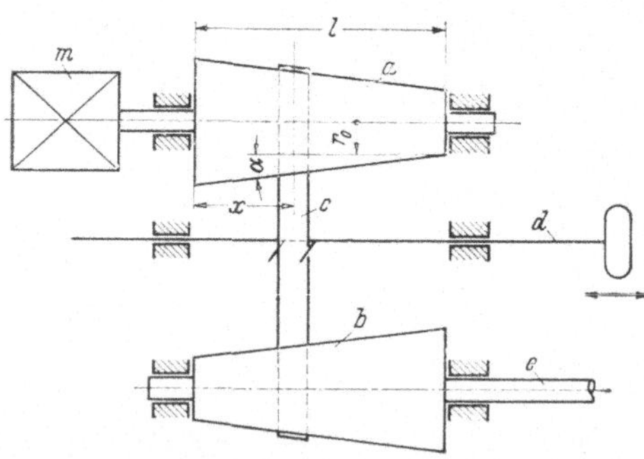

Abb. 10. Zwei Kegelscheiben und Flachriemen.
$a$ Antriebskegelscheibe; $b$ Abtriebskegelscheibe;
$c$ Flachriemen; $d$ Verschiebegestänge;
$e$ Abtriebswelle; $m$ Motor

Hinsichtlich der Reibungsverhältnisse gilt bei den beiden Getrieben nach Abb. 9 und 10 dasselbe, was schon für die Vereinigung von Kegelscheibe und Rolle festgestellt wurde. Aus diesem Grunde nützen sich auch die letztgenannten Getriebe stark ab, so daß auch sie nur bei kleinen Leistungen, primitiven Maschinen und unter Inkaufnahme großer Reibungs- und Schlupfverluste angewendet werden können.

Bei einem Getriebe nach Abb. 10, bei dem als Übertragungsglied ein Riemen verwendet wird, muß eine besondere Spannvorrichtung vorgesehen werden, weil der Riemen in der Mitte schlaffer ist als in den Außenlagen. Will man die Spanneinrichtung vermeiden, so kann man durch ballig überdrehte Kegelscheiben gleiche Spannung des Riemens in allen Lagen erhalten (Abb. 12).

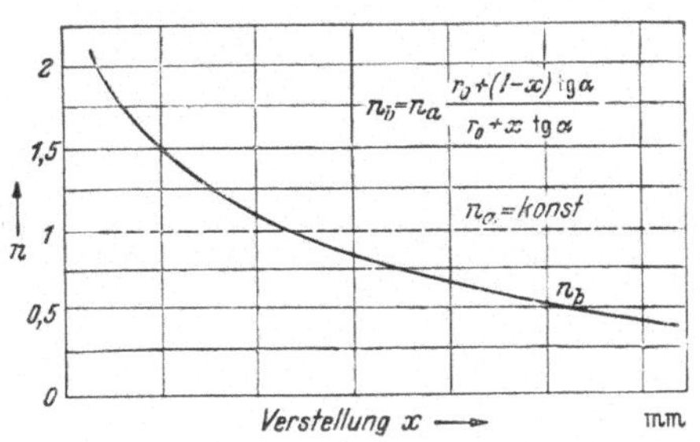


Abb. 11. Drehzahländerung bei Getrieben mit zwei linear veränderlichen Gliedern

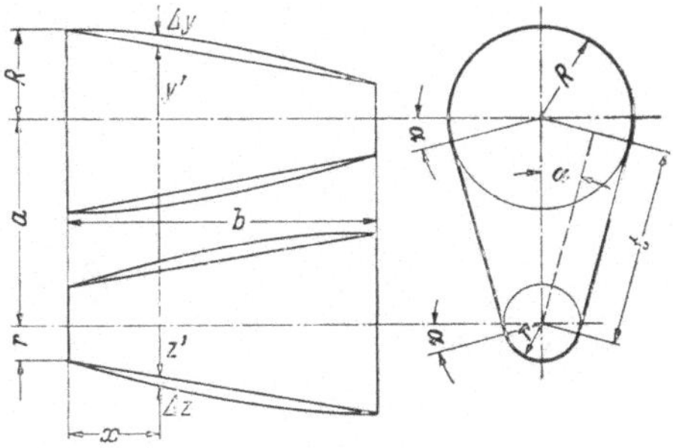

Abb. 12. Bestimmung der Balligkeit für $L_R = $ konst.

Allgemein erhält man nach Abb. 12 die Riemenlänge:

$$L_R = 2\,t + R\,\pi \left(1 + \frac{\alpha}{90}\right) + r\,\pi \left(1 - \frac{\alpha}{90}\right).$$

Setzt man für

$$t = \sqrt{a^2 - (R - r)^2} \quad \text{und für } \sin \alpha = \frac{R - r}{a} \quad \text{oder } \alpha = \arc\sin \frac{R - r}{a},$$

so erhält man folgende Gleichung für $L_R$:

$$L_R = 2\sqrt{a^2 - (R - r)^2} + R\,\pi \left(1 + \frac{\arc\sin \dfrac{R - r}{a}}{90}\right) + r\,\pi \left(1 - \frac{\arc\sin \dfrac{R - r}{a}}{90}\right)$$

oder umgeformt:

$$L_R = 2\sqrt{a^2 - (R - r)^2} + \pi\,(R + r) + \frac{\pi}{90}\,(R - r)\,\arc\sin \frac{R - r}{a}.$$

Dieser Ausdruck, d. h. die Länge des umschlingenden Riemens, soll konstant sein. Dann muß aber auch die Beziehung erfüllt sein, daß

$$L_R = \text{konst.} = C$$

oder daß

$$L_R = 2\sqrt{a^2 - (y - z)^2} + \pi\,(y + z) + \frac{\pi}{90}\,(y - z)\,\arc\sin \frac{y - z}{a} \quad \text{wird.}$$

Hierin ist:

$$y = y' + \Delta y \quad \text{und} \quad z = z' + \Delta z,$$

$$y' = R - \frac{x}{b}\,(R - r),$$

$$z' = r + \frac{x}{b}\,(R - r).$$

Unter Voraussetzung geringster Abweichung der Kurve von der geraden Kegel-Mantel-Linie ist $\Delta y = \Delta z$. Damit erhält man:

$$y + z = R + r + 2\,\Delta y,$$

$$y - z = (R - r)\left(1 - \frac{2\,x}{b}\right).$$

Setzt man diese Größen in die letzte Gleichung für das konstante $L_R$ ein, so erhält man:

$$L_R = 2\,\sqrt{a^2 - (R - r)^2\left(1 - \frac{2\,x}{b}\right)^2} + \pi\,(R + r + 2\,\Delta y) +$$

$$+ \frac{\pi}{90}\,(R - r)\left(1 - \frac{2\,x}{b}\right)\arcsin\frac{(R - r)\left(1 - \frac{2\,x}{b}\right)}{a},$$

oder nach $\Delta y$ aufgelöst:

$$\Delta y = \frac{1}{2}\left[\frac{L_R}{\pi} - (R + r) - \frac{2}{\pi}\sqrt{a^2 - (R - r)^2\left(1 - \frac{2\,x}{b}\right)^2} - \right.$$

$$\left. - \frac{R - r}{90}\left(1 - \frac{2\,x}{b}\right)\arcsin\frac{(R - r)\left(1 - \frac{2\,x}{b}\right)}{a}\right].$$

Für die Mitte ist $x = b/2$, also

$$\Delta y = \Delta z = \frac{1}{\pi}\left(\frac{L_R}{2} - a\right) - \frac{R + r}{2} \quad \text{oder} \quad y = z = \frac{1}{\pi}\left(\frac{L_R}{2} - a\right).$$

Für die praktische Ausführung der Kurven erhält man im allgemeinen genügend Annäherung, wenn man die mittlere Ordinate $y$ bestimmt und sodann durch die drei Punkte Anfang, Mitte und Ende einen Kreisbogen legt. Die theoretisch genaue Kurve weicht von diesem Kreisbogen nicht mehr als 1,5% ab. Unter Benutzung einer derartig entworfenen Kegelscheibenausführung kann man ohne eine Spannrolle auskommen.

Es ist offensichtlich, daß die Herstellung von kurvenförmigen Kegelscheiben teurer wird als die Herstellung von Kegeln mit gerader Mantellinie. Aus diesem Grunde verzichtet man vielfach auf die Herstellung der Kurven und verwendet lieber besondere Spannelemente, die sodann zweckmäßig in Form von Gleitschuhen oder Rollen im leerlaufenden Riementrumm so angeordnet werden, daß durch sie der Umschlingungswinkel vergrößert wird. Die günstigsten Laufeigenschaften erhält man durch Vereinigung von Spannvorrichtung und Kegelscheiben mit gekrümmter Mantellinie.

### 2.08 Getriebe mit Tellerrad und verschiebbarer Rolle

Eine weitere Konstruktion, die sich durch besondere Einfachheit auszeichnet, ist die Vereinigung von einem Plan- und einem Schieberad nach Abb. 13. Auch bei dieser Ausführung sind dieselben großen Reibungsverluste und Abnutzungserscheinungen vorhanden, so daß auch sie nur für kleine Leistungen, z. B. kleine Bohrmaschinen, zweckmäßig anwendbar ist. Um die Differenz der Umfangsgeschwindigkeiten über die Breite des Schieberades $b$ zu verkleinern, kann man es ballig ausführen, erhöht aber dadurch die spezifischen Anpreßdrücke wesentlich, so daß auch bei dieser Ausführung nur mäßige Wirkungsgrade erreicht werden. Das Getriebe nach Abb. 13 kann durch Verschieben des Schieberades $b$ über den Mittelpunkt des Planrades $a$ hinaus nach rechts auch zur Umkehr der Drehrichtung verwendet werden. Zwecks Vergrößerung des Drehzahlbereiches wird auch eine Ausführung abweichender Art nach Abb. 14 verwendet. Diese Konstruktion hat außerdem den Vorteil, daß an- und abgetriebene Welle $a$ und $d$ parallel zueinander liegen, was hinsichtlich der Einbauverhältnisse oft wünschenswert ist. Die Drehzahlcharakteristik beider Getriebe verläuft nach hyperbolischen Gesetzen entsprechend den Kurven der Abb. 3 und 11. Bei allen Getrieben der

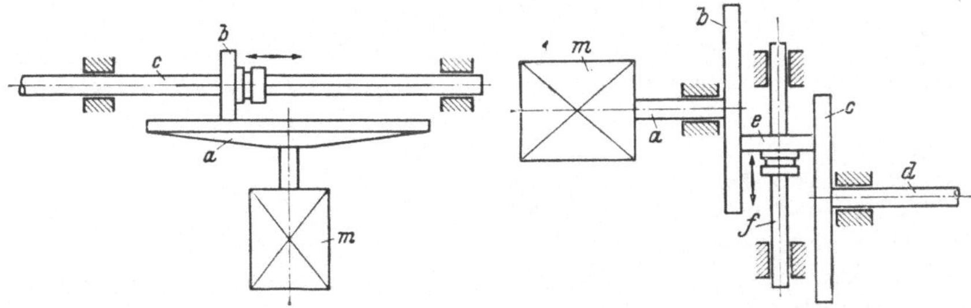

Abb. 13. Planrad und Schieberad. $a$ Tellerscheibe; $b$ Schieberad; $c$ Abtriebswelle; $m$ Motor

Abb. 14. Zwei Planräder und Zwischenrolle. $a$ Antriebswelle; $b$ Antriebstellerscheibe; $c$ Abtriebstellerscheibe; $d$ Abtriebswelle; $e$ Schieberad; $f$ Zwischenwelle; $m$ Motor

vorbesprochenen Art macht vielfach die Erzeugung des erforderlichen Anpreßdruckes gewisse konstruktive Schwierigkeiten. Meistens wird das Planrad oder eines der beiden Planräder mittels Feder gegen das Schieberad gedrückt.

## 2.09 FU-Getriebe [1]

Nach Abb. 15 wird das Planrad $d$ durch eine Feder $f$ dauernd nach links gedrückt, wodurch der für die Übertragung notwendige Anpreßdruck erzeugt wird. Er ist bei gleichem Federweg konstant. Dieses der französischen Firma La Filière Unicum patentierte Getriebe vermeidet außerdem den Nachteil stark abweichender Umfangsgeschwindigkeiten an den Reibstellen. Der Motor $m$ treibt von einem zentralen Zahnrad $a$ über die beiden seitlich liegenden Zahnräder $b$ zwei Planräder $c$ an. Zwischen den Planrädern $c$ und dem Planrad $d$, dessen Welle (Abtriebswelle $g$) zentrisch zur Motorwelle liegt, sind zwei doppelkegelig ausgebildete Zwischenräder $e$ derartig verschiebbar, daß sie einander entweder genähert oder voneinander entfernt werden können. Durch die Benutzung der doppelkegeligen Zwischenräder $e$ wird erreicht, daß die

---

[1] Hersteller: La Filière Unicum, Paris.

Berührungsradien zwischen diesen einerseits und den Planrädern andererseits an der Berührungsstelle ungleich sind, so daß die Umfangsgeschwindigkeiten an den Berührungsstellen wesentlich weniger voneinander abweichen als bei den vorgenannten Getriebeausführungen. Eine vollständig gleiche Umfangsgeschwindigkeit an den Berührungsstellen läßt sich allerdings nur in einer bestimmten Stellung erreichen. Die Drehzahlcharakteristik auch dieses Getriebes ist hyperbolisch (Abb. 11). Dieses Getriebe kann, wie aus der schematischen Darstellung (Abb. 15) zu ersehen ist, mit zwei Antriebstellerrädern und einem gemeinsamen Abtriebstellerrad aber auch mit je nur einem An- und Abtriebstellerrad

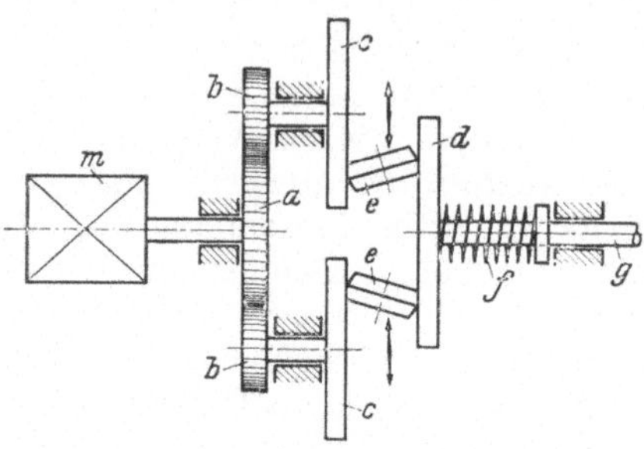

Abb. 15.   FU-Getriebe,  Wirkungsschema.
a zentrales Zahnrad; b seitliche Zahnräder; c Planräder auf Antriebsseite; d Planrad auf Abtriebsseite; e verschiebbare Zwischenrollen; f Anpreßfeder; g Abtriebswelle; m Motor

ausgeführt werden. Der Schnitt durch ein FU-Getriebe der letzten Bauart ist in Abb. 16 wiedergegeben.

Zwischen den beiden Tellerrädern c und d wird die Reibrolle e mit Hilfe der Flachgewindespindel h parallel zu den Planflächen der beiden Tellerräder verschoben, wobei die Abwälzdurchmesser der Berührungslinien von Reibrolle und Tellerscheiben reziprok zueinander verändert werden. Diese Bauart wird für übertragbare Leistungen von $0{,}45\cdots4$ PS

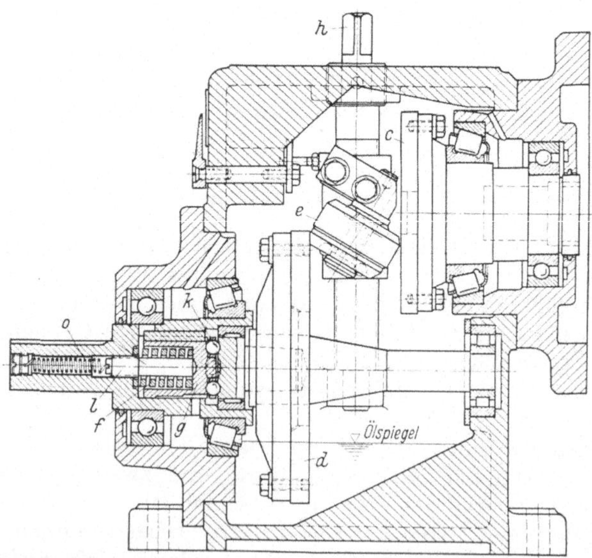


Abb. 16. FU-Getriebe für Leistungen von $0{,}45\cdots4$ PS, Längsschnitt. c Planrad auf Antriebsseite; d Planrad auf Abtriebsseite; e verschiebbare Zwischenrolle; f Anpreßfeder; g Zwischenkörper; h Flachgewindespindel zum Verschieben der Zwischenrolle; k drehmomentenabhängige Anpreßkupplung; l Nachstellschraube; o Nachstellfeder

gewählt. Der Verstellbereich aller FU-Getriebe liegt üblicherweise bei 1 : 6, kann jedoch bei den Ausführungen für größere Leistungen bis 1 : 10 erhöht werden, so daß bei Verwendung von Antriebsmotoren mit einer Drehzahl von rund 1450 U/min die Abtriebsdrehzahlen zwischen 275 ⋯ 1650 U/min bzw. zwischen 180 ⋯ 1800 U/min liegen.

Für größere Leistungen von 7 ⋯ 20 PS wird das FU-Getriebe in der Ausführung nach Abb. 15 und 17 gebaut, also mit zwei symmetrisch

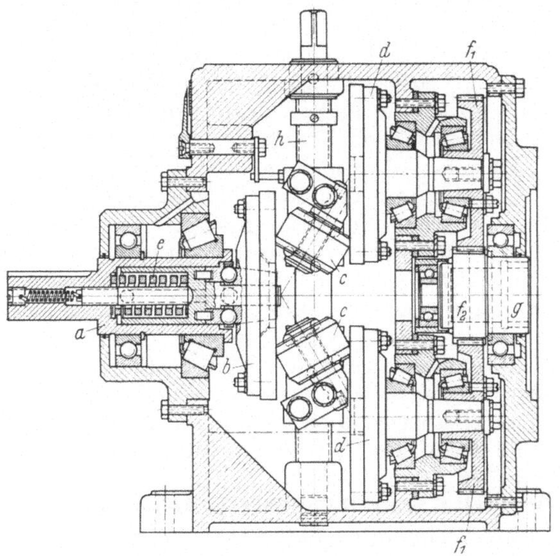

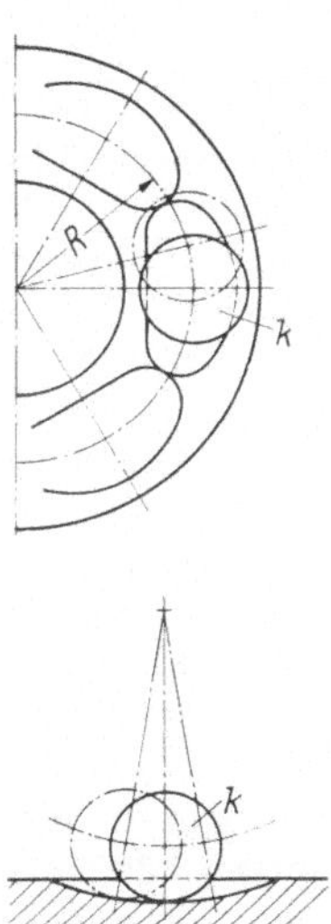

Abb. 17. FU-Getriebe für Leistungen von 7 ⋯ 20 PS, Längsschnitt. *a* Abtriebswelle; *b* Planrad auf der Abtriebsseite; *c* verschiebbare Zwischenrollen; *d* Planräder auf der Antriebsseite; *e* Anpreßfeder; $f_1$ und $f_2$ Antriebszahnräder für die Planräder *d*; *g* Antriebswelle

Abb. 18. Ausbildung der drehmomentenabhängigen Anpreßkupplung beim FU-Getriebe. *k* Übertragungskugeln

angeordneten Reibrollen ausgerüstet. Im Gegensatz zu der Ausführung für kleinere Leistungen ergeben sich hierbei fluchtende An- und Abtriebsachsen.

Zur einwandfreien Energieübertragung ist es unerläßlich, daß die Reibungsmomente der Reibräder gleich oder größer sind als das jeweilige Belastungsmoment, da sonst ein Schlüpfen der Reibteile eintritt. Um dies zu verhindern, ist hinter dem abtriebsseitigen Tellerrad *d* eine Kugelkupplung eingebaut, die den Anpreßdruck der Reibrollen automatisch den jeweiligen Belastungsverhältnissen anpaßt. Diese Kupplung besteht im wesentlichen aus zwei Drehkörpern, in deren eingedrehten oder eingefrästen Kugelpfannen 6 Kugeln *k* gelagert sind (vgl. Abb. 18). Reicht der durch die Andrückfeder *f* erzeugte Anpreßdruck zur Überwindung des Lastmomentes nicht aus, so wird zunächst das lose auf seiner Welle sitzende Tellerrad *d* durch die Reibrolle *e* in der Drehrichtung verschoben und rollt die Kugeln *k* gegen die ansteigenden Partien der Pfannen (Abb. 18). Dadurch wird der Anpreßdruck zwischen den

Tellerrändern und den Reibrollen verstärkt, und zwar so lange, bis wieder das Gleichgewicht zwischen Last- und Reibungsmomenten herbeigeführt ist. Der achsparallele Kraftschluß zwischen den Tellerrädern durch die Reibrollen sichert eine gleichmäßige Übertragung des Druckes auf alle Räder und verhindert außerdem das Auftreten zusätzlicher Kräfte an der Rollenbefestigung, was die präzise Fluchtung beeinflussen könnte. Ein Gleiten der Friktionsteile wird dadurch verhindert, vorausgesetzt, daß die für die Getriebegröße zulässige Höchstlast nicht überschritten wird.

Die vorhergehenden Ausführungen haben dargelegt, wie ein Schlupf infolge der Energieübertragung ausgeschlossen wird; Reibradgetriebe dieser Bauart haben jedoch noch eine andere Form von Schlupf, den man auch als *Prinzipschlupf* bezeichnen könnte.

Die Idealstellung der Reibrollen $e$ ist diejenige, in der die Spitzen der konischen Kontaktbahnen genau mit den Mittelpunkten der Tellerräder zusammenfallen. In dieser Stellung läuft ein solches Getriebe tatsächlich schlupffrei, weil die Durchmesseränderung entlang der Kontaktlinien für Reibteller und Rollen die gleiche ist. Aber auch außerhalb dieser Idealstellung ist der Schlupf nur sehr gering, weil die Kontaktbahn der Rollen $e$ mit Vorbedacht so schmal gehalten wurde, daß die Änderungsdifferenzen der Wälzdurchmesser sehr klein bleiben. Bei ungünstigster Stellung der Reibrollen beträgt der gemessene Schlupf nur 1,3%.

Die fast schlupffreie Energieübertragung zusammen mit einer günstig wirkenden Ölnebelschmierung aller bewegten Teile bedingt einen recht guten Wirkungsgrad, der bei gut eingelaufenen Getrieben dieser Bauart 92% erreicht. Reibteller und Reibrollen bestehen aus einem Stahl mit ungefähr 80 Rockwell-Härte; es läuft Stahl auf Stahl, so daß der aufgetretene Verschleiß sehr gering ist.

Um jedoch eine Rückwirkung auch der kleinsten Abnutzung auf die Funktionsfähigkeit dieser Getriebe auszuschalten, ist ein besonderer Verschleißausgleich vorgesehen, der auch geringen Verschleiß sofort und selbsttätig kompensiert. Die abtriebsseitige Hälfte der Kugelkupplung wird nämlich durch eine Anschlagstange in axialer Richtung blockiert. Bei dem geringsten Spiel zwischen dieser Anschlagstange und der Kopplung wird die Schraube $l$ durch die Torsionskraft der Feder $o$ nachgedreht, so daß die Anschlagstange sofort wieder schlüssig mit der Kupplung fixiert wird.

Das Drehen der Gewindespindel $h$ kann mittels Handrad, Kurbel oder Servomotor erfolgen, wobei $8 \cdots 12$ Spindelumdrehungen den gesamten Verstellbereich beherrschen.

## 2.10 Getriebe mit Paarung von Flachteller und Topfscheiben

Ebenfalls auf dem Prinzip der Reibungsübertragung beruht das in Abb. 19 grundsätzlich dargestellte WESSELMANN-Getriebe[1]. Der Motor $m$ treibt mit gleicher Drehzahl das Planrad $a$. Diesem gegenüber ist

---

[1] Hersteller: VEB-Bohrer, vorm. Wesselmann, Gera.

mit geringer Achsenversetzung ein gleich ausgeführtes Planrad $b$ auf der Abtriebswelle gelagert. Zwischen beiden Planrädern ist quer verschiebbar durch die Spindel $s$ eine schrägliegende Lagerbuchse $e$ angeordnet,

in der die Zwischenwelle $f$ in Kugellagern gelagert ist. Die darauf befestigten beiden Topfscheiben $c$ und $d$ haben je einen kegeligen Rand. Der Lagerkörper $e$ wird durch eine in der Skizze nicht sichtbare Feder in Rechtsrichtung so verdreht, daß die Topfscheibe $c$ mit ihrem oberen und die Topfscheibe $d$ mit ihrem unteren Rand an das Planrad $a$ bzw. $b$ gepreßt wird. Wird der ganze Lagerkörper $e$ in der durch die Pfeile dargestellten Richtung

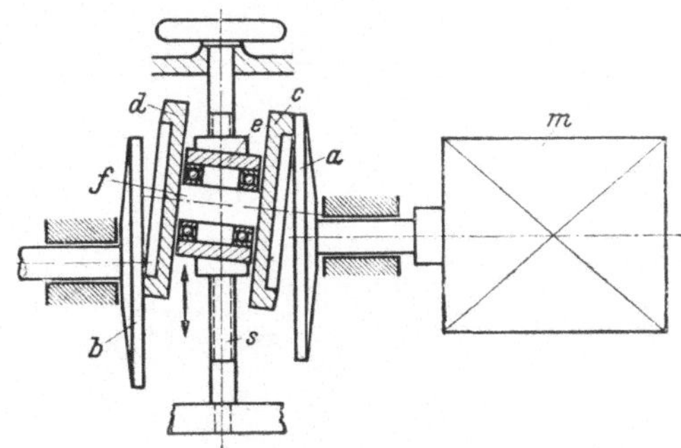

Abb. 19. WESSELMANN-Getriebe. $a$ Antriebstellerscheibe; $b$ Abtriebstellerscheibe; $c$ und $d$ Topfscheiben; $e$ Schrägliegende Lagerbüchse; $f$ Schrägliegende Zwischenwelle; $m$ Motor; $s$ Verstellspindel

verschoben, so ändern sich die Übertragungsradien auf beiden Seiten und dadurch die Drehzahl. Die Drehzahlcharakteristik ist hyperbolisch entsprechend der Kurve in Abb. 11. Auch bei diesem Getriebe treten an den Berührungsstellen der Reibflächen nur geringe Geschwindigkeitsunterschiede auf, solange sich der Rand der Topfscheibe nicht sehr dicht am Mittelpunkt der Planscheibe befindet. Es ist eine Sonderentwicklung für die Übertragung kleinerer Drehmomente und Leistungen und wird bisher nur an Bohrmaschinen verwendet.

## 2.11 Getriebe mit Paarung von Kegel- und Topfscheiben

Ähnlich dem letztbesprochenen arbeitet das EL-Getriebe[1] (Abb. 20).

Hier trägt der Motor $m$ auf seiner Welle eine steilkegelige Scheibe $a$. Die Topfscheibe $b$ hat einen ebenen mit Reibbelag versehenen Rand und wird von unten mit Hilfe einer Anpreßfeder gegen die Kegelscheibe gedrückt. Die Abtriebsdrehzahl wird von dem Zahnrad $c$ abgeleitet. Bei diesem Getriebe wird der in einer Gleitbahn schrägstehend gelagerte Antriebsmotor mit Hilfe von Zahnrad und Zahnstange oder ähnlichen geeigneten Übertragungsgliedern verschoben und damit auch die auf der Motorwelle befestigte Kegelscheibe. Die Drehzahlcharakteristik

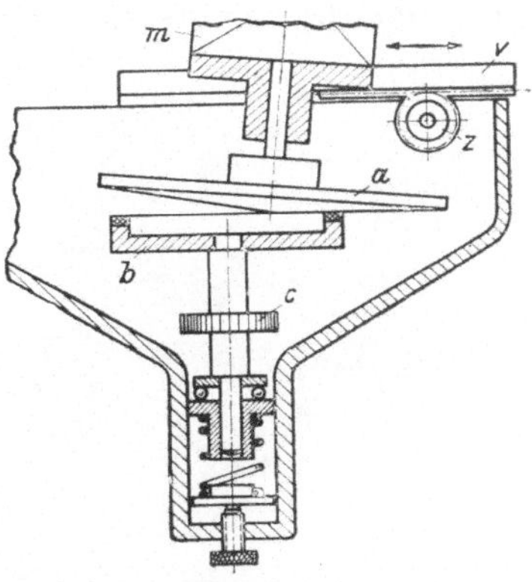

Abb. 20. EL-Getriebe, Wirkungsschema. $a$ Kegelförmige Antriebsscheibe; $b$ Topfscheibe; $c$ Zahnrad; $m$ Motor; $v$ Zahnstange; $z$ Verstellritzel

---

[1] Hersteller: R. Hofheinz & Co., Haan/Rhld. und Webo-Gemeinschaft Westdeutscher Bohrmaschinenfabriken, Erkrath (Rhld.).

entspricht einer Geraden nach Abb. 2. Die Abnutzung ist auch bei diesem Getriebe verhältnismäßig gering.

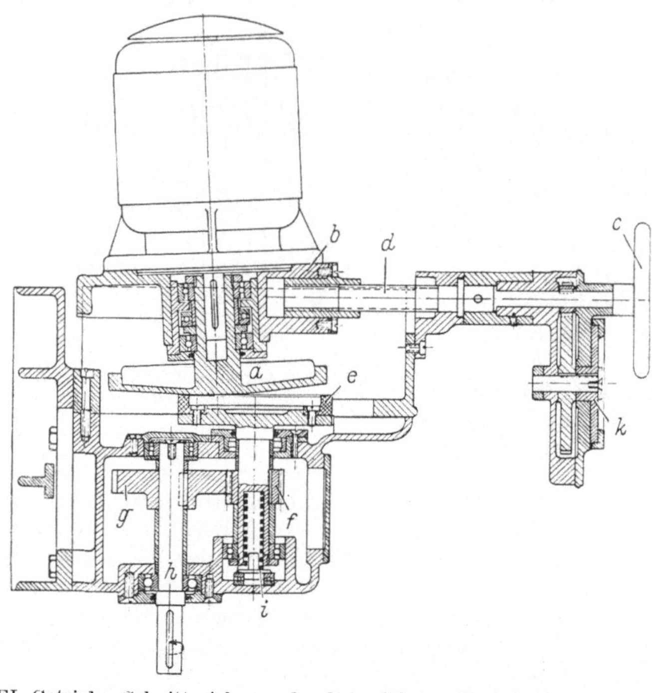


Abb. 21. EL-Getriebe, Schnittzeichnung durch Ausführung für Antrieb einer Bohrmaschine. *a* Kegelförmige Antriebsscheibe; *b* Verschiebbarer Motorträger; *c* Handrad; *d* Gewindespindel; *e* Topfscheibe; *f* Zahnrad; *g* Zahnrad; *h* Abtriebswelle; *i* Druckfeder; *k* Ableseskala

Abb. 21 zeigt einen senkrechten Schnitt durch die für eine Bohrmaschine bestimmte Ausführungsform, Abb. 22 eine Ansicht dieses Getriebes. Die mit Handrad *c* versehene Gewindespindel *d* verschiebt den Motorträger mit Motor und Topfscheibe in einer Schlitzführung, so daß die Abtriebswelle *h* über die Topfscheibe *g* mit veränderlicher Drehzahl betrieben wird. Die Topfscheibe wird durch die Spiralfeder *i* an die Kegelscheibe gedrückt. Der Anpreßdruck ist bei diesem Getriebe unabhängig vom übertragenen Drehmoment.

Die Abb. 21 und 22 lassen erkennen, daß die eingestellte Abtriebsdrehzahl durch eine besondere, über Zahnräder von der

Abb. 22. EL-Getriebe, Außenansicht

Regelspindel $d$ aus angetriebene Hilfsscheibe $k$ angezeigt wird. Man kann in einem ringförmigen Fenster die eingestellten Drehzahlen unter Vernachlässigung des Schlupfes ablesen.

## 2.12 Stöber-Getriebe [1]

Das dem vorbeschriebenen Getriebe in seinem Aufbau sehr ähnliche STÖBER-Getriebe kann in jeder Lage eingebaut werden. Der etwas schräg angeordnete Motor $a$ trägt auf seiner Welle eine flache Kegelscheibe $b$

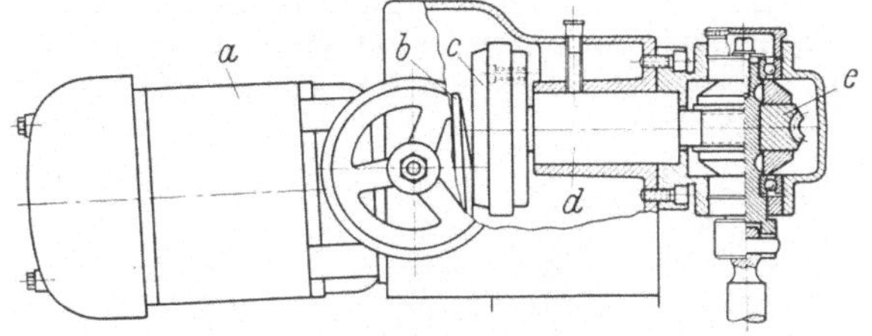

Abb. 23. STÖBER-Getriebe, Schnittzeichnung. $a$ Motor; $b$ Kegelscheibe; $c$ Reibrad; $d$ Abtriebswelle; $e$ Schneckengetriebe mit Rutschkupplung

und läßt sich zusammen mit dieser parallel zu der topfförmigen Reibscheibe $c$ verschieben, die auf der Abtriebswelle $d$ fest aufgesetzt ist und einen Reibring aus Kunststoff trägt. Bei der in Abb. 23 wiedergegebenen Ausführung handelt es sich um ein Spezialgetriebe für Rundwirkmaschinen, bei dem die Abtriebswelle die vertikale Teleskopwelle über ein Schneckengetriebe mit Rutschkupplung $e$ antreibt.

Dieses Getriebe wird für Motorleistungen von $0{,}15 \cdots 3{,}5$ PS gebaut und ermöglicht stufenlose Verstellung der Abtriebsdrehzahlen in einem Verhältnis 1:4 bis 1:5. Die Verstellung kann im Stillstand, während des Laufes, unter Last und in beiden Drehrichtungen erfolgen.

## 2.13 PK-Getriebe [2]

Die besondere Wirkungsweise des PK-Getriebes beruht auf der freischwingenden Anordnung des geteilten Getriebegehäuses (Schwinge) um die Abtriebswelle. In Abb. 24

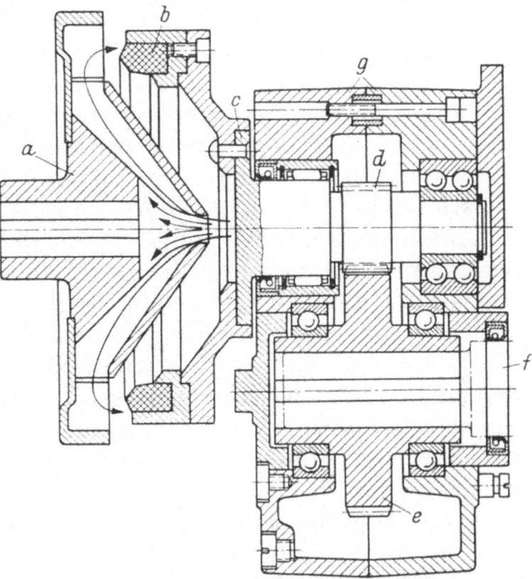

Abb. 24. PK-Getriebe, Längsschnitt. (Bezugszeichen s. Abb. 25)

[1] Hersteller: Gebr. Stöber, Pforzheim.

[2] Hersteller: William Prym, Stolberg/Rhld.

2 Simonis, Getriebe, 2. Aufl.

ist die Schnittzeichnung dieser Getriebebauart wiedergegeben, während Abb. 25 das in Form von Einbauteilen gelieferte Getriebe zeigt, wobei die beiden Schwingenhälften der deutlicheren Darstellung halber auseinandergenommen sind.

Die Kegelscheibe $a$, die auf der Motorwelle oder auf einer Zwischenwelle befestigt ist, rollt auf dem Lauf- oder Reibring $b$ ab, der seinerseits fest mit der Planetenradwelle $c$ verbunden ist. Die Leistungsübertragung erfolgt weiter von dem Planetenrad $d$ auf das mit diesem kämmende Sonnenrad $e$, das auf der Abtriebswelle angeordnet wird.

Zur Einleitung der Energieübertragung dient das Eigengewicht der Schwinge, während sich dank der freischwingenden Anordnung des Getriebegehäuses um die Abtriebswelle die an den Zahnrädern $d$ und $e$

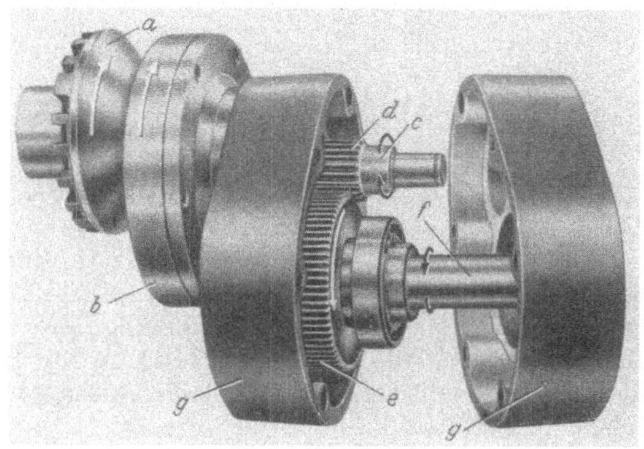

Abb. 25. Einbauteile des PK-Getriebes. $a$ Antriebs-Kegelscheibe; $b$ Reibring; $c$ Planetenradwelle; $d$ Planetenrad; $e$ Sonnenrad; $f$ Abtriebswelle; $g$ zweigeteilte Schwinge

entstehende Zahnpressung als Anpreßkraft zwischen Reibring $b$ und Kegelscheibe $a$ auswirkt. Diese Anpreßkraft ist damit eine Funktion des abgenommenen Drehmoments an der Abtriebswelle. Durch diese Selbstverstellung der Anpreßkraft ist eine nahezu schlupffreie Energieübertragung bei sehr geringer Beanspruchung der Friktionsteile erreicht. Die stufenlose Änderung der Abtriebsdrehzahl erfolgt durch Verschieben der Antriebskegelscheibe in ihrer Achsrichtung, wobei jeweils ein anderer Bezugskreis der Kegelscheibe am Lauf- oder Reibring abrollt. Die Wirkungsweise dieses Getriebes bedingt eine Untersetzung zwischen den beiden in die Schwinge eingebauten Zahnrädern; diese kann mit $1:3$, $1:3,5$, $1:4$, oder mit $1:4,5$ gewählt werden. Zwischen Kegelscheibe und Reibring besteht in der Ausgangsstellung (entspricht der höchstmöglichen Abtriebsdrehzahl) eine Untersetzung von $1:1,25$, die jeweils mit der gewählten Zahnraduntersetzung zur Bestimmung der Abtriebsdrehzahlen zu multiplizieren ist.

Die natürliche Erwärmung an den Friktionsteilen wird durch Ausbildung der Kegelscheibe $a$ als Lüfter in zulässigen Grenzen gehalten. Der Reibring besteht aus einem tragenden Grundkörper und einem auswechselbar angeschraubten Tragring für den aus einem geeigneten Fibermaterial hergestellten eigentlichen Reibring. Eine Erneuerung ist bei zweckentsprechender Größenwahl des Getriebes nur selten erforderlich. Die gußeiserne, geschliffene Antriebskegelscheibe unterliegt kaum einem spürbaren Verschleiß. Die Auswechselung des Reibringes ist einfach und kann in kürzester Zeit durchgeführt werden.

Dieses Getriebe kann in Form von Einbauteilen oder fertig montiert und in Verbindung mit verschiedenen nachgeschalteten Schalt- oder Untersetzungsgetrieben geliefert werden (z. B. Stirnrad-, Schnecken- oder Umlaufgetriebe). Da bei Umkehr der Drehrichtung des Antriebs- motors die Zahnkraft im Planetengetriebe negativ wird, die Schwinge sich also von der Kegelscheibe abheben würde, muß bei Änderung der Drehrichtung die Schwinge auf die entgegengesetzte Seite der Kegel-

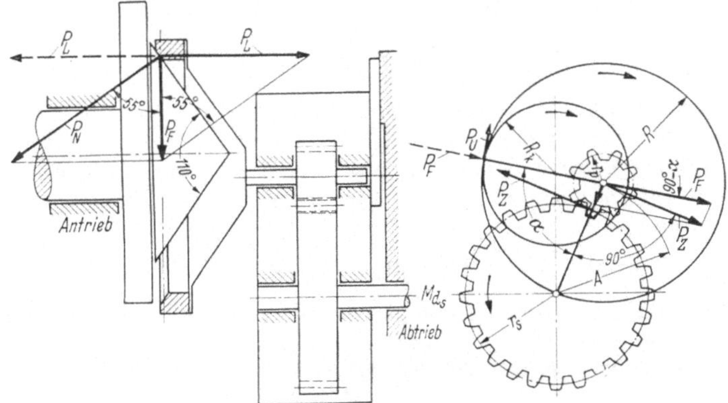


Abb. 26. Krafteplan zum PK-Getriebe

*Maße:* $A$ Achsabstand der Schwinge; $R$ Bezugsradius des Reibringes; $R_K$ veränderlicher Bezugsradius der Kegelscheibe; $r_P$ Radius des Planetenrad-Teilkreises; $r_S$ Radius des Sonnenrad-Teilkreises; $Z = \dfrac{r_S}{r_P}$ Untersetzungsverhältnis der Schwinge; $\alpha$ Eingriffswinkel gebildet durch Schwingenachse und Auflagepunkt Ring—Kegel

*Kräfte:* $P_U$ Umfangskraft, wirksam am Auflagepunkt Ring—Kegel; $P_Z$ in Umfangsrichtung wirkende Zahnkraft; $P_F$ rechtwinklig zur Kegelachse wirkende Anpreßkraft; $P_L$ in Längsrichtung wirkende Komponente von $P_F$; $P_N$ in Normalrichtung wirkende Komponente von $P_F$

scheibe umgelegt werden, was von Hand durch einen Hebel erfolgt, der gleichzeitig dann auch den Wendeschalter zum Drehrichtungswechsel betätigen kann. Je nach den verschiedenen Ausführungsarten wird dieses Getriebe für Leistungsübertragung von $0{,}2 \cdots 6{,}3$ PS geliefert; der stufen- lose Verstellbereich beträgt $1:5$. Über die Wirkungsgrade des PK- Getriebes vgl. Ausführungen in Absatz 2.16.

**Ermittlung der Kräfte und der Schlupfverhältnisse beim PK-Getriebe.** Als bekannt wird unterstellt das Drehmoment an der Abtriebswelle $M_d$ in cmkg. Es ist dann (vgl. Dimensionsbezeichnungen von Abb. 26):

$$P_Z = \frac{M_d}{r_s} \text{ in kg} \tag{1}$$

und da $P_U \cdot R = P_Z \cdot r_p$, ist, also:

$$P_U = P_Z \cdot \frac{r_p}{R} \tag{2}$$

2*

Die beiden Kräfte $P_Z$ und $P_U$ rufen in den Lagern des Planetenrades $d$ Reaktionskräfte hervor, die als Komponenten vom Schwingungsgehäuse in Richtung seiner Achse und am Auflagepunkt Ring-Kegel als Anpreßkraft $P_F$ aufgenommen werden. Der Einfluß der Umfangskraft auf die Anpreßkraft kann dabei vernachlässigt werden, denn die Reaktionskraft von $P_U$ wird annähernd ganz vom Schwingengehäuse aufgenommen. Im rechten Parallelogramm der Kräfte ist daher der Einfachheit halber nur die Reaktionskraft des Zahndruckes, die in Umfangsrichtung wirkt. $P_Z$ eingetragen, weil diese fast ausschließlich an der Erzeugung von $P_F$ beteiligt ist. Aus diesem Parallelogramm der Kräfte folgt:

$$\cos(90-\alpha) = \frac{P_Z}{P_F} \quad \text{oder} \quad P_F = \frac{P_Z}{\cos(90-\alpha)}.$$

Da $\cos(90-\alpha) = \sin\alpha$ ist, wird

$$P_F = \frac{P_Z}{\sin\alpha}. \tag{3}$$

Der Eingriffswinkel $\alpha$ ändert sich bei der Drehzahlverstellung (die Schwinge fällt entsprechend dem kleiner werdenden Kegeldurchmesser nach), und zwar von $85°$ bei $n_{\max}$ bis $75°$ bei $n_{\min}$ (unter Voraussetzung eines Verstellbereiches von $1:5$). Die entsprechenden Werte für $\sin\alpha$ betragen dann:

$$\sin 85° = 0{,}996 \quad \text{und} \quad \sin 75° = 0{,}966.$$

Für überschlägige Rechnungen kann also mit einiger Annäherung $\sin\alpha = 1$ gesetzt werden, so daß angenähert

$$P_F = P_Z \tag{3a}$$

ist, d. h. die Zahnpressung wirkt sich fast in voller Höhe als Anpreßkraft zwischen Kegelscheibe und Reibring aus. $P_F$ wirkt rechtwinklig zur Kegelachse und kann bei einem Kegelwinkel von $110°$ in die beiden Komponenten $P_N$ und $P_L$ wie folgt zerlegt werden:

$$\text{Normalkraft} \quad P_N = \frac{P_F}{\cos 55°} = \frac{P_F}{0{,}573} = 1{,}74 \cdot P_F, \tag{4}$$

$$\text{Längskraft} \quad P_L = P_F \cdot \text{tg}\, 55° = 1{,}43 \cdot P_F. \tag{5}$$

Als Reibungszahl zwischen Preßstoff (Reibring) und einer geschliffenen Gußeisenfläche (Kegelscheibe) kann $\mu = 0{,}15$ angenommen werden. Damit kein Schlupf eintritt, muß nunmehr

$$\frac{P_U}{P_N} \leqq \mu \tag{6}$$

sein. Durch Einsetzen der Werte aus den Formeln (2) und (4) erhält man

$$\frac{P_U}{P_N} = 0{,}573 \cdot \frac{P_Z \cdot r_p}{P_F \cdot R}. \tag{7}$$

Da $P_F \approx P_Z$ und entsprechend der Konstruktion $A = R$, also

$$r_p + r_s = R$$

ist, und im ungünstigsten Falle $r_s = 3\,r_p$ wird, erhält man durch Einsetzen dieser Werte in die Formel (7):

$$\frac{P_U}{P_N} = 0{,}573 \cdot \frac{P_F \cdot r_p}{P_F \cdot 4\,r_p} = \frac{0{,}573}{4} = 0{,}144,$$

$\frac{P_U}{P_N}$ ist also $< \mu$, d. h. schlupffreier Lauf ist also bei jeder Belastung unter den angenommenen Voraussetzungen gewährleistet.

## 2.14 SH-Getriebe[1]

Das SH-Getriebe (Abb. Nr. 27 und 28) der gleichen Herstellerfirma enthält zwei hintereinander angeordnete Paarungen von Kegelscheiben ($a$ und $c$) sowie Reibringen ($b$ und $d$). Die Energieübertragung von dem ersten zum zweiten Friktionspaar erfolgt durch die mit Rechts- und Linksgewinde versehene Gewindespindel $e$. Je nach der Drehrichtung entsteht entweder im Rechts- oder im Linksgewinde eine dem jeweilig übertragenen Drehmoment proportionale Axialkraft, die sich an beiden Reibpaarungen als Anpreßkraft auswirkt. Die Steigung des Rechts- und Linksgewindes ist so bemessen, daß einerseits kein wesentlicher Schlupf eintritt, andererseits die Reibkörper nicht unnötig durch übermäßige Pressung beansprucht werden. Die für das Anlaufen notwendige Anfangspreßkraft wird von der in die Gewindespindel $e$ eingelegten Druckfeder $h$ erzeugt. Das Getriebe ist für beide Drehrichtungen geeignet.

---

[1] Siehe Anm. 2, S. 17.

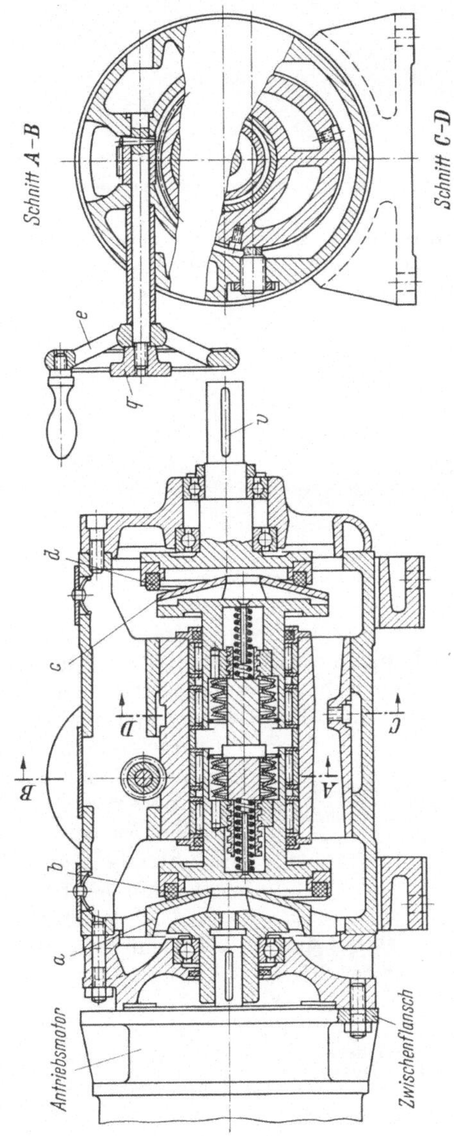



Abb. 27. SH-Getriebe, Schnittzeichnungen. $a$ Kegelscheibe auf der Welle des Antriebsmotors; $b$ Reibring auf der Antriebsseite; $c$ Kegelscheibe auf der Abtriebswelle; $d$ Reibring auf der Abtriebsseite; $e$ Handrad zum Verschieben der mittleren Lagertrommel; $q$ Feststellmutter für Handrad; $v$ Abtriebswelle

Bei Umkehr der Motordrehrichtung wandert die Gewindespindel von einer auf die andere Seite; in den Endstellungen wird sie von den Tellerfedern aufgefangen (Abb. 30). Infolgedessen erfolgt der Drehrichtungswechsel sehr weich und elastisch. Die Tellerfedern sind in zwei Paketen zusammengeschichtet und durch Sicherungsringe in ihrer Stellung gesichert. Die Drehzahlveränderung wird durch Drehen des Handrades vorgenommen. Da die umlaufenden Teile in der Trommel exzentrisch

Abb. 28. SH-Getriebe, Schnittmodell

angeordnet sind, tritt beim Drehen der Trommel um ihre Achse eine axiale Verschiebung der beiden inneren Reibkörper $b$ und $c$ ein, so daß sich die wirkenden Anlagedurchmesser der Kegelscheiben stufenlos verändern. Die jeweilige Stellung des Handrades wird durch die Feststellmutter $q$ fixiert.

Abb. 29. Einbauteile zum SH-Getriebe

Der erreichbare stufenlose Verstellbereich für die Abtriebsdrehzahlen beträgt bei diesem Getriebe 1:10. Das SH-Getriebe läßt sich sowohl im Stillstand, als auch im Leerlauf wie unter Last verstellen. Das Getriebe kann in jeder beliebigen Lage eingebaut werden und besitzt fluchtende An und Abtriebswellen, was für viele Anwendungszwecke als angenehm empfunden wird. Es kann in geschlossener Bauweise unter Hinzufügung verschiedener Zusatzgetriebe und Einrichtungen oder auch in Form von Einbauteilen (Abb. 29) in vier verschiedenen Größen geliefert werden, wobei je nach den Drehzahlen Leistungen von $0{,}22\cdots4$ PS übertragen werden können.

Die theoretischen Rechnungen im vorigen Abschnitt gelten sinngemäß auch für diese Bauart.

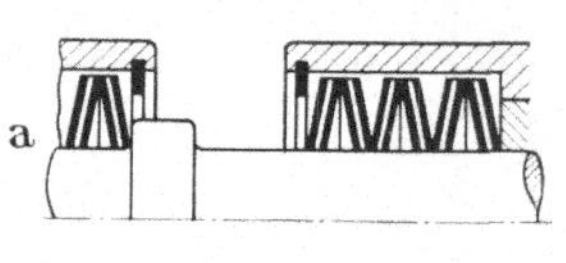
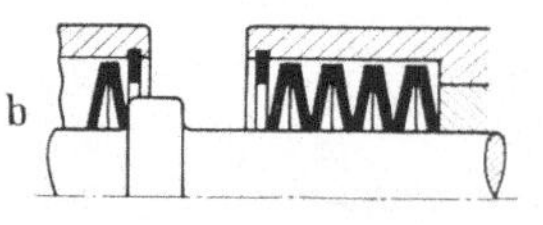

Abb. 30a u. b. Anordnung der Tellerfedern bei SH-Getrieben

## 2.15 SK-Getriebe[1]

Von der gleichen Herstellerfirma wird als dritte Abart desselben grundsätzlichen

---

[1] Siehe Anm. 2, S. 17.

Konstruktionsgedankens das SK-Getriebe (Abb. 31 und 32) gebaut. Es enthält ebenfalls zwei hintereinander liegende Reibradpaare $a\,b$ und $c\,d$. Die Leistungsübertragung vom ersten zum zweiten Reibradpaar erfolgt

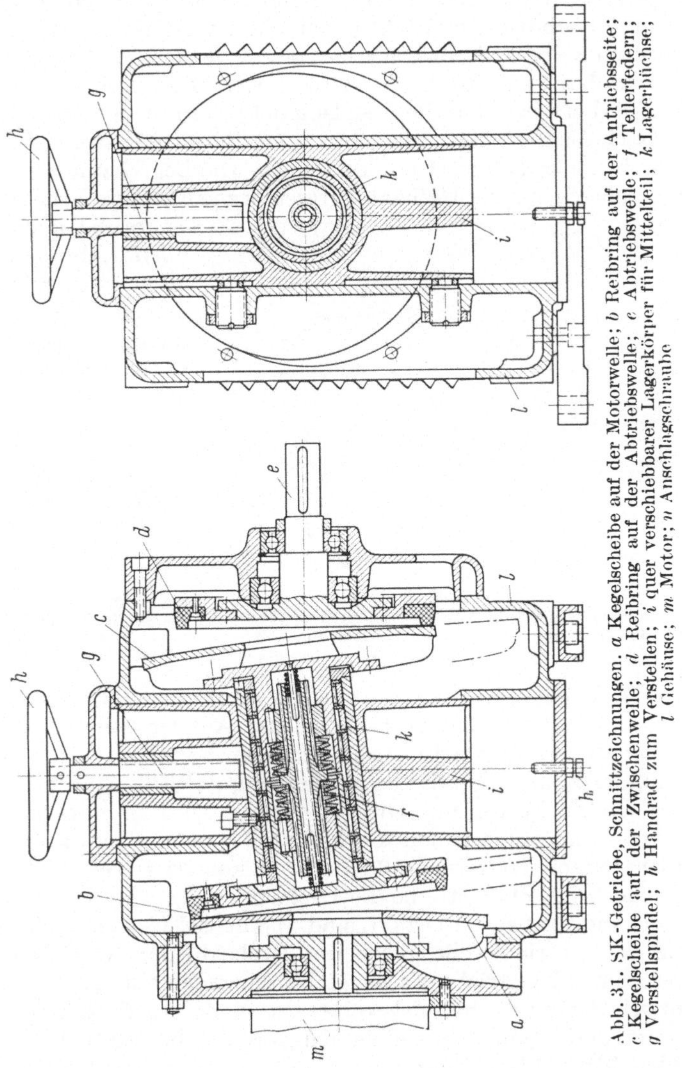

Abb. 31. SK-Getriebe, Schnittzeichnungen. $a$ Kegelscheibe auf der Motorwelle; $b$ Reibring auf der Antriebsseite; $c$ Kegelscheibe auf der Zwischenwelle; $d$ Reibring auf der Abtriebswelle; $e$ Abtriebswelle; $f$ Tellerfedern; $g$ Verstellspindel; $h$ Handrad zum Verstellen; $i$ quer verschiebbarer Lagerkörper für Mittelteil; $k$ Lagerbüchse; $l$ Gehäuse; $m$ Motor; $n$ Anschlagschraube

über eine mit Rechts- und Linksgewinde versehene Gewindespindel $e$. Je nach der Drehrichtung entsteht auch hier im Rechts- oder im Linksgewinde eine dem jeweiligen übertragenen Drehmoment proportionale Axialkraft, die sich in beiden Reibradpaaren als Anpreßkraft auswirkt. Über die Steigung des Gewindes gilt das im vorigen Abschnitt Gesagte. Zur Erzeugung des für das Anlaufen erforderlichen Anpreßdruckes dienen auch hier Druckfedern. Das Getriebe ist für beide Drehrichtungen anwendbar. Bei Umkehr der Motordrehrichtung wandert die Spindel in $k$ von der einen auf die andere Seite und wird in ihren jeweiligen Endstellungen von den Tellerfedern $f$ (Abb. 33) aufgefangen, so daß auch bei diesem Getriebe der Drehrichtungswechsel weich und elastisch erfolgt. Die Anordnung der Tellerfedern $f$ entspricht derjenigen des vorbeschriebenen Getriebes. Die Drehzahl wird durch Drehen des Handrades $h$ verstellt, hierbei wird über die Regelspindel $g$ der innere Getriebekörper $j$ radial verschoben, so daß die wirkenden Berührungsdurchmesser der Kegelscheiben $a$ und $c$ sich stufenlos ändern. Die Begrenzung des Verstellbereiches in Richtung der Drehzahlverkleinerung wird durch die Anschlagschraube $n$ vorgenommen. Abweichend von den vorher beschriebenen Bauarten sind beim SK-Getriebe die Kegelscheiben $a$ und $c$ größer als die Reib-

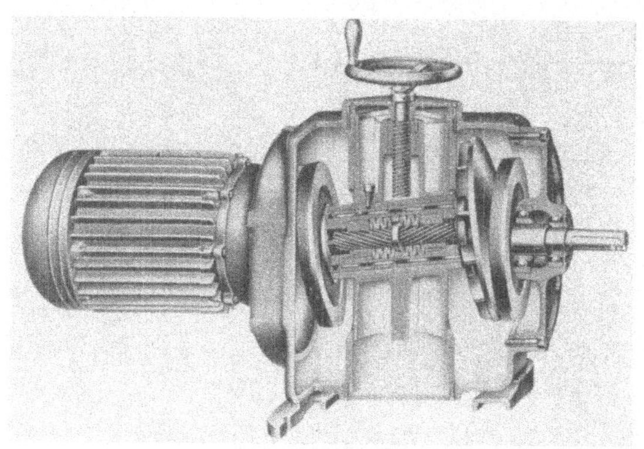

Abb. 32. Schnittmodell eines SK-Getriebes

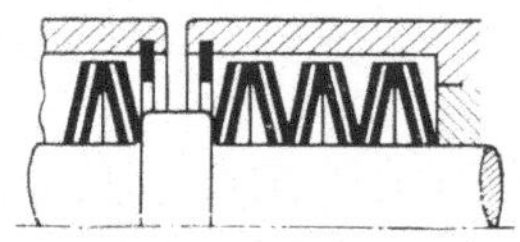

Abb. 33. Anordnung der Tellerfedern $f$ beim Getriebe SK 4

ringe $b$ und $d$. Hierdurch entsteht an der Abtriebswelle $e$ eine im Verhältnis 1:1,32 höhere Drehzahl als an der Antriebswelle des Motors. Der mögliche Verstellbereich beträgt bei dieser Bauart 1:6. Die Getriebeverstellung kann auch bei dieser Ausführung im Stillstand, bei Leerlauf sowie bei Lastlauf erfolgen. Dieses Getriebe wird in nur einer Größe gebaut und kann je nach den Drehzahlen Leistungen zwischen 4 und 10 PS übertragen. Weitere Größen sind in konstruktiver Vorbereitung.

Während beim PK-Getriebe die Drehzahlen der Abtriebwselle immer kleiner als die Antriebsdrehzahl sind, beim SH-Getriebe die höchste Drehzahl der Abtriebswelle gleich der Drehzahl der Antriebswelle ist, liegen bei dem SK-Getriebe die Abtriebsdrehzahlen teils über, teils unter der Antriebsdrehzahl, beispielsweise bei einer Antriebsdrehzahl von 1410 U/min und einem Verstellbereich von 1:6 betragen die Abtriebsdrehzahlen 310···1860 U/min.

## 2.16 Reibungsverlust und Wirkungsgrad der Getriebebauarten nach 2.13 bis 2.15

Bei der Energieübertragung durch Haftreibung zwischen Kegelscheibe und Lauf- oder Reibring ist für das jeweilige Übersetzungsverhältnis nur *ein* bestimmter Radius $r_0$ an der Kegelscheibe und *ein* bestimmter Radius $R_0$ am Reibring maßgebend (vgl. Abb. 34). An dieser Berührungsstelle herrscht gleiche Umfangsgeschwindigkeit von Reibring und Kegelscheibe, Alle anderen, infolge der aus praktischen Gründen erforderlichen Breite $b$ des Reibringes sich berührenden Punkte müssen unterschiedliche Umfangsgeschwindigkeiten haben; sie gleiten mit einer gewissen Relativgeschwindigkeit aufeinander. Das Übersetzungsverhältnis ergibt sich aus dem Radienverhältnis

$$\frac{n_2}{n_1} = \frac{r_0}{R_0}.$$

Die Umfangsgeschwindigkeiten an den Punkten 1, 0 und 2 in Abb. 34 sind:

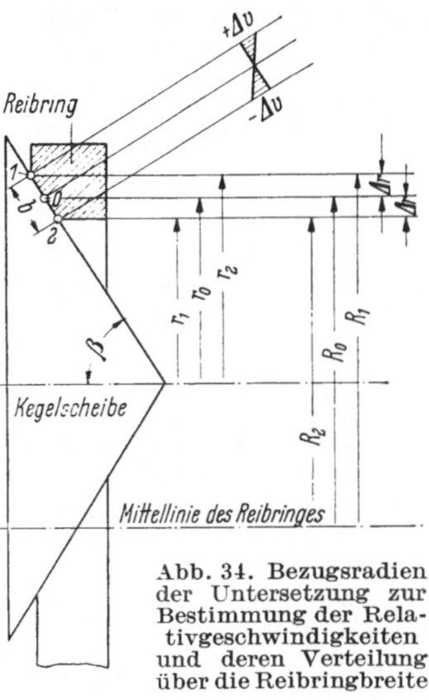


Abb. 34. Bezugsradien der Untersetzung zur Bestimmung der Relativgeschwindigkeiten und deren Verteilung über die Reibringbreite

| Punkt | An der Kegelscheibe | Am Reibring |
|---|---|---|
| Nr. | $v$ | $V$ |
| 1 | $2 \cdot \pi \cdot r_1 \cdot n_1$ | $2 \cdot \pi \cdot R_1 \cdot n_2 = 2 \cdot \pi \cdot R_1 \cdot n_1 \cdot \dfrac{r_0}{R_0}$ |
| 0 | $2 \cdot \pi \cdot r_0 \cdot n_1$ | $2 \cdot \pi \cdot R_0 \cdot n_1 \cdot \dfrac{r_0}{R_0}$ |
| 2 | $2 \cdot \pi \cdot r_2 \cdot n_1$ | $2 \cdot \pi \cdot R_2 \cdot n_1 \cdot \dfrac{r_0}{R_0}$ |

Die Umfangsgeschwindigkeiten verhalten sich außerdem wie die Radien, also:

$$\frac{v_1}{v_0}{v_2} = \frac{r_1}{r_0}{r_2} \quad \text{und} \quad \frac{V_1}{V_0}{V_2} = \frac{R_1}{R_0}{R_2}.$$

Die Relativgeschwindigkeiten an den Punkten 1 und 2 betragen demnach (am Punkte 0 ist auch die Relativgeschwindigkeit $= 0$, da $v_0 = V_0$):

$$\Delta v_1 = v_1 - V_1 = v_0 \cdot \left( \frac{r_1}{r_0} - \frac{R_1}{R_0} \right)$$

$$\Delta v_2 = v_2 - V_2 = v_0 \cdot \left( \frac{r_2}{r_0} - \frac{R_2}{R_0} \right).$$

Setzt man weiter voraus, daß die neutrale Angriffslinie, also der Radius $R_0$ in der Mitte der Reibringbreite liegt, so ergibt sich

$$\Delta r = r_1 - r_0 = r_0 - r_2 = R_1 - R_0 = R_0 - R_2$$

und damit für die Relativgeschwindigkeiten

$$\varDelta v_1 = + v_0 \cdot \left(\frac{\varDelta r}{r_0} - \frac{\varDelta r}{R_0}\right), \tag{8}$$

$$\varDelta v_2 = - v_0 \cdot \left(\frac{\varDelta r}{r_0} - \frac{\varDelta r}{R_0}\right). \tag{8a}$$

Die Relativgeschwindigkeiten wachsen also proportional mit der Antriebsdrehzahl und sind auf den beiden Ringenden positiv bzw. negativ gleich groß; sie wachsen ferner linear mit

$$\varDelta r = \frac{b}{2} \cdot \sin \beta,$$

wobei $b$ = Breite der Lauffläche an der Reibscheibe oder am Laufring, $\beta$ = halber Kegelwinkel ist.

Demnach erhält man für die Relativgeschwindigkeiten mit ihren Maximalwerten:

$$v_{\max} = \pm v_0 \cdot \frac{b}{2} \cdot \sin \beta \cdot \left(\frac{1}{r_0} - \frac{1}{R_0}\right). \tag{9}$$

Die Voraussetzung, daß die neutrale Angriffslinie in der Mitte der Laufringbreite liegt, ist nach Untersuchungen von VIEREGGE[1] zwar nicht genau erfüllt. Die Abweichungen sind jedoch nur gering und daher nachstehend vernachlässigt. Unter Vernachlässigung der HERTZschen Abplattung (Flächenberührung) ist bei Linienberührung das Stirnreibungsmoment

$$M_R = \frac{\mu \cdot b \cdot N}{4}, \tag{10}$$

worin $\mu$ = Reibungszahl, $N$ = Normalkraft ist.

Die Verlustleistung durch Reibung ist

$$N_R = M_R \cdot \omega_r$$

oder unter Einsatz der Formeln (9) und (10)

$$N_R = \frac{\mu}{4} \cdot b \cdot N \cdot v_0 \cdot \frac{b}{2} \cdot \sin \beta \cdot \left(\frac{1}{r_0} - \frac{1}{R_0}\right). \tag{11}$$

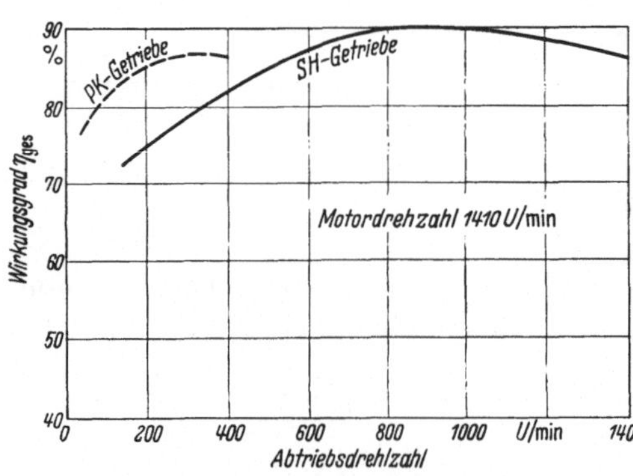


Abb. 35. Wirkungsgrade beim PK- und SH-Getriebe

Damit besteht eine Möglichkeit für die angenäherte Berechnung der Verlustleistung von Kegelreibgetrieben. Der Gesamtwirkungsgrad ist jedoch nicht allein durch den Leistungsverlust an den Friktionsstellen, sondern zusätzlich auch noch durch weitere Leistungsverluste in den Lagern, an den Verzahnungen, an Dichtungselementen und an sonstigen Reibungsstellen der Getriebe bedingt und kann praktisch nur durch Versuche ermittelt werden. Für das PK- und das SH-Getriebe

---

[1] VIEREGGE, Dissertation TH Aachen, 1950.

verlaufen die Wirkungsgradkurven bei gut eingelaufenen Getrieben nach
Angaben der Herstellerfirma entsprechend Abb. 35. Beim SH-Getriebe
werden bei einem recht flachen Verlauf der Kurve Werte von 90%
erreicht. Die Wirkungsgrade sind also auch bei derartigen Reibgetrieben
keineswegs anomal niedrig, sondern erreichen Werte, die auch sonst im
Maschinenbau als üblich und tragbar angesehen werden.

## 2.17 Schwingengetriebe mit zwei Doppelkegelscheiben[1]

Bei dem Rota-Getriebe (Abb. 36) arbeitet eine doppelkegelige mit
zwei einfachen Kegelscheiben zusammen. Der Doppelkegel ist in der
Mitte unterbrochen und als Zahnrad $b$ ausgebildet. Dieses Getriebe-
element ist freischwingend in einer Schwingenkonstruktion ähnlich der

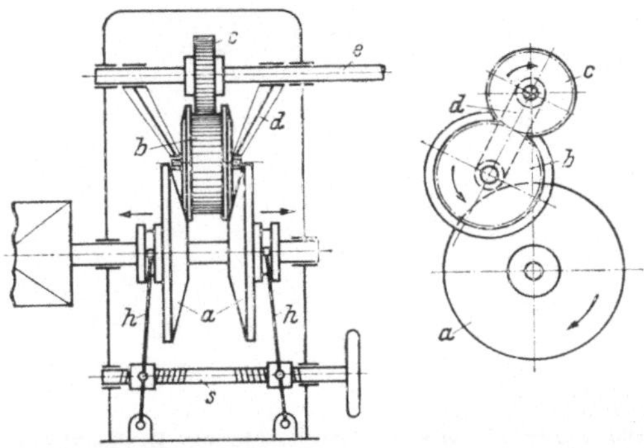

Abb. 36. Rota-Getriebe. $a$ Antriebskegelscheiben; $b$ Zwischenzahnrad; $c$ Abtriebszahnrad;
$d$ Schwinge; $e$ Abtriebswelle; $h$ Verstellhebel; $m$ Motor; $s$ Doppelgewindespindel

des PK-Getriebes um die Abtriebswelle $e$ gelagert und mit ihr durch die
Verzahnung zwischen den Rädern $b$ und $c$ verbunden. Beim Anlaufen
wird durch das Gewicht der Schwinge und des in der Schwinge gelagerten
Zahnrades $b$ ein Anpreßdruck zwischen den Kegeln $a$ und $b$ erzeugt, der
beim Übertragen eines Drehmomentes noch durch die vom Drehmoment
abhängigen Zahndrücke erhöht wird. Dadurch wird der Anpreßdruck
dem Drehmoment proportional. Die Kegelscheiben $a$ kann man auf der
Motorwelle durch die Gewindespindel $s$, die mit Rechts- und Linksgewinde versehen ist, über zwei symmetrische Hebel gegenläufig verschieben, so daß der Doppelkegel mit verschiedenen Radien zum Anliegen
gebracht wird. Auch dieses Getriebe kann als Untersetzungsgetriebe
benutzt werden und besitzt, wenn die Schwinge mit einer Aushebung
versehen wird, den Charakter einer Kupplung. Die Drehzahlcharakteristik dieses Getriebes ist linear (Abb. 2).
   Als sein grundsätzlicher Nachteil sind die sehr unterschiedlichen
Umfangsgeschwindigkeiten an den Paarungsstellen anzusehen, durch die
ein starker Verschleiß bedingt ist (das Getriebe wird nach Feststellungen
des Verfassers nicht mehr serienmäßig gebaut).

---

[1] Hersteller: F. Hochheim, M.-Gladbach (z. Z. keine serienmäßige Herstellung).

## 2.18 Getriebe mit schwenkbarem Motor und mit Kugelkalottenscheibe

für kleine Leistungen, besonders zum Antrieb von kleineren schnelllaufenden Bohrmaschinen (Abb. 37)[1].

Bei diesem Getriebe ist der Motor zusammen mit der kugelkalottenförmigen Antriebsscheibe $a$ um den Drehzapfen $c$ pendelnd gelagert. Durch Verdrehen der Schraube $d$ wird der Motor in der eingetragenen Pfeilrichtung gekippt. Durch sein Gewicht hängt der Motor einschließlich der Antriebsscheibe $a$ auf der kegeligen Abtriebsscheibe $b$. Bei Veränderung der Drehlage ändern sich die Berührungsradien der Paarungsstellen, wodurch die Abtriebswelle $e$

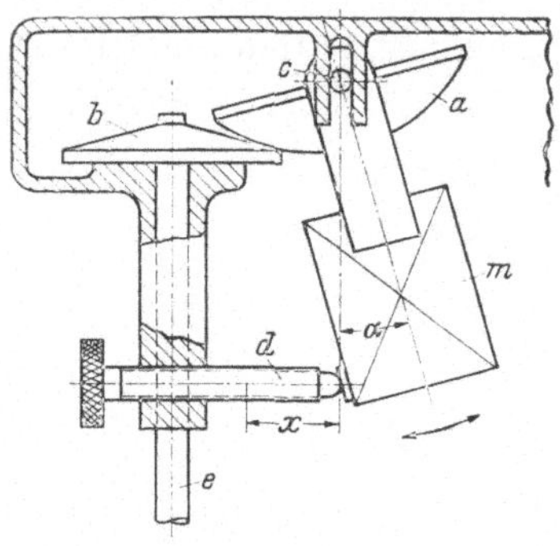

Abb. 37. Webo-Getriebe. $a$ Antriebsscheibe; $b$ Abtriebsscheibe; $c$ Drehzapfen; $d$ Verstellschraube; $e$ Abtriebswelle; $m$ Motor

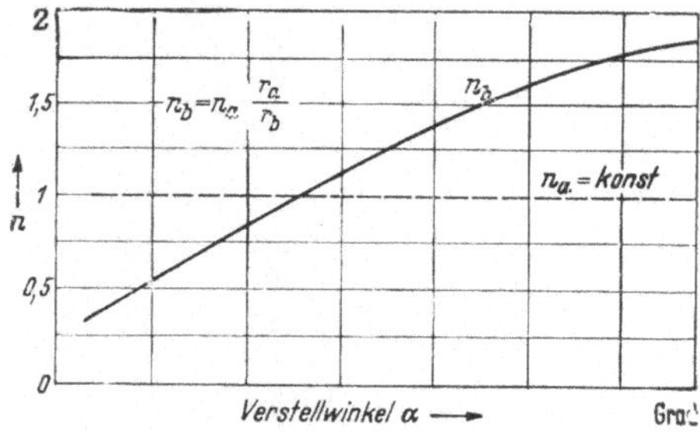


Abb. 38. Drehzahländerung beim Webo-Getriebe

stufenlos veränderliche Drehzahlen erhält. Der geometrische Ort der Berührung zwischen der Antriebsscheibe $a$ und der Abtriebsscheibe $b$ ist bei diesem Getriebe ein Punkt, d. h. die Anpreßdrücke, deren Größe durch das Gewicht des aufgehängten Motoraggregates bedingt ist, sind hier besonders groß. Damit ist auch dieses Getriebe nur für die Übertragung kleinerer Leistungen geeignet und besitzt einen verhältnismäßig großen Schlupf sowie einen nur niedrigen Wirkungsgrad. Die Kennlinie der Drehzahlen ist in der Abb. 38 dargestellt. Die Drehzahl der Abtriebsscheibe $b$ ist

$$n_b = n_a \frac{r_a}{r_b}.$$

In der Abb. 38 ist die Drehzahl der abgetriebenen Welle in Abhängigkeit vom Winkel $\alpha$, d. h. von dem Winkel zwischen der Senkrechten und der Motorachse, aufgetragen. Die Drehzahl der abgetriebenen Welle nimmt also degressiv mit diesem Winkel zu, eine Charakteristik, die für die Planbearbeitung von Kreis- oder Ringflächen als denkbar ungünstig anzusprechen ist, was jedoch bei Bohrmaschinen nicht von Belang ist.

---

[1] Hersteller: Webo-Gemeinschaft Westdeutscher Bohrmaschinen-Fabriken, Erkrath (Rhld.).

## 2.19 Beier-Getriebe[1]

Bei dem BEIER-Getriebe, dessen grundsätzliche Wirkungsweise in Abb. 39 dargestellt ist, erfolgt die Energieübertragung durch Reibung zwischen Randscheiben $d$ und Kegelscheiben $b$. Die stufenlose Veränderung der Abtriebsdrehzahl wird dadurch erreicht, daß die Scheibensätze $d$ gegen den Scheibensatz $b$ um die Punkte $h'$ bis $h'''$ geschwenkt werden können. Dabei greifen die Randscheiben mit ihrem Laufrand an verschiedenen Radien der Kegelscheiben an. Zum besseren Verständnis der Wirkungsweise dieses Getriebes dient die Abb. 40, die deutlich erkennen läßt, daß beim Schwenken der Randscheiben $d$ einschließlich ihrer gemeinsamen Wellen $b$ um einen Drehpunkt $c$ eine Veränderung der Laufradien eintritt. Das Verhältnis der Radien $\dfrac{r_{1\,min}}{r_{1\,max}}$ bestimmt den Verstellbereich des Getriebes. Die Anordnung der Scheibensätze (Abb. 40) ist so gewählt, daß die Leistung von der Antriebswelle aus aufgeteilt, über eine große

<hr>

[1] Hersteller: Schaerer-Werke, Karlsruhe.

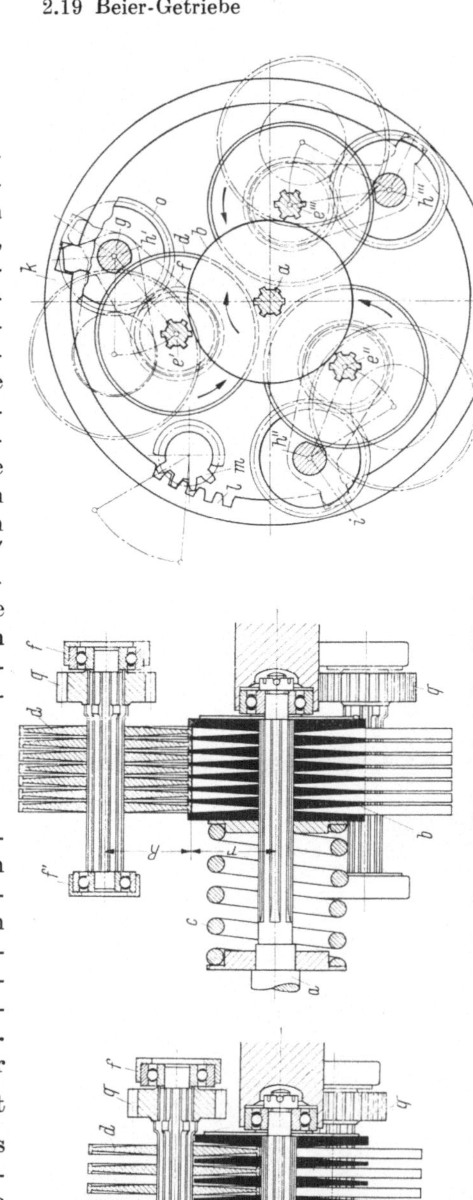

Abb. 39. BEIER-Getriebe, Getriebeaufbau. $a$ treibende (Motor-) Welle, $b$ doppelkegelförmige Scheiben; $c$ Andrückfeder; $d$ Randscheiben; $e'-e'''$ Planetenwellen; $f$ und $f'$ Schwenkarme; $g$ Bolzen für Schwenkarme; $h'-h'''$ Drehpunkt der Schwenkarme $f$; $i$ Verstelldaumen, $k$ Verstellring; $l$ Innenverzahnung des Verstellringes $k$; $m$ Verstellritzel; $o$ lose auf den Bolzen $g$ laufende Zahnräder; $q$ Ritzel auf den Planetenwellen $e'-e'''$; $r$ veränderlicher Angriffsradius der Scheiben $b$; $R$ gleichbleibender Angriffsradius der Randscheiben $d$

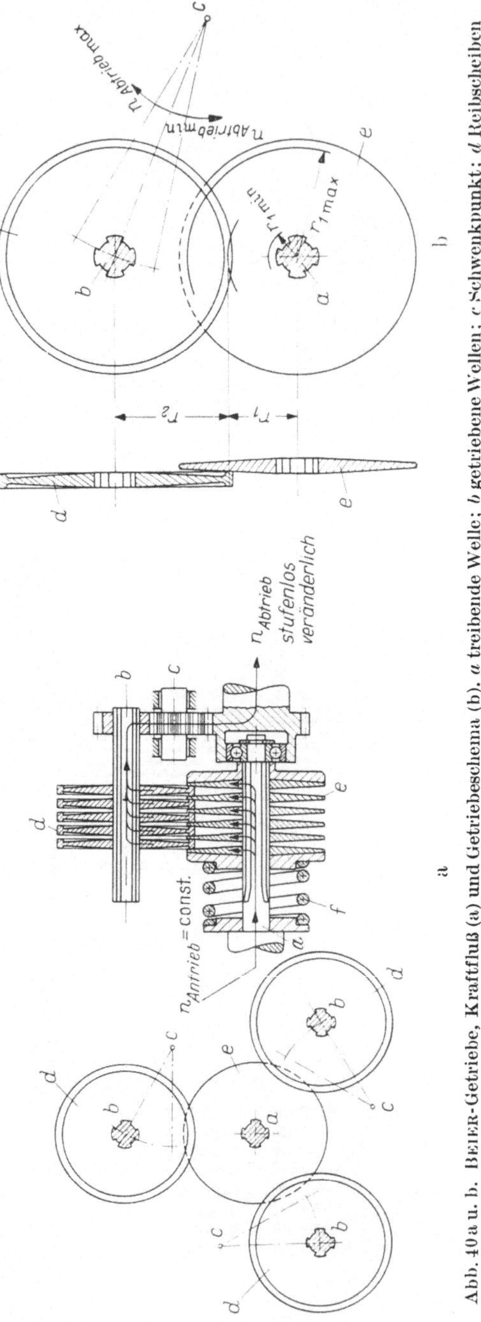



Abb. 40a u. b. BEIER-Getriebe, Kraftfluß (a) und Getriebeschema (b). *a* treibende Welle; *b* getriebene Wellen; *c* Schwenkpunkt; *d* Reibscheiben mit Wulstrand; *e* Doppelkegelscheiben; *f* Schraubenfeder

Anzahl von Eingriffsstellen geleitet und an der Abtriebswelle wieder zusammengefaßt wird. Die Leistung fließt von der Antriebswelle *a* über die Kegelscheiben *e* auf die Randscheiben *d*, die die Umfangskraft über ein Ritzel auf die Welle *b* und ein Zahnrad im Punkt *c* auf die ebenfalls verzahnte Abtriebswelle übertragen. Die Anzahl der Eingriffsstellen ergibt sich durch Multiplikation der Scheibenzahl auf den Wellen *b* mit der Anzahl der Scheibensätze *d* und mit der Zahl 2, da jede Randscheibe zwei Eingriffsstellen besitzt. Die symmetrisch um die gleichachsig gelegenen An- und Abtriebswellen angeordneten schwenkbaren Scheibensätze mit ihrer großen Scheibenzahl gestatten gedrängte Bauart und niedrige spezifische Belastung an den Übertragungsstellen. Diese niedrige Belastung ist die Voraussetzung für einen Ölfilm zwischen den Scheiben, der eine metallische Berührung weitgehend verhindert. Die für den Reibungsschluß erforderliche Anpressung der Scheiben bewirkt je nach Bauart eine Schraubenfeder, eine Tellerfeder oder ein Anpreßnocken, dessen Anpreßkraft sich proportional mit dem übertragenen Drehmoment ändert.

Diese Getriebe werden in drei verschiedenen Bauarten ausgeführt.
Abb. 41 zeigt die Bauart $A$ als Schnittzeichnung, während Abb. 42a
und b einen Einblick in das Getriebe gestattet bzw. die herausgenommenen Triebwerksteile zeigt. Die Getriebe dieser Bauart werden bei

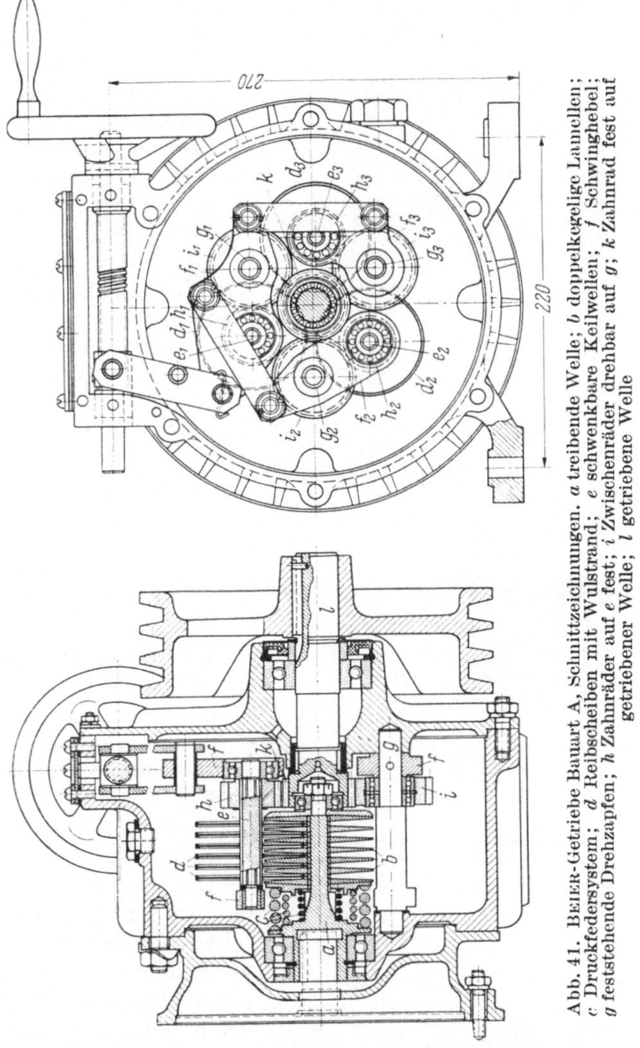

Abb. 41. BEIER-Getriebe Bauart A, Schnittzeichnungen. $a$ treibende Welle; $b$ doppelkegelige Lamellen; $c$ Druckfedersystem; $d$ Reibscheiben mit Wulstrand; $e$ schwenkbare Keilwellen; $f$ Schwinghebel; $g$ feststehende Drehzapfen; $h$ Zahnräder auf $e$ fest; $i$ Zwischenräder drehbar auf $g$; $k$ Zahnrad fest auf getriebener Welle; $l$ getriebene Welle

einem Verstellbereich von 1:4,5 für übertragbare Leistungen von
0,5···10 PS gebaut. Die schwenkbaren Randscheibensätze $b$ werden
durch ein Handrad über einen Verstellring $e$ gemeinsam verstellt. Durch
starke Untersetzung in den Verstellelementen ist eine genaue Drehzahleinstellung mit einem Fehler von nur etwa $1^0/_{00}$ möglich. Die Schwankung
einer einmal eingestellten Drehzahl bei gleichbleibendem Drehmoment

Abb. 42a u. b. BEIER-Getriebe Bauart A. Blick in das geöffnete Getriebe und auf die herausgenommenen Triebwerksteile. *a* doppelkegelige Lamellen; *b* Wulstrandscheiben; *d* treibende Welle; *e* Ring

Abb. 43. BEIER-Getriebe Bauart A 1,5. Ansicht von außen

liegt ebenfalls unter $1^0/_{00}$. An Stelle des Handrades kann im Bedarfsfall auch ein Verstellmotor eingebaut werden, der automatische oder aus größerer Entfernung betätigte Verstellung ermöglicht. Das Getriebe kann in verschiedenen Kombinationen mit zusätzlichen Untersetzungsgetrieben ausgeführt werden. Als Beispiel ist in Abb. 43 dieses Getriebe in der Größe A 1,5 mit angebautem Flanschmotor wiedergegeben.

Abb. 44 zeigt im Längs- und Querschnitt das gleiche Getriebe in der Bauart B, die außerdem mit abgenommenem Vorderteil sowie als herausgenommene Triebwerkselementengruppe in Abb. 45a und b dargestellt ist. Der Drehzahlbereich dieser Bauart ist durch Hintereinanderschalten von zwei Reibscheibensätzen auf 1:15 vergrößert. Die auf der Antriebswelle $a$ sitzenden doppelkegelförmigen Lamellen $b$ stehen mit den Randscheiben $c$, die auf der Welle $n$ im Schwenksystem gelagert sind, im Eingriff. Die Kegelscheiben $d$ sitzen auf der gleichen Welle $n$ und arbeiten mit den Randscheiben $e$ auf der Abtriebswelle $f$ zusammen. Auch hier sind An- und Abtriebswelle gleichachsig. Auf der Antriebsseite sitzen nur wenige Kegelscheiben, während auf der Abtriebsseite eine weit größere Zahl von Kegelscheiben angeordnet ist. Die Anpressung der Scheibengruppen erfolgt durch Tellerfedern. Bei dieser Bauart sind keine Zahnräder erforderlich, wie dies bei der Ausführung A notwendig war. Der

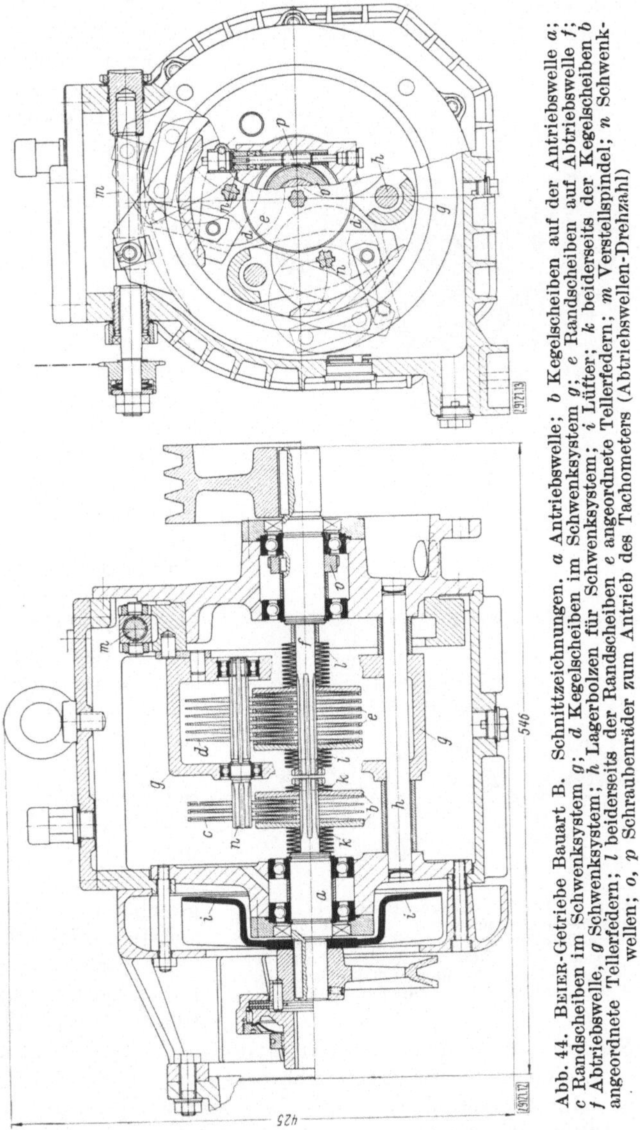

Abb. 44. BEIER-Getriebe Bauart B. Schnittzeichnungen. $a$ Antriebswelle; $b$ Kegelscheiben auf der Antriebswelle $a$; $c$ Randscheiben im Schwenksystem $g$; $d$ Kegelscheiben im Schwenksystem $g$; $e$ Randscheiben auf Abtriebswelle $f$; $f$ Abtriebswelle, $g$ Schwenksystem; $h$ Lagerbolzen für Schwenksystem; $i$ Lüfter; $k$ beiderseits der Kegelscheiben $b$ angeordnete Tellerfedern; $l$ beiderseits der Randscheiben $e$ angeordnete Tellerfedern; $m$ Verstellspindel; $n$ Schwenkwellen; $o, p$ Schraubenräder zum Antrieb des Tachometers (Abtriebswellen-Drehzahl)

Anbau von Fernverstellung, Drehzahlanzeigern, Untersetzungsgetrieben ist auch hier wie bei der Bauart A möglich. Durch sorgfältige Ausbildung der schwingungsempfindlichen Bauelemente und durch den Fortfall der Zahnräder ist die Geräuschbildung bei diesem Getriebe sehr gering.

3 Simonis, Getriebe, 2. Aufl.

Die Bauart MA des BEIER-Getriebes (Abb. 46 und 47) besitzt einen Verstellbereich von 1:4,5, mit ihr können Leistungen von 10···400 PS übertragen werden. Die Leistung wird bei dieser Bauart von der Antriebswelle ausgehend über gehärtete und geschliffene Stirnräder auf die schwenkbaren Kegelscheibensätze $a$ übertragen. Diese Kegelscheiben besitzen Drehzahlen, die etwa dreimal so groß sind wie die Antriebsdrehzahlen und übertragen ihre Umfangskraft auf das Randscheibenpaket $h$, das direkt auf der Abtriebswelle sitzt. Der große Durchmesser dieser Randscheiben ermöglicht, bis zu 6 Kegelscheibensätze am Umfang der Randscheiben angreifen zu lassen. Die große Zahl von Kegelscheiben macht zusammen mit der hohen Drehzahl die Übertragung sehr großer Leistungen möglich. Durch die großen Durchmesser der Randscheiben bleiben dabei die Abtriebsdrehzahlen trotzdem in brauchbaren Grenzen. In dem Randscheibenpaket $h$ sitzt ein Anpreßnocken $d$ (Abb. 47 c) auf der Abtriebswelle, der die erforderlichen Anpreßkräfte zwischen den Scheiben erzeugt und proportional mit dem Abtriebsmoment verändert. Auch hier sind An- und Abtriebswelle gleichachsig. Die kleineren Getriebe dieser Bauart (bis zu einer Leistung von 50 PS) haben Luftkühlung mit Ventilator und Tauchschmierung. Sie können wahlweise durch Handrad oder durch Motor verstellt werden. Die Getriebe für übertragbare Leistungen von 65 PS und mehr besitzen Ölumlaufschmierung mit besonderer Ölpumpe, wasser- oder luftgekühltem Ölfilter und einen besonderen Ölvorratsbehälter; sie werden üblicherweise nur mit Motorverstellung ausgeführt.

Abb. 48 zeigt den Verlauf der Leistungs- und Drehmomentenkennlinien für die beiden Bauarten A und MA in Abhängigkeit von der Abtriebsdrehzahl in Prozent ihres Maximalwertes, während in Abb. 49 die

**Abb. 45a u. b.** BEIER-Getriebe Bauart B. Blick in das geöffnete Getriebe und auf die herausgenommenen Triebwerksteile. $a$ Kegelscheiben im Schwenksystem; $b$ Wulstrandscheiben auf der Abtriebswelle; $c$ Kegelscheiben auf der Antriebswelle; $d$ Wulstrandscheiben im Schwenksystem

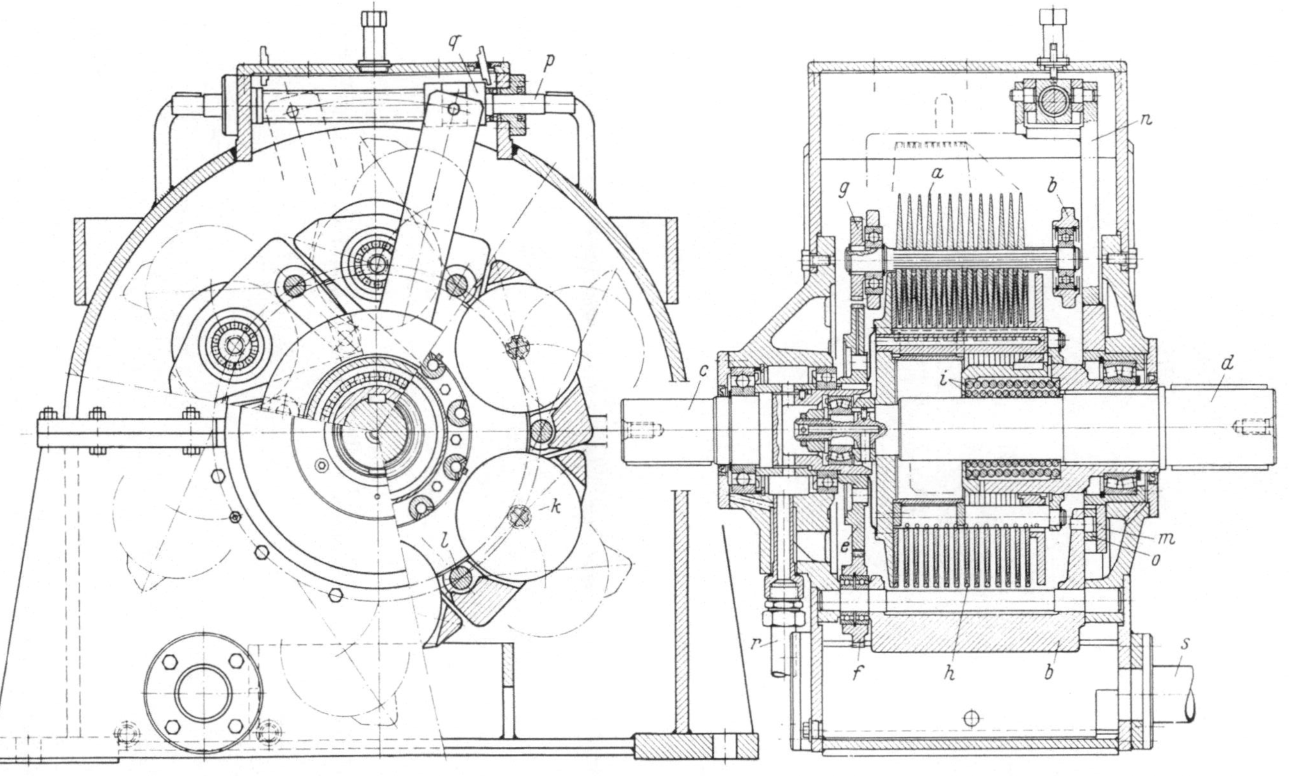

Abb. 46. BEIER-Getriebe Bauart MA für eine übertragbare Leistung von 400 PS. *a* Kegelscheiben; *b* Schwenksystem; *c* Antriebswelle; *d* Abtriebswelle; *e* Stirnrad; *f* Zwischenrad; *g* Stirnrad; *h* Wulstscheiben; *i* Schraubenfedersatz; *k* Zwischenwellen; *l* Schwenkachsen für Zwischenwellen; *m* Verstellring; *n* Verstellhebel; *o* Gleitstein; *p* Verstellspindel; *q* Spindelmutter; *r* Ölzufuhr; *s* Ölablauf

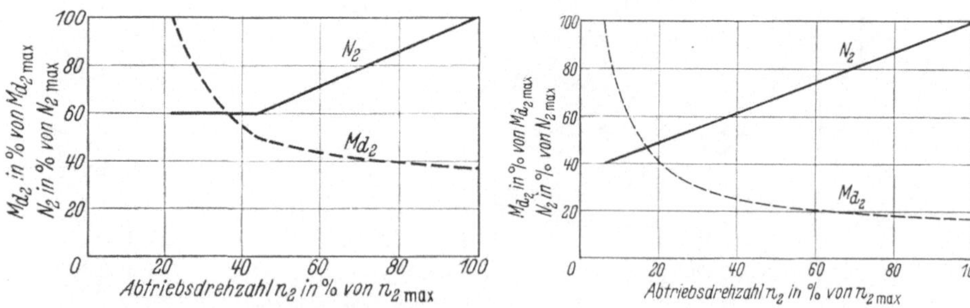

Abb. 47 a—c. BEIER-Getriebe Bauart MA. Blick in das geöffnete Getriebe und auf einzelne Innenteile. *a* Kegelscheiben; *b* Wulstrandscheiben; *d* Anpreßnocken

Abb. 48. Leistungs- und Drehmoment-Kennlinien bei den BEIER-Getrieben Bauarten A und MA

Abb. 49. Leistungs- und Drehmoment-Kennlinien beim BEIER-Getriebe Bauart B

gleichen Kennlinien für die Bauart B wiedergegeben sind. Die Leistungskennlinien verlaufen bei allen drei Getrieben verhältnismäßig flach ansteigend. Unter der Voraussetzung, daß das Drehmoment der angetriebenen Maschine konstant ist, muß Sicherheit für das Getriebe durch Anordnung einer Sicherheitskupplung zwischen diesem und der angetriebenen Maschine erreicht werden. Benötigt hingegen die angetriebene Maschine eine konstante Antriebsleistung über den gesamten Drehzahlbereich, so muß die Leistung der angetriebenen Maschine immer

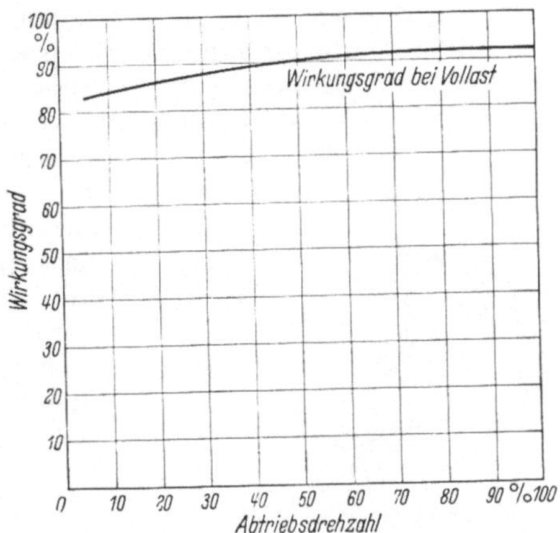


Abb. 50. Wirkungsgrad-Verlauf beim BEIER-Getriebe

kleiner als die übertragbare Leistung des Getriebes bei der kleinsten Abtriebsdrehzahl sein. Damit auch beim Anfahren zur Erzeugung der dabei erforderlichen zusätzlichen Massenbeschleunigungen die Leistung, die das Getriebe übertragen kann, nicht überschritten wird, ist eine Sicherheits- bzw. Anfahrkupplung auf der Antriebsseite des Getriebes zweckmäßig.

# 3. Reibradgetriebe mit umlaufendem Reibring

## 3.01 Heynau-Getriebe[1]

Während bei den bisher beschriebenen Getrieben das Zusammenarbeiten von Kegelscheiben und Reibtellern zur Leistungsübertragung benutzt wurde, arbeitet das HEYNAU-Getriebe mit einem umlaufenden Stahlring $c$ (Abb. 51 und 52) als Übertragungselement zwischen zwei auf parallelen Achsen angeordneten Kegelscheibenpaaren, die ebenfalls in Stahl ausgeführt sind.

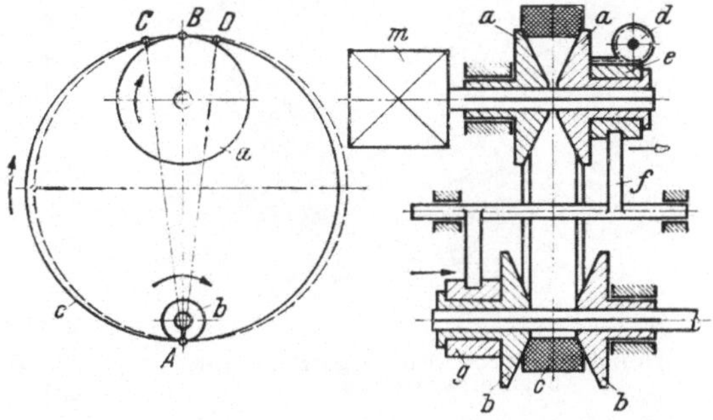


Abb. 51. HEYNAU-Getriebe. $a$ Kegelscheiben auf Antriebswelle; $b$ Kegelscheiben auf Abtriebswelle; $c$ Übertragungsring; $d$ Zahnrad für Verstellung; $e$ Verschiebemuffe 1; $f$ Verschiebegestänge; $g$ Verschiebemuffe 2; $m$ Motor

[1] Hersteller: Hans Heynau, München (In den USA wird dieses Getriebe in Lizenz unter der Bezeichnung „Master Speedranger" von der The Master Electric Comp., Dayton/Ohio gebaut).

Die beiden Kegelscheiben *a* werden durch den Motor *m* mit gleichbleibender Drehzahl angetrieben, beispielsweise in der durch den Pfeil angedeuteten Drehrichtung. Dadurch wird der Übertragungs- oder Reibring *c* durch Reibungskräfte an seinem Umfang mitgenommen, so

Abb. 52. HEYNAU-Getriebe, Reibring mit zwei Doppel-Kegelscheiben

daß der Punkt *B* des Reibringes in Drehrichtung der Kegelscheiben *a* um ein geringes in die neue Laufstellung *D* wandert. Hierbei tritt eine gewisse, allerdings nur sehr geringe und im Elastizitätsbereich des Ringmaterials liegende Verformung des Übertragungsringes ein; dieser verwandelt sich aus der ursprünglich kreisrunden in eine etwas ovale Form, wobei sich zugleich der Abstand der Berührungsstellen mit den beiden Kegelscheibenpaaren *A—B* auf das Maß *A—C* verkleinert, denn der Punkt *C* des Übertragungsringes gelangt jetzt in die Stellung *B*. Hierdurch wird eine kräftige Anpressung zwischen dem Übertragungsring und den Kegelscheiben erreicht, die nach Elastizitätsgesetzen proportional mit der Größe des übertragenen Drehmomentes wächst, so daß über den ganzen verfügbaren Verstellbereich annähernd gleichbleibende Leistung übertragen werden kann.

Das HEYNAU-Getriebe kann sowohl im Stillstand als auch im Leerlauf sowie bei Belastung verstellt werden. Zu diesem Zweck wird mit Hilfe

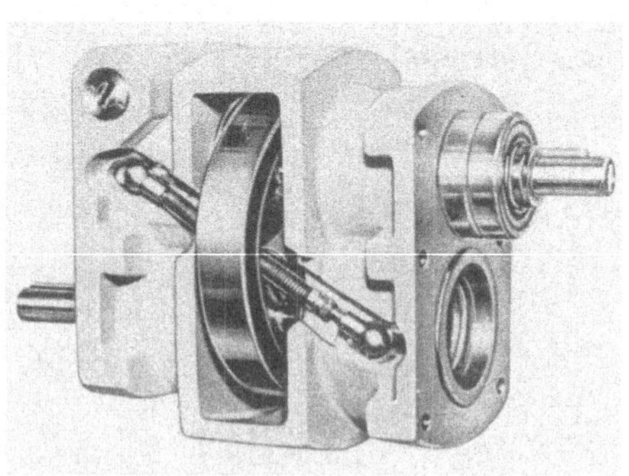

Abb. 53. HEYNAU-Einbaugetriebe mit ungeteiltem Gehäuse

eines Handrades oder eines besonderen Verstellmotors die Ritzelwelle *d* gedreht, wodurch eine, am oberen Rand als Zahnstange ausgebildete und das Lager der rechten oberen Kegelscheibe *a* bildende Muffe *e* und mit dieser zusammen die rechte obere Kegelscheibe selber axial verschoben wird. Von den beiden Kegelscheibenpaaren auf der treibenden und auf der getriebenen Welle kann nämlich je eine Kegelscheibe axial verschoben werden, und zwar auf der oberen treibenden Welle die rechte und auf der unteren getriebenen Welle die linke Kegelscheibe, während die beiden anderen Kegelscheiben auf ihren Wellen festsitzen. Die Bewegungskopplung zwischen den beiden axial verschiebbaren Kegelscheiben erfolgt, wie aus Abb. 53 ersichtlich, durch zwei innerhalb des Übertragungsringes angeordnete schräg liegende Kupplungsgestänge.

Bei der gleichsinnigen axialen Verschiebung der diagonal gegenüberliegenden Kegelscheiben wandert der Übertragungsring zwischen den Kegelscheiben auf der treibenden und auf der getriebenen Welle jeweils auf andere Angriffsradien, so daß das Übersetzungsverhältnis stufenlos verändert wird. Der Verstellbereich beträgt dabei 1 : 9. Da die im Ölbad laufenden Übertragungselemente aus hochlegierten Sonderstählen gefertigt, gehärtet, geschliffen und geläppt sind, können die Berührungsstellen sehr klein gehalten werden, so daß die Reibungsverluste gering sind und Wirkungsgrade von mehr als 90% erreicht werden.

Die Lieferung auch dieses Getriebes kann ähnlich wie bei anderen Getriebebauarten in zahlreichen verschiedenen Ausführungsformen unter

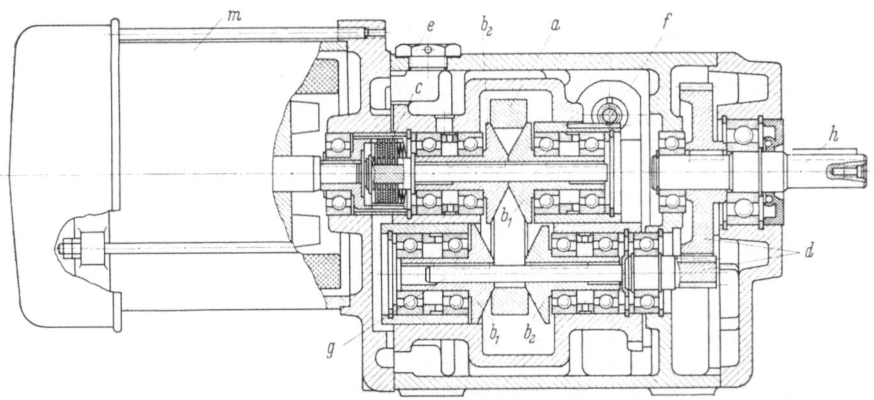

Abb. 54. HEYNAU-Getriebe mit nachgeschalteter Zahnraduntersetzung. $a$ Übertragungs-Reibring; $b_1$ axial verschiebbare kegelige Reibscheiben; $b_2$ axial nicht verschiebbare kegelige Reibscheiben; $c$ Anlauf- und Sicherheitskupplung; $d$ Zahnrad-Untersetzungsgetriebe; $e$ Schraube zum Verschluß der Öl-Einfüllöffnung; $f$ Verstellwelle; $g$ Zwischenwelle; $h$ Abtriebswelle; $m$ Motor

Nachschaltung verschiedenartiger Zusatz-, Untersetzungs- und Stufengetriebe erfolgen. Abb. 53 zeigt das HEYNAU-Getriebe in Einbauausführung ohne Gehäuse. Während früher die gelieferten Einbauteile vom Bezieher in ein von ihm selber vielseitig und kompliziert zu bearbeitendes Spezialgehäuse ein- und zusammengebaut werden mußten, bildet das Einbaugetriebe in dieser verbesserten Form ein betriebsfähig zu einem geschlossenen Ganzen montiertes Bauelement, das mit nur wenigen Schrauben in einem Gehäuse von nahezu beliebiger Form eingebaut werden kann. Zur Aufnahme der axialen Kräfte werden Schrägkugellager verwendet, und eine zweckmäßige Einrichtung am Kupplungsgestänge sorgt für selbsttätige Nachstellung der Anpressung, so daß außer Ölwechsel keine Wartung erforderlich ist.

Bei der in Abb. 54 wiedergegebenen Ausführungsform handelt es sich um ein Motorgetriebe, bei dem von der getriebenen Welle aus die eigentliche Abtriebswelle über ein Zahnradpaar bewegt wird, die so angeordnet ist, daß ihre Achse mit der des Motors fluchtet. Um die Reibpaarungen beim Anlaufen vor ruckweisen Belastungen und Beanspruchungen zu schützen, ist zwischen der Motorwelle und der treibenden Welle des Getriebes eine Lamellenkupplung $c$ (Reibflächen: Sintermetall auf Stahl) angeordnet, die ein weiches Anlaufen gestattet. Das HEYNAU-Getriebe kann in jeder beliebigen Lage eingebaut werden; seine Achse kann waagerecht, senkrecht oder auch schräg stehen; es wird für die Übertragung von Leistungen zwischen 0,15···4 PS geliefert und die Drehzahlbereiche der serienmäßig gebauten Getriebe haben ihre untere Grenze bei 0,5··· 4,5 U/min, während die obere Grenze bei 1000···9000 U/min liegt. Diese Drehzahlen können zusätzlich durch nachgeschaltete Stirn- oder Schneckenradgetriebe weiter über- oder untersetzt werden.

### 3.02 Reibringgetriebe Bauart Ströter[1]

Abb. 56 zeigt ein stufenlos verstellbares Reibringgetriebe, bei dem ebenfalls Stahlringe mit Stahlscheiben zusammenarbeiten, und das eine stufenlose Drehzahländerung in einem Bereich von 1:10 ermöglicht. Abb. 55 gestattet einen Vergleich verschiedener Kombinationen von Reibringen und Doppelkegelscheiben. Aus dieser Abbildung geht hervor, daß die Ausbildung von zwei Reibflächenpaaren am Reibring (Form a) einen geringeren Wellenabstand ermöglicht als die Formen b und c mit je einem Reibflächenpaar am Ring. Das Getriebe nach Abb. 56 benutzt, um geringen Raum zu beanspruchen, das Prinzip der Ausführungsform a.

Die Antriebswelle $a$ trägt die beiden kegeligen Reibscheiben $g$ und $h$. Die Kegelscheibe $g$ ist fest mit der Welle $a$ verbunden, während $h$ gegenüber $a$ axial verschiebbar ist. Gleichachsig zur Antriebswelle $a$ ist die

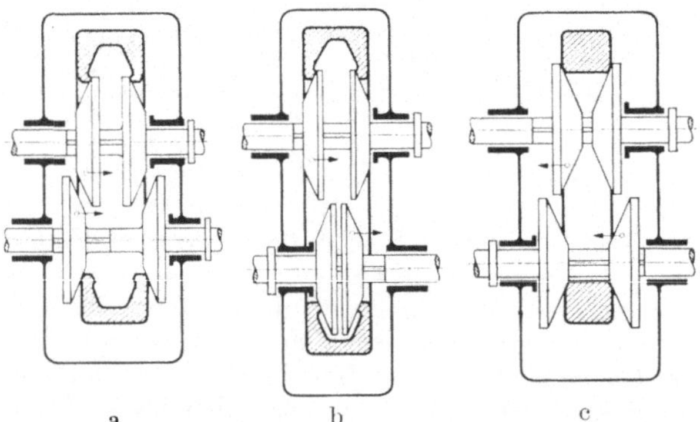

a          b          c

Abb. 55a—c. Verschiedene Formen umlaufender Reibringe

Abtriebswelle $e$ angeordnet, die ebenfalls zwei Kegelscheiben trägt, von denen $n$ fest mit $e$ verbunden und $o$ gegen $a$ axial verschiebbar ist. Die Zwischenwelle $c$ trägt zwei entsprechende Reibscheibenpaare $i$, $k$ und $l$, $m$, von denen die beiden Scheiben $i$ und $m$ fest mit der Zwischenwelle $c$ verbunden sind, während die beiden Kegelscheiben $k$ und $l$ Teile einer gemeinsamen Hohlwelle sind, die auf $c$ axial verschiebbar gelagert ist.

---

[1] Hersteller: H. Ströter, Maschinenbau, Düsseldorf.

Die Verbindung zwischen Antriebswelle $a$ und Zwischenwelle $c$ vermittelt der Reibring $b$, der einerseits mit den Reibscheiben $g$, $h$, andererseits mit $i$, $k$ in Eingriff steht. Der zweite Reibring $d$ verbindet die Zwischenwelle $c$ mit der Abtriebswelle $e$; er arbeitet einerseits mit den Kegelscheiben $l$, $m$ und andererseits mit $n$, $o$ zusammen. Die Leistung fließt demzufolge von der Antriebswelle $a$ über den Reibring $b$ nach der Zwischenwelle $c$ und von dort über den zweiten Reibring $d$ nach der Abtriebs-

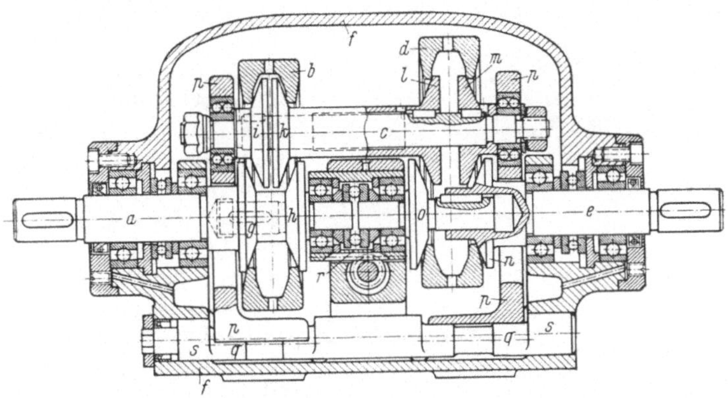

Abb. 56. Reibring-Getriebe Bauart Ströter, Längsschnitt. $a$ Antriebswelle; $b$ erster Reibring; $c$ Zwischenwelle; $d$ zweiter Reibring; $e$ Abtriebswelle; $f$ Gehäuse; $g$ auf Antriebswelle feste Kegelscheibe; $h$ auf Antriebswelle axial verschiebbare Kegelscheibe; $i$ und $m$ auf Zwischenwelle feste Kegelscheiben; $k$ und $l$ auf Zwischenwelle axial verschiebbare Kegelscheiben; $n$ auf Abtriebswelle feste Kegelscheibe; $o$ auf Abtriebswelle axial verschiebbare Kegelscheibe; $p$ Schwinge mit Lagerung der Zwischenwelle; $q$ Lagerung der Schwinge $p$ im Gehäuse $f$; $r$ Verstellung der axial verschiebbaren Kegelscheiben $h$ und $o$ zur Drehzahländerung; $s$ Exzenterbolzen zum Verstellen des Achsabstandes durch Verlagern der Schwingen-Drehachse

welle $e$. Im Gehäuse $f$ sind die Antriebswelle $a$ und Abtriebswelle $e$ gelagert. Die Zwischenwelle $c$ ist in der Schwinge $p$ drehbar gehalten. Die Schwinge $p$ pendelt um ihre Lagerstellen $q$ im Gestell $f$. Diese Lagerung der Zwischenwelle soll eine momentabhängige Einstellung der Anpreßkräfte zwischen den Reibscheiben und Reibringen ermöglichen; denn bei Belastung des Getriebes weicht die Schwinge $p$ aus ihrer anfänglichen Lage aus und verändert den Anpreßdruck der Reibkörper.

Verstellt wird die Übersetzung des Getriebes durch Verschieben der beiden Kegelscheiben $h$ und $o$ mittels der Muffe $r$. Jede axiale Relativbewegung von $h$ gegen $g$ (bzw. von $o$ gegen $n$) hat eine radiale Verschiebung der Reibringe (bzw. $d$) zur Folge und diese wieder bewirkt ein axiales Verschieben von $k$ gegen $i$ (bzw. $l$ gegen $m$).

## 3.03 Kegelgetriebe mit umlaufendem Zwischenring

Abb. 57 stellt in Schnittzeichnungen eine Getriebebauart dar, die nach Patenten von STÖCKICHT von der Firma Escher-Wyß in Zürich gebaut wurde (Escher-Wyß hat 1932 den Bau stufenloser Getriebe

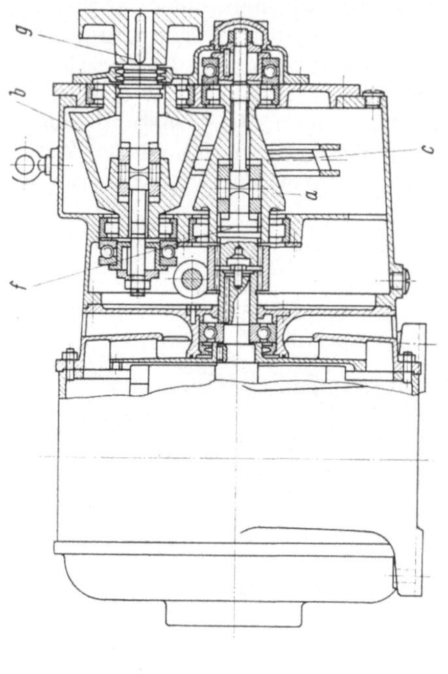

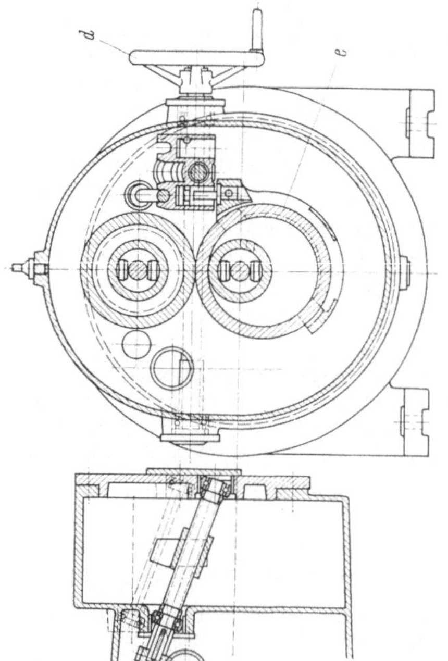

Abb. 57. Kegelscheiben-Getriebe mit Reibring von Stöcklicht. *a* Kegelscheibe auf Motorwelle; *b* Kegelscheibe auf Abtriebswelle; *c* Reibring; *d* Handrad zur Verstellung, *e* Verschiebeklaue für Reibring; *f* hydraulische Axialverschiebung für *a*; *g* Abtriebswelle

auf- und an die Firmen Aciera, Arter, Contraves und Technica abgegeben.)

Auf der Motorwelle ist eine schlanke Kegelscheibe *a* so angeordnet, daß sie mit Hilfe hydraulisch hervorgerufener Kolbenkraft *f* (diese Kraft kann jedoch auch mechanisch durch Federn ausgeübt werden) axial nach der rechten Seite in der Abbildung gerückt wird. Auf der parallel zur Motorwelle liegenden Abtriebswelle sitzt die Gegenkegelscheibe *b*, die auf ihrer Achse nicht verschiebbar ist. Zwischen den beiden Kegelscheiben ist ein Zwischenring *c* aus Stahl angebracht, der um die treibende Kegelscheibe nach unten im Ölbad hängend umläuft und der mit Hilfe eines Handrades *d* und einer den Ring weit umfassenden Verschiebeklaue *e* parallel zu den Achsen der Kegelscheiben verschoben werden kann. Hierbei gelangen jeweils verschiedene Berührungsdurchmesser an den beiden Kegeln zur Friktionswirkung, so daß eine stufenlose Änderung der Abtriebsdrehzahl erreicht wird. Der Verstellbereich betrug bei diesem Getriebe ungefähr 1:3. Bei der dargestellten Ausführung handelt es sich um ein Getriebe für die Übertragung einer Leistung von 10 PS; bei einer Drehzahl des Antriebsmotors von 960 U/min werden Abtriebsdrehzahlen von 330···1100 U/min erreicht. Wegen des nicht befriedigenden Wirkungsgrades werden Getriebe dieser Bauart derzeitig nach Wissen des Verfassers nicht mehr serienmäßig gebaut.

## 3.04 Reibradgetriebe mit zwei metallischen Reibringen

Bei dem Reibradgetriebe nach Abb. 58[1] werden zwei gehärtete und geläppte Reibringe $c$ angewendet, die mit Hilfe einer geeigneten Vorrichtung schräg verschoben werden und zwischen den Antriebsscheiben $b$ und den Abtriebsscheiben $d$ angeordnet sind. Zwischen der Hilfswelle $d$ und der Abtriebswelle $e$ ist eine Zahnraduntersetzung eingeschaltet, so daß die treibende Welle $a$ und die abgetriebene Welle $e$ miteinander fluchten. Dieses Getriebe ist bei einem möglichen Verstellverhältnis von 1:12 bis zu Leistungen von 5 PS ausgeführt. Die Stirnseiten der beiden Reibringe $c$ sind nicht vollkommen eben, sondern ein wenig konvex

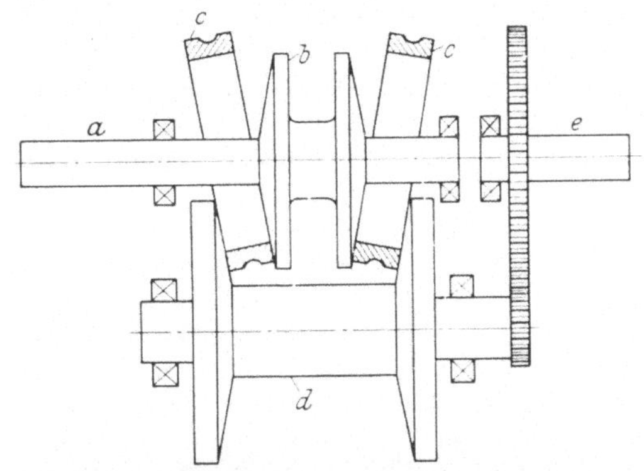

Abb. 58. Reibradgetriebe mit zwei metallischen Reibringen. $a$ Antriebswelle; $b$ Antriebsscheiben; $c$ Reibringe; $d$ Abtriebsscheiben; $e$ Abtriebswelle; $N$ Normalkraft; $T$ Reibungskraft in Umfangrichtung; $R$ Resultierende Kraft

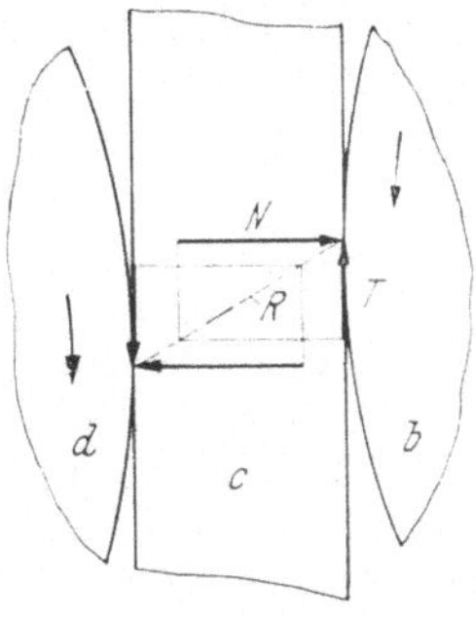

Abb. 59. Schrägstellung der Ringachse durch die auftretenden Kräfte bei dem Getriebe nach Abb. 58. $N$ Normalkraft; $R$ Reibungskraft; $T$ Tangentialkraft

geschliffen, wodurch die Flächenpressung zwischen Reibringen und Reibscheiben herabgesetzt wird. Bei Leerlauf ist die Vorlast nur gering, bei Belastung hingegen wirken an beiden Ringseiten außer den Normalkräften $N$ (Abb. 59) entgegengesetzt zueinander gerichtete Reibungskräfte $R$. Da diese Kräfte an den Reibringen im Gleichgewicht stehen müssen, verschieben sich die Angriffspunkte in Umfangsrichtung gegeneinander, d. h. die Ringachse stellt sich zu der gemeinsamen Ebene der Wellenachsen ein wenig schräg. Die Reibringe keilen die Reibscheiben auseinander und steigern die auftretenden Normalkräfte. Aus der maximalen Reibungskraft, die groß genug sein muß, um das gleiche Drehmoment wie die antreibende Kraftmaschine aufzubringen, ergibt sich die zulässige Verformung und die minimal erforderliche Ringbreite. Um kleine Durchbiegungen zu erreichen, müssen die Wellen, auf denen die Reibscheiben angeordnet sind, verhältnismäßig kräftig ausgeführt werden.

Diese Getriebe werden mit einem dünnflüssigen Öl geschmiert und sind vollständig gekapselt. Durch sorgfältige Versuche wurde festgestellt,

---

[1] Hersteller: Excelermatic Inc. Rochester, NY (USA).

daß bei reinem Rollen die Zerstörung durch wiederholt auftretende Spannungsumkehrung unter den Oberflächen der Reibringe auftritt und sich durch plötzliches Abplatzen der Außenschichten offenbart.

Die Lebensdauer hängt weitgehend von der Zahl der Belastungswechsel ab. Die Reibungszahl zwischen Ringen und Scheiben ändert sich in Abhängigkeit von der Rollgeschwindigkeit sowie der Zähigkeit und anderen Eigenschaften des verwendeten Schmieröls. Versuche ergaben, daß bei Rollgeschwindigkeit unter 1 m/sek die Reibungszahl nur wenig von der Zähigkeit des Schmiermittels abhängt, wenn diese nicht größer als 8,5 E bei einer Temperatur von 38 °C ist. Dabei wurden Reibungszahlen von 0,08···0,09 erreicht. Bei steigenden Rollgeschwindigkeiten nimmt die Reibungszahl für größere Ölzähigkeiten stark ab. Bei 10 m/sek wurden Reibungszahlen von 0,06···0,07 erreicht und bei 20 m/sek fielen diese sogar auf 0,045···0,055 ab. Aus diesen Versuchen und gleichzeitig angestellten Verschleißmessungen wurde festgestellt, daß bei hohen Rollgeschwindigkeiten das verwendete Schmieröl nur eine Zähigkeit von 1,9···2,4 E bei 38 °C haben darf. Außerdem muß es neutral, nicht korrodierend, sehr rein und alterungsbeständig sein.

Liegt die Drehachse eines Rollkörpers nicht parallel zur Oberfläche des Gegenrollkörpers, so wird der Oberflächenverschleiß und nicht mehr die Festigkeit des Materials für die Lebensdauer maßgebend. Es kommt dann besonders auf die Schmierfähigkeit des benutzten Schmiermittels an. Bei dem wiedergegebenen Getriebe nach Abb. 58 können je Berührungsstelle Leistungen bis 3 PS übertragen werden. Der Wirkungsgrad des Getriebes schwankt zwischen 0 und 96%. Die Lagerverluste lassen sich dadurch klein halten, daß die Lager nicht auch die Normalkräfte an den Berührungsstellen aufnehmen müssen.

# 4. Reibgetriebe unter Benutzung von Kugeln als Übertragungsmittel (Globoid-Getriebe)

Bei allen Globoid-Getrieben werden Kugeln oder Kugelkalotten als Übertragungsmittel angewendet, wobei zur Übertragung größerer Leistungen immer eine Vielzahl von solchen Elementen eingesetzt werden muß, um tragbare Werte für die Flächenpressung an den Übertragungsstellen zu gewährleisten.

## 4.01 Cavallo-Reibkugelgetriebe[1]

Abb. 60 zeigt ein stufenloses Reibgetriebe, das sich durch besondere Einfachheit auszeichnet sowie den Vorteil aufweist, daß die Lagerung und besonders die Aufnahme der axialen Schiebekräfte in unmittelbarer Nähe der übertragenden Reibkegel erfolgen kann. Das Getriebe ist außerdem konstruktiv äußerst einfach und erfordert geringste Einbauabmessungen. — Die Wirkungsweise ist folgende: Auf der treibenden

---

[1] Hersteller: Friedr. Cavallo, Berlin-Neukölln.

Welle $b$ ist die Muffe $d$ aufgekeilt, die am vorderen Ende unter 90°
Kegelwinkel ausgespart ist. Ihr gegenüber ist die gleichartige Muffe $e$
auf der parallel zu $b$ versetzten Abtriebswelle $c$ angeordnet. Beide Wellen
und Muffen sind in dem gemeinsamen Lagerkörper $a$ gelagert. In dem
Hohlraum, der durch die kegeligen Aussparungen der Muffen $d$ und $e$
gebildet wird, liegt eine
Stahlkugel $f$. Diese kann
mittels eines dünnen
Blechschiebers $g$ in ra-
dialer Richtung ver-
schoben werden, wobei
die Berührungspunkte
zwischen der Kugel $f$ und
den Muffen $d$ und $e$ auf
verschiedene Radien der
Kegelbohrungen wan-
dern, so daß eine stufen-
lose Änderung der Ab-
triebsdrehzahl erfolgt.
Da die Kugel $f$ durch die
Berührungskreise beider

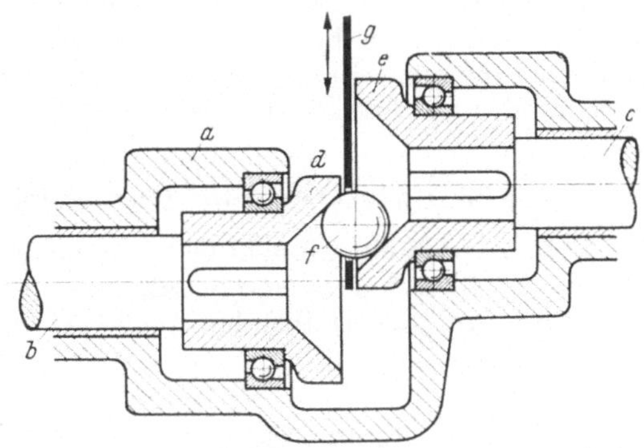

Abb. 60. Cavallo-Reibkugelgetriebe. $a$ Gehäuse; $b$ Antriebswelle; $c$ Abtriebswelle; $d$ und $e$ Muffen mit Kegel-
bohrung; $f$ Stahlkugel; $g$ Blechschieber

Muffen, die nur eine Stellung größten Abstandes besitzen, gewissermaßen
eingekeilt wird, erfolgt eine sichere Mitnahme der abgetriebenen Welle
bei verhältnismäßig geringem Schlupf. Die Kugel sowie auch die kegeligen
Bohrungen der Muffe werden im Einsatz gehärtet, das Getriebe läuft im
Ölbad und besitzt eine Charakteristik hyperbolischer Natur entsprechend
der Abb. 11 (alle Getriebe mit Benutzung von doppelkegeligen Scheiben
besitzen diese Übersetzungscharakteristik).

## 4.02 Kleingetriebe mit Evolventenkörpern

Von der bereits unter Abschn. 3.04 erwähnten Herstellerfirma wird
auch das im Wirkungsschema nach Abb. 61 wiedergegebene Getriebe
gebaut, das für kleine Leistungen bis max. 1/6 PS bei einer möglichen

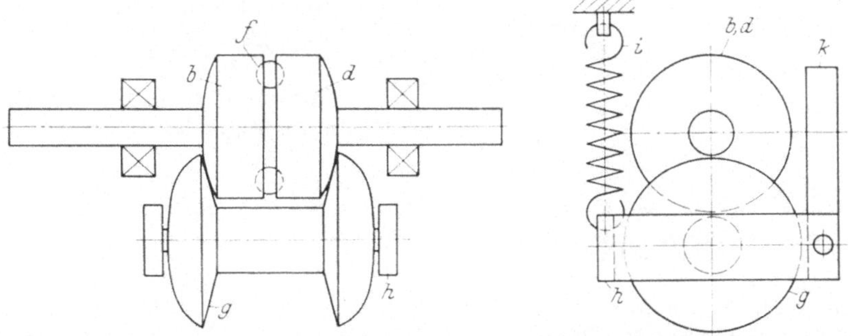

Abb. 61. Reibrad-Kleingetriebe. $b$ Antriebsscheibe; $d$ Abtriebsscheibe; $f$ Kugeln; $g$ Zwischen-
scheiben; $h$ schwenkbarer Rahmen; $i$ Zugfeder; $k$ Schwenkhebel zur Drehzahleinstellung

Drehzahlverstellung von 1:5 ausgeführt werden kann. Die An- und Abtriebsscheiben $b/d$ und $g$ haben an den Berührungsseiten Evolventenprofil. Die Achse der Zwischenwelle wird in der Ebene der drei Wellen geschwenkt, wozu sie in einem schwenkbaren Rahmen $h$ gelagert ist. Zur Erzeugung der erforderlichen Anpressung zwischen den Reibscheiben dienen einerseits die Zugfeder $i$, andererseits die Kugeln $f$, die zwischen der treibenden Scheibe $b$ und der getriebenen Scheibe $d$ so angeordnet sind, daß sie auf schrägliegenden Bahnen die beiden Scheiben $b$ und $d$ auseinander zu drängen bestrebt sind.

### 4.03 Hayes-Schwenk-Kugelgetriebe, Ausführung A

Abb. 62 zeigt ein Globoid-Getriebe nach HAYES. Auf der treibenden Welle $a$ ist flanschartig eine Schale $c$ aufgekeilt. Die abtreibende Welle $b$ fluchtet mit der treibenden Welle, sie trägt aufgekeilt den Gegenflansch $d$, welcher sich mit dem Flanschkörper $c$ zu einem Ring mit dem Radius $R$ um die gemeinsamen Wellen ergänzt. In dem ringförmigen Hohlraum zwischen den Flanschkörpern $c$ und $d$ befinden sich planetenartig angeordnete Zwischenrollen $e$. Diese Rollen sitzen schwenkbar auf dem Zapfen $f$, der in dem winkelförmigen Segmenthebel $g$ gelagert ist; er kann um den Drehpunkt, der hinter dem Mittelpunkt der Rollen $e$ liegt, geschwenkt werden, d. h. der Winkel $\beta$ ist veränderlich. Das Schwenken des Segmenthebels $g$ erfolgt dadurch, daß dieser ein Zahnsegment trägt, in das eine axial verschiebbare Zahnstange $h$, die das Regelorgan bildet, eingreift. Bestimmt man die Abhängigkeit der Drehzahl der abgetriebenen Welle von dem eingestellten Winkel $\beta$, erhält man folgendes Gesetz:

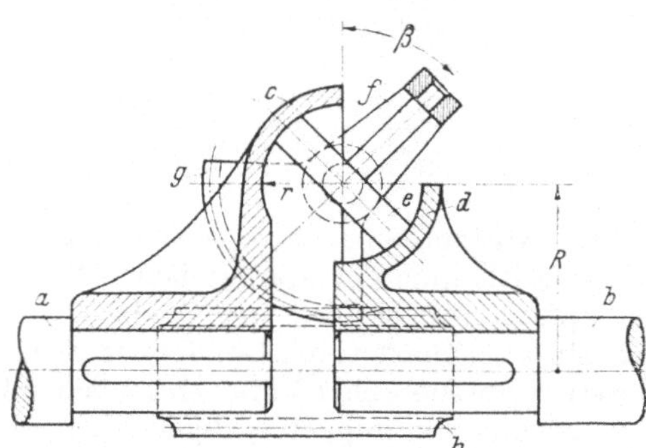

Abb. 62. HAYES-Getriebe. $a$ Antriebswelle; $b$ Abtriebswelle; $c$ Flanschkörper; $d$ Gegenflanschkörper; $e$ Zwischenrolle; $f$ Lagerzapfen der Zwischenrolle; $g$ Zahnsegment; $h$ Axial verschiebbare Zahnstange

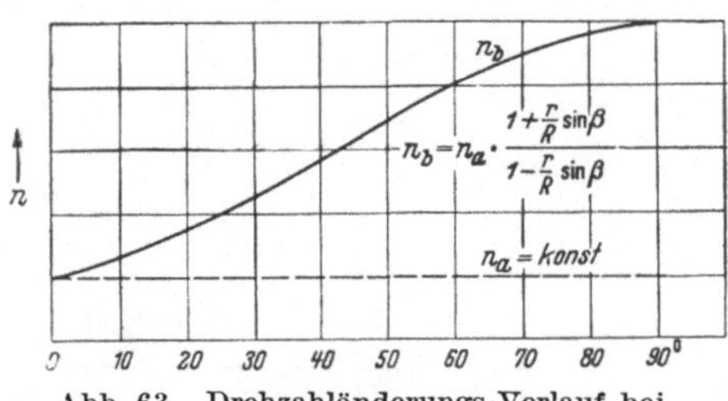

Abb. 63.   Drehzahländerungs-Verlauf bei HAYES-Getrieben

$$n_b = n \cdot \frac{1 + \dfrac{r}{R}\sin\beta}{1 - \dfrac{r}{R}\sin\beta}\,.$$

Die nach dieser Formel bestimmte Drehzahlkennlinie der HAYES-Getriebe zeigt Abb. 63. Man erkennt hieraus, daß die Drehzahländerung sinusartigen Charakter besitzt, was praktisch den Forderungen stufenloser Drehzahländerung zum Drehen mit gleichbleibenden Schnittgeschwindigkeiten keineswegs entspricht. Aus diesem Grunde ist dieses Getriebe für den Antrieb der Arbeitsspindel von Drehmaschinen schlecht geeignet und wird für diesen Zweck praktisch auch nicht verwendet. Im Bereich von 25···65° verläuft die Kurve als Gerade; in diesem Abschnitt besitzt das Getriebe also die Eigenschaften gemäß Charakteristik nach Abb. 2.

## 4.04 Hayes-Schwenk-Kugelgetriebe, Ausführung B

Eine ähnliche Ausführung eines Globoid-Getriebes unter Verwendung

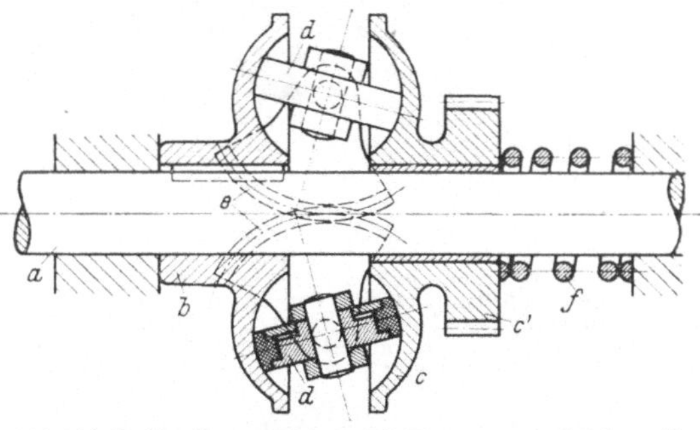

symmetrischer Scheibenelemente ist in Abb. 64 dargestellt. Bei diesem Getriebe wird die Welle $a$ angetrieben, die die Scheibe $b$ über einen Keil mitnimmt. Der Abtrieb erfolgt von dem Zahnrad $c'$, das mit der Gegenscheibe $c$ fest verbunden ist. Die planetenartigen Zwischenrollen $d$ werden wie vorher beschrieben bewegt; die Feder $f$ be

Abb. 64. Reibrollengetriebe nach HAYES. $a$ Antriebswelle; $b$ Flanschkörper auf Antriebswelle; $c$ Flanschkörper auf Abtriebswelle; $c'$ Abtriebszahnrad; $d$ Zwischenrolle; $e$ Zahnsegmente; $f$ Druckfeder

wirkt den notwendigen Anpreßdruck an sämtlichen Reibstellen. Getriebe der vorbeschriebenen Bauart werden von verschiedenen Herstellern gebaut.

Für kleine Leistungen bis max. 0,05 PS und Übersetzungen bis 1:5 bei sehr hohen Drehzahlen bis 10 000 U/min eignet sich die Getriebebauart[1] nach Abb. 65 mit zwei kreisringförmigen Metallscheiben und dazwischen angeordneten schwenkbaren Metallrollen. Die treibenden und getriebenen Scheiben $a$ sind auf fluchtenden Wellen angeordnet. Die Zwischenrollen $b$, deren Krümmungsradien ein wenig kleiner gehalten sind als der Schlauchradius der Scheiben, werden mit Hilfe eines in der Abbildung erkennbaren Hebelsystems gleichsinnig geschwenkt, wobei die Berührungsradien sich stufenlos ändern. Die Anpressung erfolgt mit Hilfe einer in der Abbildung nicht erkennbaren Feder.

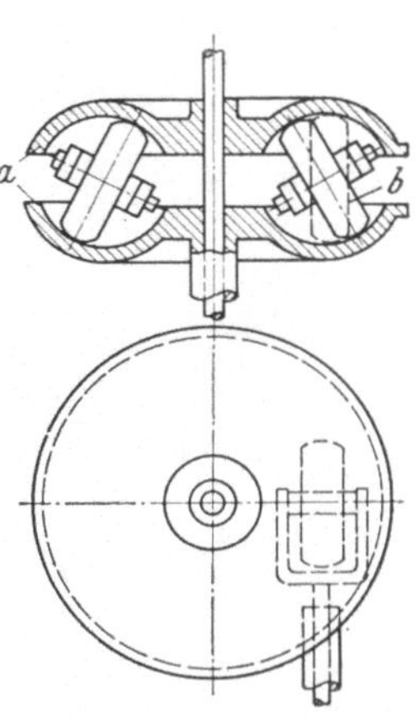

Abb. 65
HAYES-Kleingetriebe,
Wirkungsschema.
$a$ An- und Abtriebsscheiben; $b$ schwenkbare Rollen

---

[1] Hersteller: Cleveland Worm and Gear Co., Cleveland/Ohio (USA).

## 4.05  Sadivar-Getriebe[1]

Das stufenlos verstellbare Reibradgetriebe nach Abb. 66—69 wird für Leistungen von $0{,}3 \cdots 5$ PS ausgeführt und besitzt einen stufenlosen Verstellbereich von $1:7$. Aus dem Getriebeschema (Abb. 66) sind der Auf-

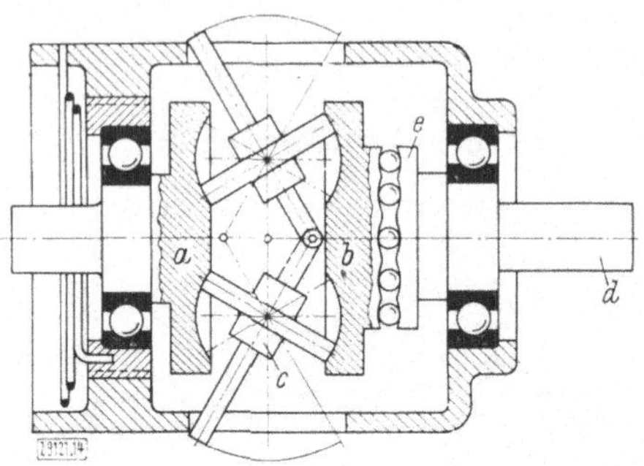

Abb. 66.  Sadivar-Getriebe.  Wirkungsschema.
*a* Anpreßscheibe auf Antriebswelle; *b* abtriebseitige Anpreßscheibe; *c* drei Übertragungsrollen zwischen *a* und *b* (im Bild sind zur Vereinfachung der Darstellung nur zwei Rollen gezeichnet): *d* Abtriebswelle; *e* Axialnockenkupplung zwischen *b* und *d*

Abb. 67. Sadivar-Getriebe, Blick in das geöffnete Getriebe, von der Antriebsseite her gesehen

bau und die Wirkungsweise des Getriebes erkennbar. Zwischen der auf der Antriebswelle sitzenden Scheibe *a* und der auf der getriebenen Welle angebrachten Scheibe *b* sind insgesamt drei Übertragungsrollen *c* ange-

Abb. 68.    Sadivar-Getriebe, Anordnung der Übertragungsrollen

Abb. 69. Sadivar-Getriebe, Blick in das geöffnete Getriebe, von der Abtriebsseite her gesehen

ordnet. Die gleichmäßige Energieverteilung auf diese drei Rollen wird durch eine gelenkige Verbindung ihrer Achsen gewährleistet. Durch eine Kugelkupplung *e* zwischen der Anpreßscheibe *b* und der Abtriebs-

---

[1] Hersteller: Ateliers de Constructions Electriques de Charleroi, Belgien.

welle $d$ wird der Anpreßdruck zwischen den Übertragungselementen abhängig vom Drehmoment an der getriebenen Welle verändert. Durch eine Vorspanneinrichtung auf der Antriebsseite mit Hilfe einer Feder wird der beim Anlaufen erforderliche Anpreßdruck erzeugt. Eine besondere Ölpumpe bewirkt die Schmierung der zusammenarbeitenden Teile. Auch bei diesem Getriebe lassen sich durch Nachschaltung verschiedener Zahnradgetriebe entsprechend den jeweiligen Bedürfnissen der Verwendung verschiedene Untersetzungsverhältnisse erreichen.

## 4.06 Brottby-Variator[1]

Wie aus den Abb. 70 und 71 zu entnehmen ist, wird von der Motorwelle über Zahnräder $a$ und $b$ die treibende Globoidscheibe $d$ des Getriebes über einen oder mehrere Mitnehmerbolzen $c$ angetrieben. Die Drehmomente werden von der treibenden auf die getriebene Globoidscheibe $f$ mit Hilfe von zwei schwenkbaren Reibrollen übertragen, die von einem Handhebel aus über zwei Zahnsegmente verstellt werden können. Die getriebene Globoidscheibe ist ebenfalls durch Mitnehmerklauen $i$ unverdrehbar mit der Übertragungsmuffe $h$ verbunden, wobei zu bemerken ist, daß beide Globoidscheiben, um kleine Unregelmäßigkeiten beim Zusammenarbeiten der Laufflächen mit den Reibrollen zu kompen-

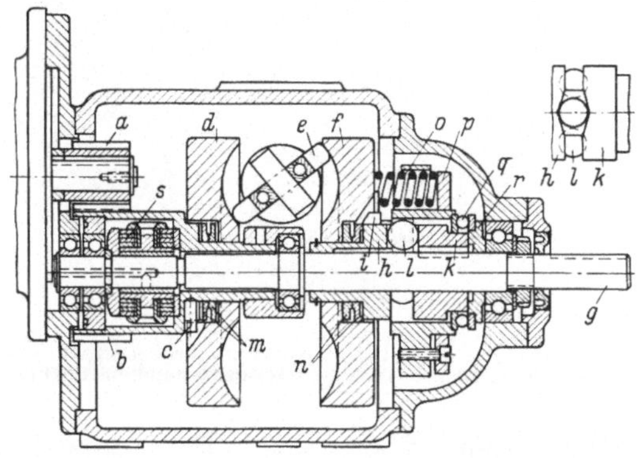

Abb. 70. Brottby-Variator, Längsschnitt. $a$ Ritzel auf Motorwelle; $b$ Zahnrad auf der Antriebswelle; $c$ Mitnehmerbolzen; $d$ treibende Globoidscheibe; $e$ schwenkbare Reibrollen; $f$ getriebene Globoidscheibe; $g$ Abtriebswelle; $h$ Übertragungsmuffe in der getriebenen Globoidscheibe; $i$ Mitnehmerklauen; $k$ auf der Abtriebswelle verkeilte Übertragungsmuffe; $l$ Kugeln; $m$ und $n$ Federringe; $o$ Anpreßfeder; $p$ Gegenring für die Federn $o$; $q$ Abstützlager; $r$ Zwischenring; $s$ elastische Kupplung

sieren, nicht vollständig starr, sondern über Federringe $m$ und $n$ auf ihre Wellen aufgesetzt sind. Zwischen den Muffen $h$ und $k$, die an den sich gegenüber liegenden Flächen eine kurvenförmige Stirnverzahnung aufweisen, sind Kugeln $l$ angeordnet, die eine drehmomentenabhängige Anpressung zwischen den Reibelementen bewirken. Zur Erzeugung der beim Anlaufen erforderlichen Vorspannung dienen die Federn $o$, die sich links gegen die getriebene Globoidscheibe und rechts gegen einen Gegenring $p$ abstützen. Die auftretenden Axialkräfte werden gegen das Gehäuse durch das Abstützlager $q$ über einen Zwischenring $r$ abgefangen. Das Getriebe läuft im Ölbad und kann durch Vor- oder Nachschaltung von Zahnradgetrieben den verschiedensten betrieblichen Anforderungen weit-

---

[1] Hersteller: Brottby Mekaniska Verkstads AB, Mölndal, Schweden.

gehend angepaßt werden. Die Laufflächen der Globoidscheiben und der Reibrollen sind gehärtet und geschliffen. Da die Anpreßkräfte proportional der Belastung sind, wird bei allen Abtriebsdrehzahlen die volle

Abb. 71. Auseinandergenommenes Brottby-Getriebe
(Bezugszeichen s. Abb. 70)

Motorleistung übertragen. Der Verstellbereich beträgt 1 : 6; diese Getriebe werden in verschiedenen Typen für übertragbare Leistungen

Abb. 72. Brottby-Variator Modell RPF

von 0,25 ··· 25 PS ausgeführt und erreichen nach Angaben der Herstellerfirma Wirkungsgrade, die zwischen 80 und 95% liegen.

Abb. 72 zeigt das Modell RPF 4 V dieser Getriebebauart, das gleiche Modell, das in Abb. 71 auseinandergenommen dargestellt ist, mit einem nachgeschalteten Planetengetriebe, dessen Abtriebsdrehzahlen von Null bis 27 U/min verstellt werden können.

## 4.07 Metron-Kleinstgetriebe[1]

Für die Übertragung kleinster Leistungen von maximal 0,025 PS sind die nach demselben Prinzip arbeitenden Kleinstgetriebe nach Abb. 73 und 74 konstruiert. Das Gewicht dieser kleinen Getriebe liegt

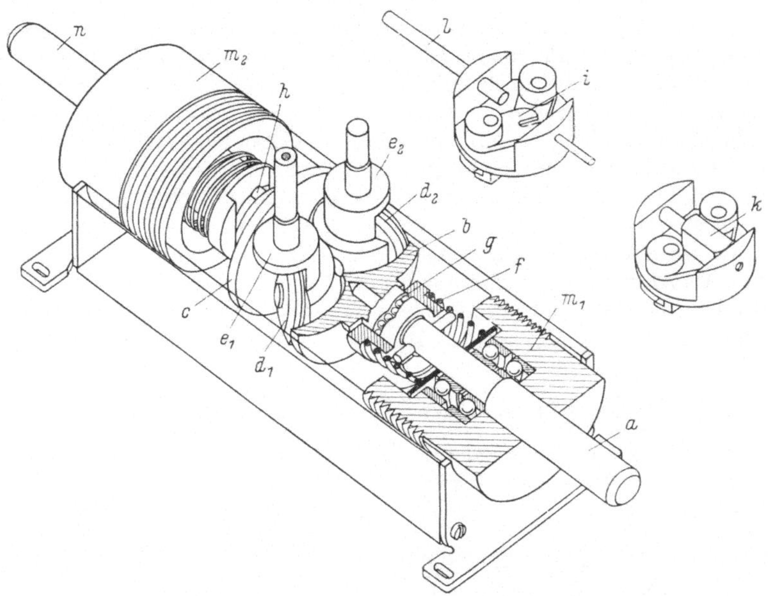

Abb. 73. Metron-Kleinstgetriebe, perspektivische Darstellung der Innenanordnung. $a$ Treibende Welle; $b$ treibende Globoidscheibe; $c$ getriebene Globoidscheibe; $d$ Reibrollen; $e$ Lagerkörper für die Reibrollen; $f$ Anpreßfeder; $g$ drehmomentabhängige Kupplung; $h$ Abtriebskupplung; $i$ Schwenkhebelkörper; $k$ Gleitstein; $l$ Verstellstange; $m$ Lagerkörper für Wellenlagerung; $n$ Abtriebswelle

je nach der Ausführung zwischen 170 und 300 Gramm. Die Wirkungsweise ist aus Abb. 73 zu erkennen: Auch hier werden zwei Reibrollen $d_1$ und $d_2$ zwischen den Globoidscheiben $b$ und $c$ auf der treibenden ($a$) und der getriebenen Welle $n$ so geschwenkt, daß die Drehzahl der Antriebswelle entweder fünffach vergrößert oder auf ein Fünftel verkleinert wird (Gesamt-Verstellbereich also 1 : 25). Die axiale Anpressung zwischen den Globoidscheiben wird auch bei dieser Ausführung durch eine drehmomentenabhängige Kupplung $g$ und durch eine Vorspannfeder $f$

Abb. 74. Außenansicht eines Metron-Kleinstgetriebes mit Größenangabe

---

[1] Hersteller: Metron Instrument Comp. Denver/Colorado (USA).

4*

verändert, so daß immer die volle Antriebsleistung übertragen werden kann. Die beiden Reibrollen sind in je einem Lagerkörper $e_1$ und $e_2$ angeordnet, der nach oben in eine Welle ausläuft. Auf jeder dieser beiden Wellen ist ein Schwenkhebelkörper $i$ aufgepreßt, in dessen Hebelarm sich ein Schlitz befindet. In die Schlitze beider Hebelarme greift der Zapfen eines Gleitsteines $k$ ein, der beispielsweise durch die Verstellstange $l$ verschoben werden kann und so beide Reibrollen gegensinnig verstellt. Falls es die Einbau-Umstände erfordern, kann jedoch die Verstellung auch durch Schrauben, Handhebel oder durch verschiedene Verzahnungsgetriebe erfolgen.

Die Drehzahlen sollen bei diesem Getriebe auf beiden Seiten 10 000 U/min nicht überschreiten. Während die einer Reibung ausgesetzten Verschleißteile aus Stahl hergestellt, gehärtet und geschliffen sind, besteht das eigentliche Gehäuse einschließlich der Lagerkörper $m$ aus Leichtmetall, wodurch das erstaunlich niedrige Gewicht erklärt wird. Als Anwendungsgebiete seien erwähnt: Feinmechanische, optische und medizinische Apparate, Steuergeräte im Flugzeugbau, elektronische Rechenmaschinen, Meßgeräte, Büromaschinen und Phonogeräte.

## 4.08 Hayes-Doppelgetriebe [1]

Dieses Getriebe, dessen grundsätzlicher Aufbau Abb. 75 zu entnehmen ist, stellt eine Weiterentwicklung der HAYES-Getriebe dar, die in den Jahren 1934 bis 1938 von der Firma Austin auch als Kraftfahrzeug-

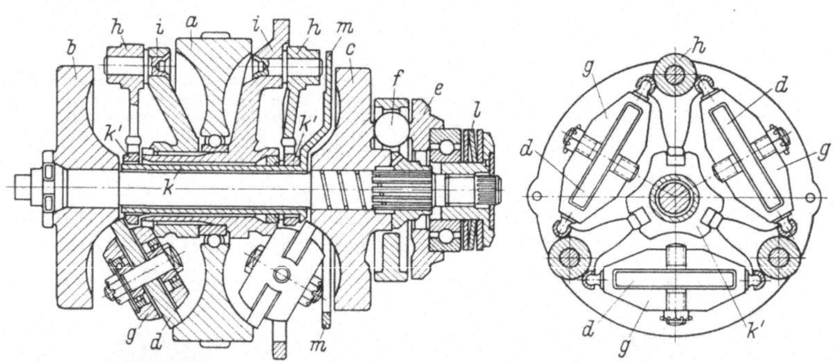

Abb. 75. HAYES-Doppelgetriebe von Tiltman Langley, prinzipielle Darstellung der Wirkungsweise. $a$ Abtriebs-Doppelglobodscheibe mit Außenverzahnung; $b$ und $c$ auf der Antriebswelle angeordnete treibende Globoidscheiben; $d$ Reibrollen (6 Stück); $e$ Widerlager; $f$ Kupplungskugeln; $g$ Lagerkörper für die Reibrollen; $h$ Wippen zur Aufnahme der Kugelzapfen von $g$; $i$ Trägerkörper für die Drehzapfen der Wippen $h$; $k$ Steuerhülse mit 2 Steuerscheiben $k'$; $l$ Scheibenfedern; $m$ Verstellflansch an der Hülse $k$

Getriebe angewendet wurden. In England wird diese Getriebebauart besonders im Flugzeugbau in zweifacher Weise angewendet: Einerseits, um bei konstanter Antriebsdrehzahl stufenlos veränderliche Abtriebsdrehzahlen zu erreichen, andererseits um bei veränderlichen Antriebs-

---

[1] Hersteller: Tiltman Langley Ltd., Redhill/Surrey, England.

drehzahlen (z. B. von einem Verbrennungsmotor) die Antriebsdrehzahlen gewisser mechanisch angetriebener Hilfsaggregate gleich groß zu erhalten. Für den erstgenannten Zweck wird dieses Getriebe für eine übertragbare Leistung von 10 PS und für eine Antriebsdrehzahl von 1440 U/min gebaut, wobei die Abtriebsdrehzahlen zwischen 480 und 2300 U/min verändert werden können. Für den zweiten Zweck steht die gleiche Getriebebauart für veränderliche Antriebsdrehzahlen von 3000 bis 10000 U/min zum Antrieb eines elektrischen Drehstromgenerators mit gleichbleibender Drehzahl von 8000 oder wahlweise von 12000 U/min und mit einer elektrischen Leistung von 30 kW zur Verfügung, wobei die Abtriebsdrehzahl durch eine entsprechende Regeleinrichtung auf $\pm$ 20 U/min konstant gehalten wird.

Die treibende Welle trägt die beiden äußeren Globoidscheiben $b$ und $c$, die mit Hilfe einer drehmomentenabhängigen Kugelkupplung gegeneinander gepreßt werden, während die zum Anlaufen erforderliche Vorspannung durch die Scheibenfedern $l$ erteilt wird. Auf der rechten Seite der Globoidscheibe $c$ und auf der linken Seite des Widerlagers $e$ sind stirnseitig Kurvenflächen vorgesehen, zwischen denen die in einem Käfig angeordneten Kugeln $f$ laufen, die eine drehmomentenabhängige Energieübertragung bewirken. In der Mitte zwischen den beiden Globoidscheiben $b$ und $c$ ist eine doppelseitige Globoidscheibe $a$ lose laufend angebracht, die außen mit einer Verzahnung versehen ist und das Abtriebselement bildet. Zwischen den Globoidscheiben sind insgesamt sechs Reibrollen $d$ angeordnet, die gemeinsam und gruppenweise gegenläufig verstellt werden können. Zu diesem Zweck sind die Reibrollen in besonderen Lagerkörpern $g$ untergebracht, die an beiden Seiten je einen kugelkopfförmigen Zapfen tragen. Diese Kugelköpfe sind paarweise in den Kugelpfannen der Wippenkörper $h$ gelagert, die um je einen Bolzen in dem Trägerkörper $i$ pendelnd eingebaut sind. Konzentrisch um die Antriebswelle ist eine Steuerhülse $k$ so angeordnet, daß sie sowohl in axialer als auch in radialer Richtung ein wenig Spiel hat und mit Hilfe des Verstellflansches $m$ gegenüber den Trägerkörpern verdreht werden kann. Eine Verdrehung dieser Steuerhülse bewirkt ein Kippen der Wippen $h$ und damit eine Verstellung der Reibrollen $d$ auf andere Berührungsradien der Globoidscheiben, also eine stufenlose Verstellung der Abtriebsdrehzahlen oder — falls die Antriebsdrehzahlen veränderlich sind — ein Konstanthalten der Drehzahl von der doppelseitigen Globoidscheibe $a$.

## 4.09 Contraves-Getriebe[1]

Das in Abb. 76 schematisch wiedergegebene Getriebe besitzt als Übertragungselemente vier schwenkbare Stahlkugeln $a$. Diese Kugeln werden mit Hilfe der Anpreßeinrichtungen $b$ und $c$ in Abhängigkeit vom Lastmoment auf die Rollbahnen $d$ und $e$ der treibenden und der getriebenen Welle gedrückt, auf denen sie sich selber abwälzen. Die Übersetzungsänderung erfolgt dadurch, daß die Kugeln durch vier Steuerrollen $f$

---

[1] Hersteller: Contraves A. G., Zürich.

bei feststehendem Kugelzentrum so gelenkt werden, daß sie sich jeweils nur um die Achse in einer bestimmten Lage drehen können. Die Achsen bilden also virtuelle Drehachsen der Zwischenkugeln. Die erforderlichen Anpreßkräfte werden, wie schon vorher beschrieben, durch Axialnocken

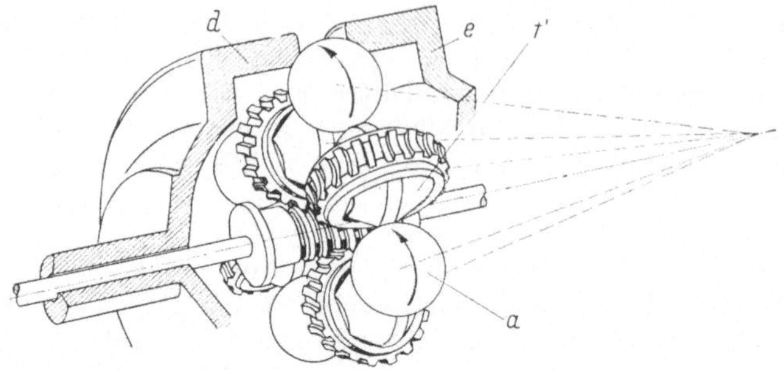

Abb. 76. Contraves-Getriebe, Wirkungsschema. $a$ Stahlkugeln; $b$, $c$ Anpreßeinrichtung; $d$, $e$ Rollbahnen; $f$ Steuerrollen

hervorgerufen, zwischen deren Flanken zum Zwecke der Reibungsverminderung ebenfalls Kugeln eingeschaltet sind. Es sind zwei Axialnocken-Kupplungen vorgesehen, weil das Getriebe sowohl ins Schnelle als auch ins Langsame übersetzen kann. Die Übersetzungsänderung, also die Stellung der Kugelachsen, kann von Hand oder durch einen Hilfsmotor erfolgen. Aus dem Getriebequerschnitt (Abb. 77, rechter

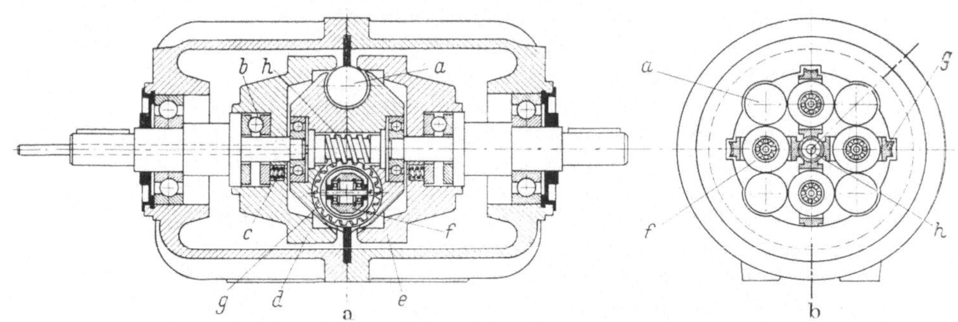

Abb. 77a u. b. Contraves-Getriebe, Schnittzeichnungen
(Bezugszeichen s. Abb. 79)

Teil) ist ersichtlich, daß die Mittelpunkte der vier Kugeln $a$ und der vier Steuerrollen $f$ auf einem Quadrat liegen. Die Berührungspunkte der Kugeln mit den Steuerrollen liegen auf den Seitenlinien dieses Quadrates, so daß diese Seitenlinien gleichzeitig die Mittellinien der Schneckenräder sind, in denen die Steuerrollen gelagert werden. Dadurch ist die Möglichkeit gegeben, die Verstellung des Getriebes mit kleinem Kraftaufwand sowohl im Stillstand als auch im Betrieb unter Vollast durchzuführen.

Da bei diesem Getriebe die Leistung durch rollende Reibung übertragen wird, entsteht an den Übertragungselementen kein wesentlicher

Materialverschleiß, was sich günstig auf die Lebensdauer dieser Getriebe auswirkt.

Die Abb. 78 und 79 stellen photographische Wiedergaben eines Schnittmodells und der herausgenommenen Kugeltriebwerke dar. Bei den mittleren Getriebegrößen wird das Verstellverhältnis auf etwa 1:20 beschränkt, um extreme Betriebsbedingungen zu vermeiden. Bei der Übersetzung 1:0 läuft die Kugeldrehachse durch den Punkt, in dem die Kugel die Rollbahn der Kalotte berührt. In diesem Moment würde die rollende Reibung in ein Gleiten übergehen; dieser gefährliche Betriebszustand wird durch Anbringen eines Anschlages verhindert, wodurch das Getriebe vor Schaden bewahrt und eine Rillenbildung auf den Kugeln vermieden wird.

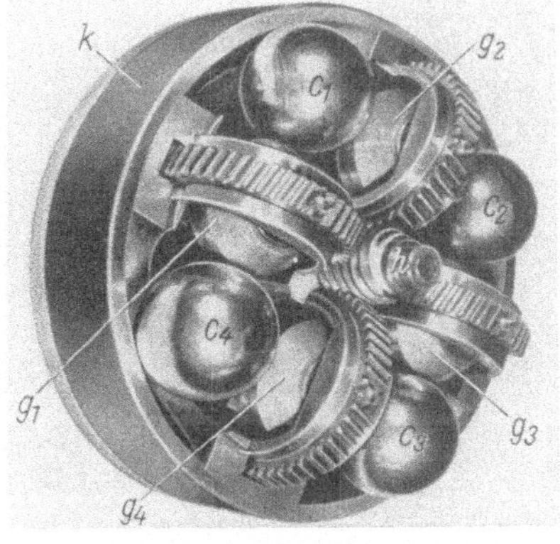

Abb. 78. Reibkugelgetriebe nach Abb. 77, Blick in das Innere des Mittelteils

Die Kugeln selber sind nicht starr gelagert, sondern können sich während des Betriebes dauernd in andere Lagen verstellen, so daß sich die Abnutzung gleichmäßig über die gesamte Kugeloberfläche verteilt. Bei den Steuerrollen und den Kugelbahnringen bleibt die Rollbahn

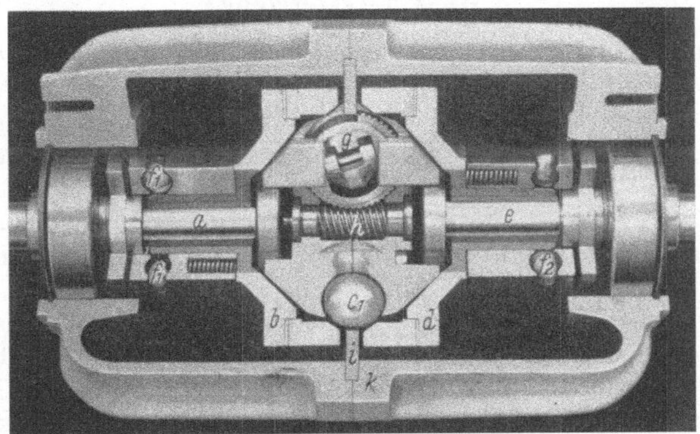

Abb. 79. Reibkugelgetriebe nach Abb. 77, geöffnet. $a$ Antriebswelle; $b$ glockenförmiger Reibkörper auf $a$; $c_1-c_4$ Zwischenkugeln (mit virtueller Drehachse); $d$ glockenförmiger Reibkörper auf $e$; $e$ Abtriebswelle; $f_1$, $f_2$ Axial-Nockentrieb zum Verspannen der Reibscheiben, abhängig vom Drehmoment; $g_1-g_4$ Steuerkugeln in Schneckenradkränzen; $h$ Schraubentrieb zum Einstellen der Steuerkugeln $g$; $i$ Abstützung fest im Gehäuse; $k$ Gehäuse

immer an derselben Stelle, ähnlich wie dies bei Kugellagern der Fall ist. Die Verstellungsmöglichkeit wird deshalb auch nach langem Arbeiten bei gleichem Übersetzungsverhältnis nicht wesentlich beeinträchtigt. Da dieses Getriebe in einem völlig geschlossenen Gehäuse eingebaut ist

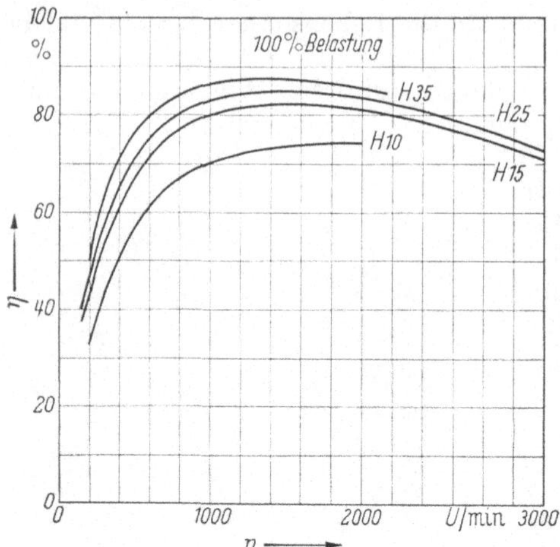



Abb. 80. Wirkungsgrad-Verlauf bei Contraves-Getrieben mit 100 % Belastung

und im Ölbad läuft, brauchen Kontrollen nur in größeren Zeitabständen durchgeführt zu werden.

Gebaut wird dieses Getriebe für Abtriebsdrehmomente von 1,5···100 kgcm bei einer mittleren Antriebsdrehzahl von 1500 U/min.

Da sich die Wälzteile gegenseitig nur annähernd punktweise berühren, sind die Reibungsverluste klein. Außerdem werden die Anpreßkräfte so geregelt, daß für jede Belastung das gerade erforderliche Maß erreicht wird, und damit für jede Belastung nur kleine Verluste entstehen. Abb. 80 zeigt den Verlauf des Wirkungsgrades bei 100proz. Belastung für verschiedene Getriebegrößen. Das Getriebe H 35 beispielsweise erreicht einen maximalen Wirkungsgrad von rund 88%, der bei gleichen Drehzahlen auf ungefähr 82% absinkt, wenn das Getriebe nur mit 20% belastet wird.

## 4.10  Arter-Getriebe[1]

Bei dem in Abb. 81 als Schnittzeichnung dargestellten Getriebe handelt es sich um ein Reibgetriebe, bei dem die Energieübertragung durch Wälzbewegung erfolgt. Die Wälzräder b bestehen ebenso wie die treibende Scheibe a und die getriebene Scheibe c aus gehärtetem Stahl; alle diese Teile sind mit großer Präzision geschliffen. Die Form der Wälzbahnen ist so gewählt, daß die Berührungslinien bei allen Einstellungen annähernd auf dem theoretischen Wälzkegel liegen, so daß zwischen den Reibteilen fast eine reine Wälzbewegung entsteht.

Die erforderliche Anpreßkraft zwischen den Laufbahnen ist zur Erzielung nahezu schlupffreier Energieübertragung proportional mit dem Drehmoment veränderlich. Dies wird durch eine Axialnocken-Kupplung erreicht. Das Getriebe läuft im Ölbad, wodurch geringe Abnutzung, gute Schmierung und ausreichende Abfuhr entwickelter Wärme erzielt werden. Damit der Anpreßdruck auf beide Übertragungsscheiben gleichmäßig verteilt wird, sind Ausgleichsorgane zwischen den beiden Schwenkrädern b einerseits und zwischen den beiden Berührungslinien auf jedem Schwenkrad andererseits vorgesehen.

Die Schnittdarstellung (Abb. 81) zeigt die Wirkungsweise. Der Antrieb erfolgt über die linke Welle auf die treibende Scheibe a, die mit

---

[1] Hersteller: Arter & Co., Männedorf, Schweiz.

den beiden Schwenkrädern $b$ in Berührung steht. Diese beiden Schwenkräder berühren auf der anderen Seite die getriebene Scheibe $c$ auf der
Abtriebswelle. Die beiden Schwenkräder sind zum Zwecke der stufen-

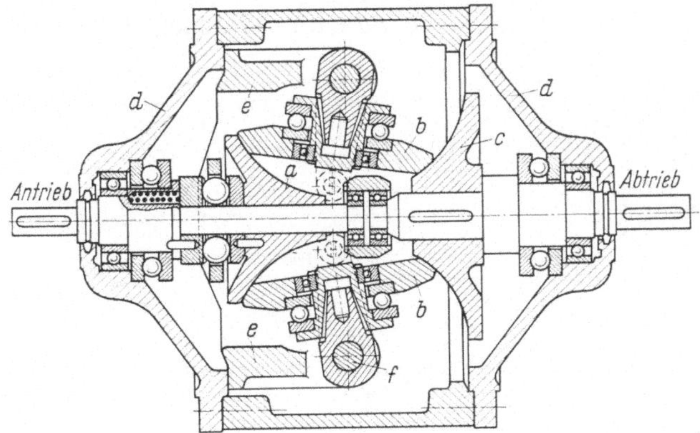



Abb. 81. Arter-Getriebe, Längsschnitt. $a$ Treibende Globoidscheibe; $b$ schwenkbare Wälzscheiben; $c$ getriebene Globoidscheibe; $d$ Gehäuse; $e$ Lagerkörper für die Schwenkachsen $f$

losen Änderung des Übersetzungsverhältnisses um ihre Achsen schwenkbar. Diese Schwenkbewegung wird durch Hebel von einer Gewindespindel betätigt, die mit einem Handrad in Verbindung steht. Die beiden Schwenkachsen $f$ sind an einem gemeinsamen Körper befestigt, der

Abb. 82. Innenteile des Arter-Getriebes

sich quer zur Getriebeachse frei einstellen kann. Hierdurch wird es
möglich, daß sich die beiden Schwenkräder hinsichtlich der belastenden
Drücke gegeneinander ausgleichen können. Die beiden Schwenkräder
stützen sich in ihrer Axialrichtung auf die gewölbte Fläche des Abstützkopfes ab. Sie erhalten so eine freie Anpassungsmöglichkeit an die

An- bzw. Abtriebsscheibe, so daß sich hier die angreifenden beiden Druckkräfte ausgleichen können. Während die abgetriebene Scheibe $c$ fest auf ihrer Welle aufgekeilt ist, wird die treibende Scheibe $a$ durch die Keilflächen der Axialnocken-Kupplung, zwischen denen Kugeln angeordnet sind, mitgenommen, so daß die Keilflächen Anpreßkräfte er-

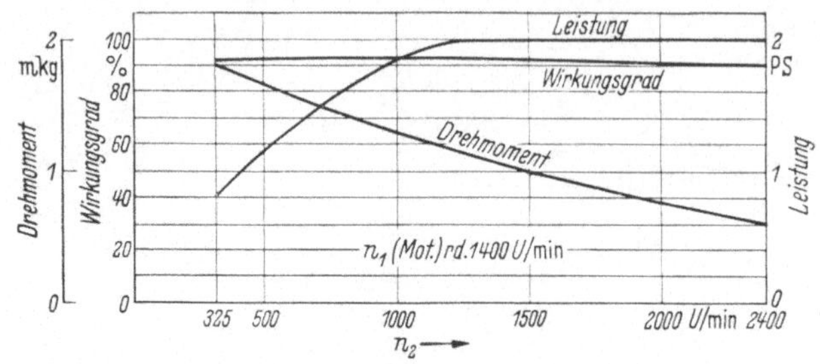


Abb. 83. Drehmoment, Leistung und Wirkungsgrad in Abhängigkeit von der Abtriebsdrehzahl beim Arter-Getriebe

zeugen, die sich proportional mit den zu übertragenden Drehmomenten ändern. Die Federn sorgen nur für das Vorhandensein der im Leerlauf oder beim Anfahren erforderlichen Vorpressung zur Ölverdrängung an den Berührungsstellen der Reibräder und ermöglichen ein sicheres Anlaufen des Getriebes.

Abb. 82 zeigt die ausgebauten Innenteile des Getriebes in photographischer Wiedergabe.

Im Hinblick auf die spezifischen Flächenpressungen an den Berührungsstellen wird die zu übertragende Leistung bei der niedrigsten Ab-

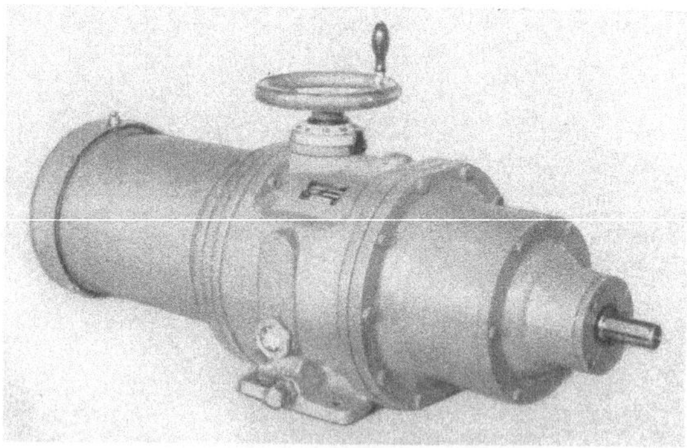

Abb. 84. Arter-Getriebe Modell MSR 75 Pe 2

triebsdrehzahl auf ungefähr 40% der Höchstleistung bei gleichzeitig höchster Abtriebsdrehzahl begrenzt. Der Verlauf von Leistung, Drehmoment und Wirkungsgrad in Abhängigkeit von den Abtriebsdrehzahlen kann Abb. 83 entnommen werden, aus der insbesondere zu ersehen ist, daß sich der Wirkungsgrad über den gesamten Verstellbereich sehr wenig verändert und fast immer über 90% liegt.

Abb. 84 gibt als Ausführungsbeispiel eines Arter-Getriebes das Modell MSR 75 PL 2 wieder, das auf der Antriebsseite einen angeflanschten Motor mit einer Leistung von 1,1 kW bei einer Drehzahl von 1400 U/min besitzt, während auf der Abtriebsseite ein angeflanschtes Planetengetriebe nachgeschaltet ist. Die Ausgangsdrehzahlen können bei dieser Getriebeausführung zwischen 16 und 118 U/min verstellt werden, was einem Gesamtverstellbereich von 1:7,5 entspricht. Die Arter-Getriebe werden in verschiedenen Größen für die Übertragung von Leistungen von 0,1···7,5 kW, für verschiedene Verstellbereiche von 1:5 bis 1:10 und unter Nachschaltung verschiedener Zahnradgetriebe gebaut.

Sämtliche Arter-Getriebe werden auch mit nachgeschalteten Planeten-Umformgetrieben ausgeführt, womit ein Drehzahlbereich der Abtriebswelle von Null bis zum 1,2-fachen der Antriebsdrehzahl zur Verfügung steht (vgl. Ausführungen auf S. 165 und 166).

## 4.11 Technica-Getriebe[1]

Die Wirkungsweise dieses Reibgetriebes geht aus Abb. 85 hervor. Durch Schwenken einer sich um eine feste Achse drehenden Halbkugel $b$ wird das Übersetzungsverhältnis zwischen der treibenden Scheibe $a$ und der getriebenen Scheibe $c$ stufenlos verändert. Die treibende Scheibe $a$ überträgt ihre Drehung auf das schwenkbare Zwischenrad $b$, das seinerseits die erhaltene Drehbewegung auf die getriebene Scheibe $c$ weiterleitet. In der Mittelstellung des Schwenkrades $b$ ist das Übersetzungsverhältnis 1:1, durch beidseitiges Schwenken um einen Winkel von je

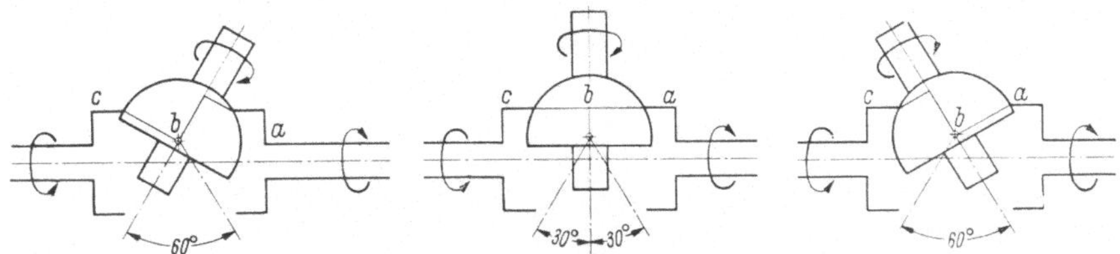


Abb. 85. Wirkungsweise des Technica-Getriebes. $a$ treibende Scheibe; $b$ schwenkbare Halbkugel; $c$ getriebene Scheibe

30° kann ein Gesamtverstellverhältnis von rund 1:5 erreicht werden. Das Schwenken der halbkugelförmigen Schwenkräder erfolgt vermittels einer seitlich angebrachten Achse mit Hilfe eines Hebels oder eines Handrades.

Abb. 86 zeigt in photographischer Wiedergabe das Innere dieses Getriebes bei aufgeschnittenem Gehäuse. Diese Abbildung läßt erkennen, daß drei gleichsinnig arbeitende Schwenkräder benutzt werden. Auch bei dieser Getriebebauart ist durch Ausgleicheinrichtungen dafür gesorgt, daß die Anpreßkräfte sich gleichmäßig auf alle drei Übertragungshalbkugeln verteilen. Die Verbindung zwischen der Antriebswelle

---

[1] Hersteller: Technica A. G., Grenchen, Schweiz.

und der treibenden Scheibe erfolgt auch hier durch eine Axialnocken-Kupplung, so daß drehmomentabhängige Anpreßkräfte an den Berührungsstellen der Reibelemente bei belastetem Getriebe hervorgebracht

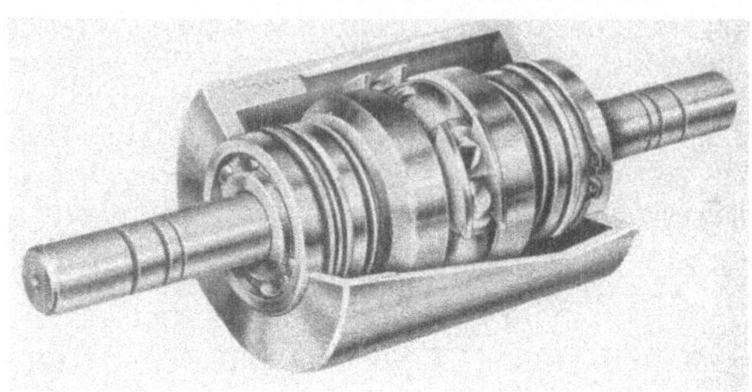

Abb. 86. Technica-Getriebe, geöffnet

werden. Zum Anlaufen und im Leerlauf sorgt eine eingebaute Feder zur Erzeugung der Vorpressung.

Abb. 87 läßt den Verlauf der Änderung von Leistung, Drehmoment und Wirkungsgrad in Abhängigkeit von der Abtriebsdrehzahl erkennen; auch diese Getriebebauart hat einen über den gesamten Verstellbereich annähernd gleich gut bleibenden Wirkungsgrad von rund 90%.

Dieses Getriebe wird in drei verschiedenen Größen bis zu einer übertragbaren maximalen Leistung von 3 PS gebaut. Es kann wie andere

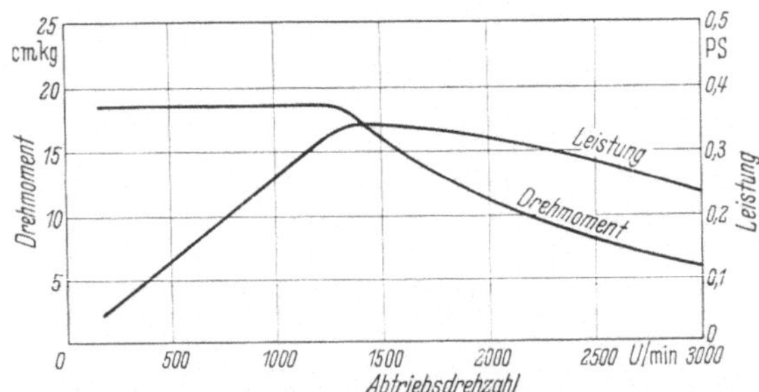


bb. 87. Drehmoment, Leistung und Wirkungsgrad in Abhängigkeit von der Abtriebsdrehzahl beim Getriebe nach Abb. 85 und 86

Bauarten durch nachgeschaltete Zahnradgetriebe verschiedener Art für mannigfaltige Bedarfsfälle variiert werden, wobei in Verbindung mit Differentialgetrieben Abtriebsdrehzahlen von $0 \cdots 3000$ U/min erzielt werden können. Auch bei diesem Getriebe laufen alle Teile im Ölbad in einem nach außen völlig abgedichteten Gehäuse. Sämtliche Lager sind als Wälzlager ausgebildet. Für den Einbau in entsprechend gestaltete Maschinenkonstruktionen kann dieses Getriebe auch ohne Gehäuse in Form von Einbauelementen geliefert werden.

## 4.12 Kopp-Tourator[1]

Das Verstellprinzip dieses Getriebes geht aus der Abb. 88 hervor: Auf den inneren Enden der beiden gleichachsigen, in Getriebemitte angeordneten Wellen und mit ihnen nur durch eine selbsttätige Anpreßvorrichtung verbunden, sitzt je eine Kegelscheibe. Mit diesen beiden Kegelscheiben stehen mehrere, gleichmäßig über den Umfang verteilte Kugeln in Kontakt, die auf schwenkbaren, jedoch nicht umlaufenden Achsen drehbar angeordnet sind. Nach außen werden diese Verstellkugeln durch einen umlaufenden und gleichzeitig als Ölring dienenden Haltering abgestützt. Bei gleicher Drehzahl der antreibenden Welle hat ein Schwenken der Kugelachsen eine stufenlose Drehzahländerung der Abtriebswelle zur Folge. Der Verstellbereich dieser Getriebebauart

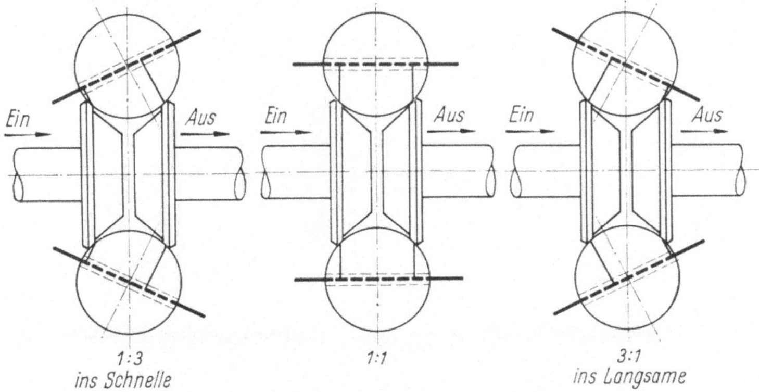


Abb. 88. Verstellschema des Kopp-Tourators

beträgt für alle Größen 3:1 ins Langsame und 1:3 ins Schnelle, so daß sich ein gesamter Verstellbereich von 1:9 ergibt.

Abb. 89 zeigt ein Schnittmodell dieses Getriebes. Je nach Getriebegröße sind 3—8 gleichmäßig verteilte und konzentrisch angeordnete Regelkugeln $a$ vorgesehen. Diese Kugeln sind durchbohrt und laufen auf den Schwenkachsen $b$ auf Bronze- oder Nadellagern $c$. Der umlaufende Haltering $d$ nimmt die von den Kegelscheiben $e$ ausgehenden radialen Druckkräfte auf. Die beiden Wellen $f$ sind in gleichartigen radialen und axialen Wälzlagern im Gehäuse gelagert. Die Schwenkachsen $b$ werden mit beiden Enden in radial verlaufenden Nuten $g$ der mit dem Gehäuse $h$ verschraubten Deckel $i$ geführt. Auf der einen Seite sind die Schwenkachsen mit balligen Bunden $j$ versehen, die in gekrümmte Schlitze $k$ des im Gehäuse drehbaren Verstellringes $l$ eingreifen. Bei den kleineren Getriebemodellen wird dieser Verstellring mit Hilfe eines Hebels $m$ in einem Schlitz des Gehäuses geschwenkt und in jeder Schwenklage fest-

---

[1] Hersteller: In Deutschland: Eisenwerk Wülfel, Hannover-Wülfel, in der Schweiz: Aciera S. A., Le Locle, in den USA: Cleveland Worm & Gear Co., Cleveland/Ohio.

gestellt. Bei größeren Getriebemodellen erfolgt diese Drehung des Verstellringes durch ein Handrad über ein Schneckengetriebe (vgl. Abb. 90 c). Die Form der Schlitze $k$ bewirkt dabei das Schwenken der Achsen. Befindet sich der Hebel $m$ in seiner Mittellage, so stehen die Schwenkachsen $b$ parallel zur Getriebeachse. Die Berührungspunkte der Kugeln mit den beiden Kegelscheiben haben in diesem Falle gleiche Abstände

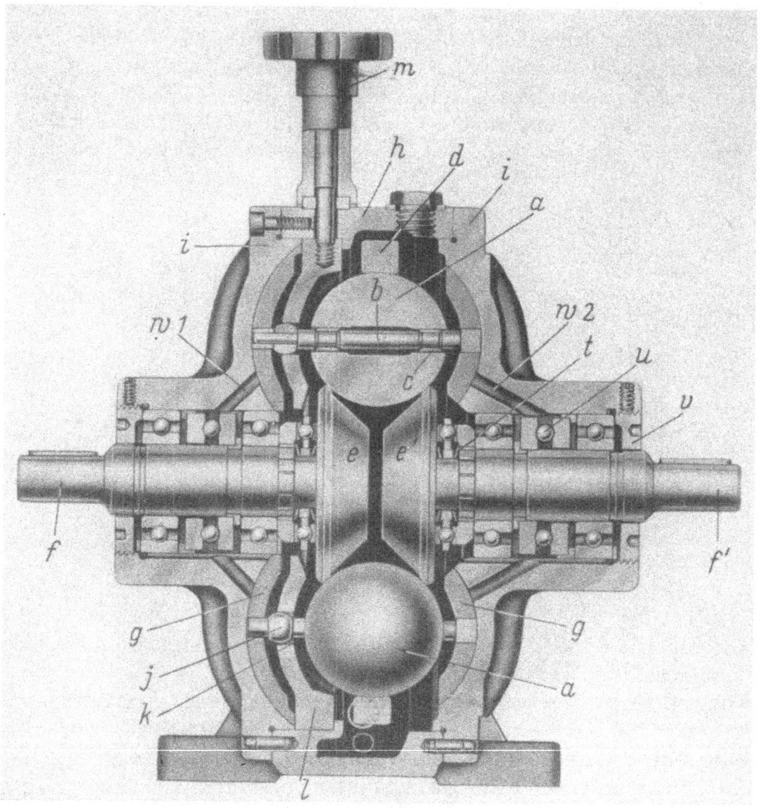


Abb. 89. Kopp-Tourator, Schnittbild. $a$ Regelkugeln; $b$ Schwenkachsen; $c$ Nadellager; $d$ umlaufender Haltering; $e$ und $e'$ Kegelscheiben; $f$ treibende Welle; $f'$ getriebene Welle; $g$ Radialnuten; $h$ Gehäuse; $i$ Gehäusedeckel; $j$ ballige Bunde an den Schwenkachsen $b$; $k$ gekrümmte Schlitze im Verstellring; $l$ Verstellring; $m$ Verstellhebel; $t$ Tellerfedern; $u$ Schrägringlager als drehmomentabhängige Kupplung; $v$ Einstellmutter; $w_1$ und $w_2$ Ölbohrungen

von den Schwenkachsen; das Übersetzungsverhältnis zwischen treibender und getriebener Welle ist also 1:1. Durch Schwenken des Verstellringes bis in eine der beiden Endlagen erfolgt zwangsläufig über den balligen Bund $j$ das Verstellen der Schwenkachse, so daß sich die Abstände der Berührungspunkte von der Schwenkachse ändern.

Die Erzeugung der Anpreßkräfte für den Reibungskontakt zwischen Kegelscheiben und Regelkugeln erfolgt beim An- oder Leerlauf durch die

Tellerfedern $t$, die sich einerseits an den Wellen $f$ und andererseits an den Kegelscheiben $e$ abstützen. Bei Übertragung eines Drehmomentes werden die Anpreßkräfte selbsttätig und proportional zur Größe des Drehmomentes durch die Anpreßkörper $r$ (je nach Größe der Getriebe in Kugel- oder Tonnenform ausgeführt) erzeugt. Zu diesem Zweck sind die Rückseiten der verschieb- und drehbar auf ihren Wellen sitzenden Kegelscheiben mit mehreren doppelt schrägen Flächen $s$ (s. Abb. 90 b) versehen. Ebenso erhalten die mit den Wellen $f$ durch eine Keilverzahnung $p$ verdrehungsfest, aber verschiebbar, verbundenen Mitnehmer-

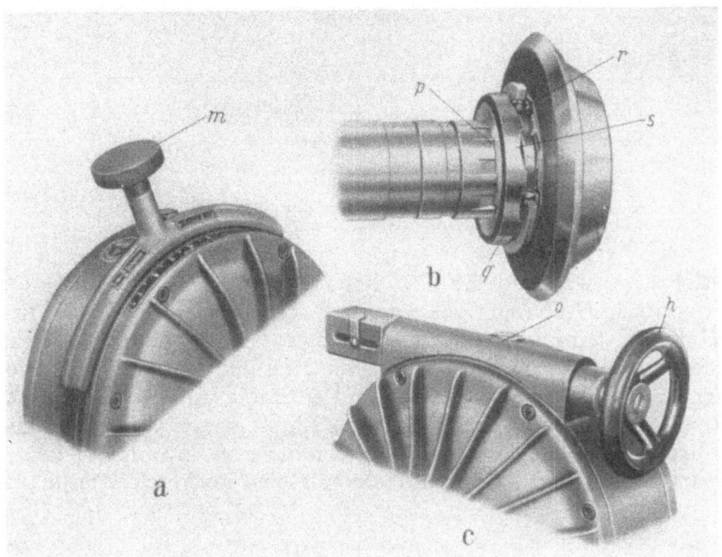

Abb. 90 a—c. Verstellmöglichkeiten und Anpreß-Einrichtung (b) beim Kopp-Tourator
$h$ Handrad; $m$ Verstellhebel; $o$ Schneckengetriebe; $p$ Keilwellen-Verzahnung; $q$ Mitnehmerring; $r$ tonnenförmige Anpreßkörper; $s$ kurvenförmige Schrägflächen

ringe $q$ doppelt schräge Flächen. Die Anpreßkörper haben also das Bestreben, auf diesen Schrägflächen um so weiter aufzulaufen, je höher das übertragene Drehmoment ist. So wird automatisch die Anpreßkraft proportional mit dem Drehmoment verändert. Die Gegenkräfte werden durch Längs- bzw. Schrägringlager $z$ aufgenommen und auf das Gehäuse übertragen. Die Kugellager für treibende und getriebene Wellen sind von radialen Kräften entlastet, so daß ihre Tragfähigkeit zur Aufnahme von Keilriemenscheiben und ähnlichen Antriebselementen ausgenutzt werden kann. Durch Einstellmuttern $v$ im Deckel $i$ kann die Größe des Reibungskontaktes beim Leerlauf eingestellt werden.

Der in das Ölbad eintauchende Haltering $d$ übernimmt die Schmierung aller umlaufenden Teile. Das abgeschleuderte Öl gelangt durch Ölbohrungen $w_1$ und $w_2$ in die Lager und von dort aus durch weitere Bohrungen in das Ölbad zurück. Eine Öleinfüllschraube, je zwei Ölstandsaugen und zwei Ölabschlußschrauben vervollständigen die Schmierungseinrichtung. Sämtliche beanspruchten Teile werden aus legierten Stählen hergestellt und sind gehärtet und geschliffen.

Abb. 90a—c zeigt in photographischer Wiedergabe die beiden vorerwähnten Verstellmöglichkeiten und die drehmomentenabhängige An-

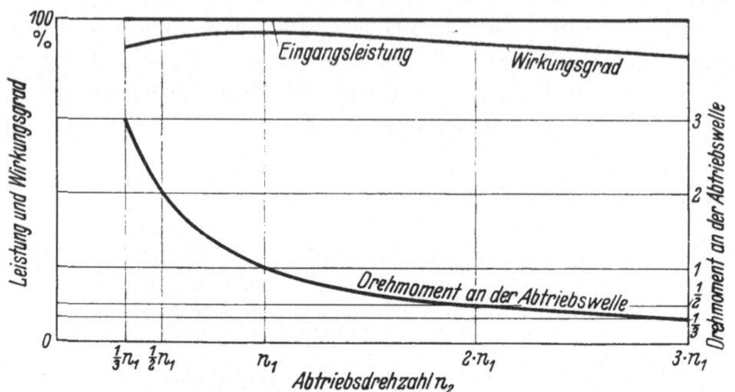


Abb. 91. Leistung, Drehmoment und Wirkungsgrad
bei einem Kopp-Tourator nach Abb. 89

preßvorrichtung, während Abb. 91 den Verlauf von Drehmoment und Wirkungsgrad in Abhängigkeit von der Abtriebsdrehzahl wiedergibt. Dieses Getriebe wird in acht verschiedenen Größen gebaut und kann Leistungen von $0,25 \cdots 16$ PS übertragen. Bei den Getrieben für größere Leistungen ab 4 PS ist zusätzlich ein Ventilator auf der Antriebsseite angeordnet, der für eine zusätzliche Kühlung sorgt. Auch bei dieser Getriebebauart können durch nachgeschaltete Zahnradgetriebe zahlreiche Variationen der Anwendungsmöglichkeiten erzielt werden.

# 5. Planetengetriebe
## mit frei umlaufenden Kugeln oder Rollen

Während bei den vorbeschriebenen Globoid-Getrieben die Drehachsen der verbindenden Wälzkörper im Gehäuse still standen, bewegen sich bei den folgenden Getriebebauarten die Wälzkörper planetenartig um die Zentralachse herum. Getriebe dieser Bauart wurden — auf den grundlegenden Patenten von Arter fußend — in zahlreichen Spielarten in der Zeit von 1920—1936 besonders in der Schweiz entwickelt und gebaut.

### 5.01 Kugelgetriebe Bauart Escher-Wyß[1]

Kugelgetriebe nach Abb. 92 und 93 sind für übertragbare Leistungen von $6 \cdots 45$ PS bei einer eingeleiteten Antriebsdrehzahl von $n_1 = 1500$ U/min für Abtriebsdrehzahlen von $n_2 = 0 - 240$ U/min hergestellt worden (Escher-Wyß hat die Herstellung von stufenlos verstellbaren

---

[1] Hersteller: Escher-Wyß-Werke, Lindau-Bodensee.

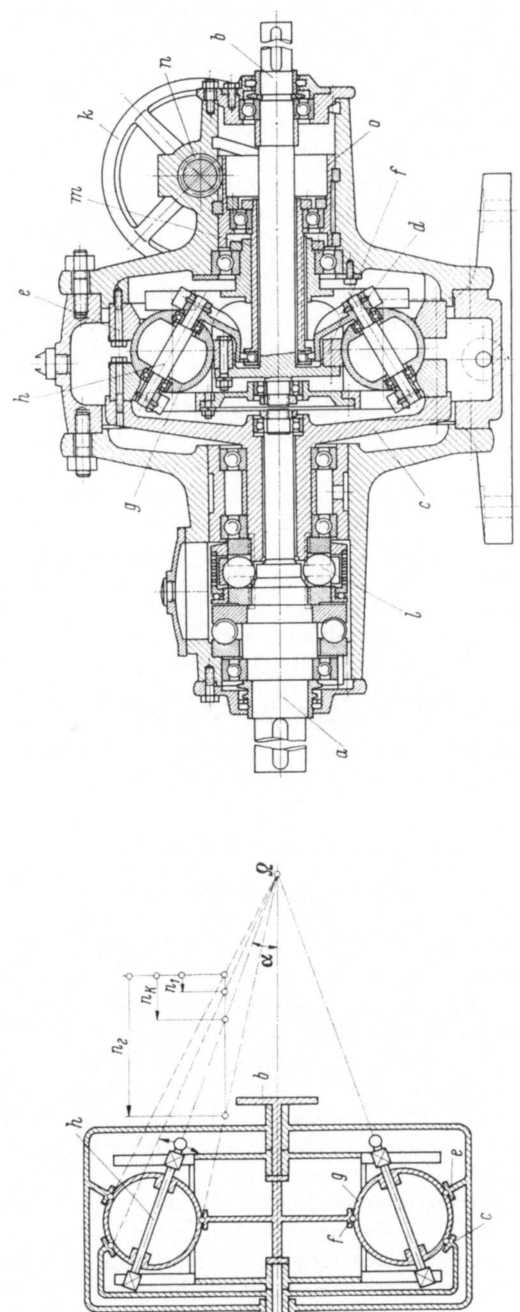

Abb. 93. Planeten-Kugelgetriebe nach Abb. 92
Schnittzeichnung

Abb. 92. Schematische Darstellung der Wirkungsweise
des Planeten-Kugelgetriebes von ESCHER-WYSS

$a$ treibende Welle; $b$ getriebene Welle; $c$ Mitnehmerscheibe auf $a$; $d$ Verstellhebel; $e$ feststehende Abwälzbahn; $f$ Mitnehmerring auf der getriebenen Welle; $g$ Planetenkugeln; $h$ Achsen von $g$; $k$ Handrad; $l$ Schrägzahn-Kupplung zur drehmomentabhängigen Anpressung; $m$ Hülse auf der getriebenen Welle; $n$ Zahnrad; $o$ nicht drehbare aber verschiebbare außen verzahnte Hülse

Getrieben inzwischen auf- und an die Firmen Aciera, Arter und Contraves abgegeben). Abb. 92 stellt die Wirkungsweise dieses Getriebes schematisch dar, während in Abb. 93 der Längs- und Querschnitt durch ein derartiges Getriebe wiedergegeben ist.

Auf der treibenden Welle $a$ befindet sich fest aufgekeilt eine topfförmige Mitnehmerscheibe $c$, die der gleichartigen, jedoch fest mit dem Gehäuse verbundenen Abwälzbahn $e$ gegenüber umläuft und mit Hilfe einer axiale Anpreßkräfte, die vom Drehmoment abhängig sind, erzeugenden Schrägzahnkupplung $l$ gegen diese gedrückt wird. Auf der getriebenen Welle $b$ hingegen befindet sich der flanschartig mit ihr verbundene Mitnehmerring $f$. Zwischen Mitnehmerscheibe $c$, Abwälzbahn $e$ und dem Mitnehmerring $f$ befindet sich eine Anzahl von Stahlkugeln $g$, die je um ihre Achsen $h$ umlaufen und die, da sie sich an der feststehenden Abwälzbahn $e$ abwälzen müssen, selber planetenartig um die Zentralachse kreisen. Die Verstellung dieses Getriebes erfolgt durch das Handrad $k$, das eine Hülse $m$ verschiebt und damit über die Hebel $d$ die Achsen $h$ in ihrer Winkellage zur Zentralachse verstellt. Der Verstellbereich ist bei dieser Bauart durch die Achsen der Kugeln beschränkt. Bei der in Abb. 92 schematisch und in Abb. 93 als Schnitt dargestellten Ausführung liegt die kegelige Berührungsbahn der Mitnehmerscheibe $c$ außerhalb der Kugelbahn; sie kann jedoch auch innerhalb der Kugelbahn angreifen. Bei der Ausführung nach Abb. 93 läßt sich die Abtriebsdrehzahl des Getriebes zwischen Null und einer oberen Grenze, die etwa bei 1/6 der Antriebsdrehzahl liegt, verändern. Aus dem Drehzahldiagramm neben Abb. 92 läßt sich ersehen, daß sich dieses Getriebe auch als Wendegetriebe ausbilden läßt, und zwar mit gleichem Verstellbereich in beiden Drehrichtungen. An- und Abtriebsseite können erforderlichenfalls vertauscht werden.

## 5.02 Rollengetriebe Bauart Escher-Wyß[1]

Die Wirkungsweise dieses Planetengetriebes ist aus Abb. 94a und 95 ersichtlich. $A$ ist der Berührungspunkt zwischen der Mitnehmerscheibe $c$ auf der treibenden Welle, die mit Hilfe der Feder $f$ nach links gedrückt wird und drehmomentengesichert auf der treibenden Welle $a$ aufsitzt, und der schwenkbar gelagerten kalottenförmigen Rolle $g$. Diese stützt sich mit ihrem rechten äußeren Rand gegen eine feststehende, jedoch mit Hilfe eines Handrades $h$, das Ritzel $k$ und eine Zahnstange axial verschiebbare Abwälzringscheibe $e$ ab, so daß je nach der Verschiebestellung von $e$ sich eine andere Achslage von $i$ ergibt, also ein anderer Angriffsradius der Kalottenrollen zum Eingriff mit der Scheibe $d$ auf der Abtriebswelle $b$ kommt.

Die kinematischen Verhältnisse mögen an Hand der Darstellung von Abb. 94b erläutert werden: $A$ sei der Berührungspunkt von der Mitnehmerscheibe $c$ und einer Planetenrolle $g$, $B$ der Berührungspunkt dieser Planetenrolle $g$ mit der feststehenden Abwälzbahn $e$ und $C$ derjenige

---

[1] Siehe Anm. S. 64.

zwischen Planetenrolle $g$ und abgetriebener Mitnehmerscheibe $d$. Dreht sich die Mitnehmerscheibe $c$ um den Winkel $\beta$, so verlegt sich der Punkt $A$ um den Weg $x$, nimmt man diese Bewegung als sehr klein an, so kann man für den Weg $x$ anstatt eines Bogens eine Gerade ansetzen. Eine weitere Voraussetzung sei, daß die Planetenrolle sich um den Punkt $B$ dreht, dieser also fest steht (kein Schlupf). Jeder Radialpunkt auf der Planetenrolle $g$ verschiebt sich bei dieser Drehung proportional um einen Betrag zwischen Null und $x$. Der Berührungspunkt $C$ zwischen Planetenrolle $g$ und abgetriebener Mitnehmerscheibe $d$ hat sich dann um den Wert $y$ verschoben. Ein Vergleich der beiden Wege, die die Punkte $C$ und $A$ zurückgelegt haben, mit anderen Worten das Verhältnis der Winkel $\beta$ und $\gamma$ gibt direkt das jeweilige Übersetzungsverhältnis des Getriebes an. Stellt $x$ die Antriebsdrehzahl $n_1$ dar, so bildet die auf den gleichen Radius reduzierte Verschiebung $y$ in bezug zu $x$ ebenfalls das jeweilige Drehzahlverhältnis $n_1 : n_2$. Der Berührungspunkt $C$ kann zwischen den Punkten $A$ und $B$ verstellt werden. Durch entsprechende konstruktive Maßnahmen läßt es sich jedoch auch erreichen (derartige Sonderkonstruktionen sind in den Abbildungen nicht dargestellt), daß der Berührungspunkt $C$ außerhalb von Punkt $B$ verlegt werden kann. Dann würde ein Drehsinnwechsel eintreten. Bei Konstruktionen, die ein Wandern des Punktes $C$ auf einen Radius von weniger als dem des Punktes $A$ erlauben, können Abtriebsdrehzahlen $n_2$ erreicht werden, die größer als die Antriebsdrehzahl $n_1$ wären.

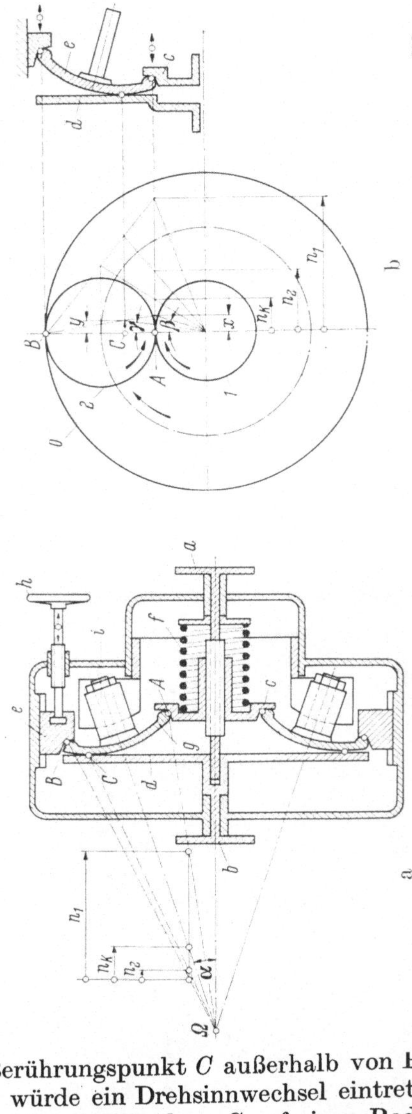

Abb. 94a zeigt ein solches Rollengetriebe in schematischer Darstellung. Der Geschwindigkeitsplan dieser Abbildung läßt deutlich erkennen,

Abb. 94a u. b. Schematische Darstellung der Wirkungsweise des Planeten-Rollengetriebes von Escher-Wyss $a$ treibende Welle; $b$ getriebene Welle; $c$ Mitnehmerscheibe auf der treibenden Welle; $d$ Mitnehmerscheibe auf der getriebenen Welle; $e$ feststehende Abwälzscheibe; $f$ Anpreßfeder; $g$ schwenkbare Kalottenrollen; $h$ Handrad; $i$ Achsen der Kalottenrollen; $k$ Verstellritzel

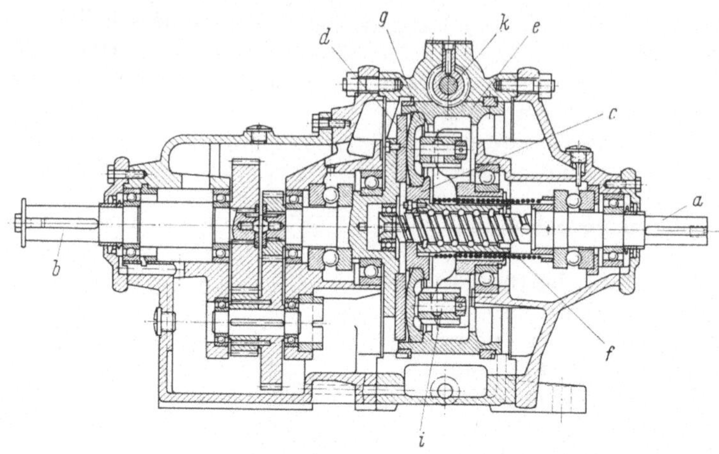

Abb. 95. Planeten-Rollengetriebe nach Abb. 94a u. b, Längsschnitt
(Bezugszeichen s. Abb. 94a u. b)

Abb. 96. Einblick in ein geöffnetes Rollengetriebe
nach Abb. 95

wie durch Änderung des Winkels $\alpha$ der Berührungspunkt $C$ sich verschiebt und damit sich das Verhältnis der Abtriebsdrehzahl $n_2$ zur Antriebsdrehzahl $n_1$ ändert, wobei die Grenzen bei der gezeigten Normalausführung praktisch zwischen $n_2 = n_1$ und $n_2 = 0$ (Stillstand) liegen. Abb. 96 gestattet den Einblick in ein geöffnetes Rollengetriebe dieser Bauart mit insgesamt neun parallel arbeitenden Planetenrollen, ausgelegt für eine übertragbare Leistung von 60 kW bei einer Antriebsdrehzahl von $n_1 = 960$ U/min und für Abtriebsdrehzahlen von $n_2 = 0 \cdots 240$ U/min. Die für dieses Getriebe vorgesehene Einrichtung zum selbsttätigen Erzeugen der erforderlichen Anpreßkräfte zwischen den Reibelementen ist in Abb. 97

Abb. 97. Anpreßdruck-Erzeuger für das Getriebe nach Abb. 95 und 96

dargestellt; sie besitzt stirnschraubenförmige Laufflächen, zwischen denen drei Rollen angeordnet sind, so daß die erzeugten Anpreßkräfte den übertragenen Drehmomenten proportional werden.

## 5.03 Disco-Planetengetriebe [1]

Das in Abb. 98 als Längsschnitt mit Ansicht auf die Planetenscheiben dargestellte Disco-Getriebe wirkt auf folgende Weise: Die Innensonne $b$ wird von der mit gleichbleibender Drehzahl umlaufenden Antriebswelle $a$

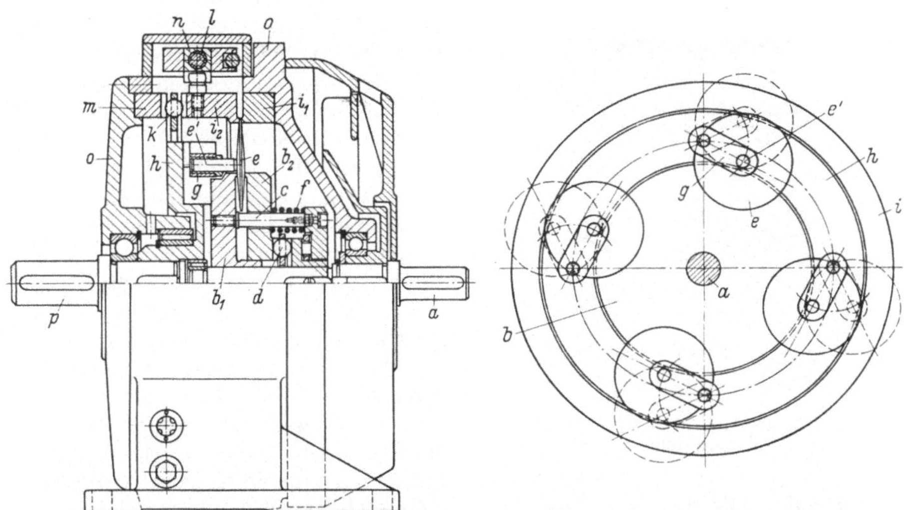

Abb. 98. Disco-Getriebe, Schnittzeichnungen. $a$ Antriebswelle; $b_1$ fest auf der Antriebswelle angebrachte linke Innensonne; $b_2$ federnd, aber drehverbunden auf der Antriebswelle angeordnete rechte Innensonne; $c$ Verbindungsbolzen zwischen $b_1$ und $b_2$; $d$ drehmomentabhängige Anpreßkupplung; $e$ Planetenräder; $c'$ Bolzen an den Planetenrädern; $f$ Anpreßfedern; $g$ Schwinghebel; $h$ Steg; $i_1$ rechter, fest mit dem Gehäuse verbundener Ring der Außensonne; $i_2$ axial verstellbarer linker Ring der Außensonne; $k$ Kugelkupplung; $l$ Verstellspindel; $m$ feststehender Anlaufring; $n$ Verstellmutter; $o$ Gehäuse; $p$ Abtriebswelle

[1] Hersteller: Block & Vaupel, Wuppertal-Oberbarmen.

aus angetrieben, die Außensonne $i$ hingegen wird festgehalten und der
Steg $h$ übernimmt den Abtrieb für die Welle $p$. Die Planetenräder $e$ sind
flache Doppelkegelscheiben, die an einer Seite je einen Bolzen $e'$ tragen,
der in einem Gleitlager frei drehbar gelagert ist. Diese Gleitlager befinden
sich in einem mit dem Steg $h$ verbundenen, radial schwenkbaren Schwingenhebel $g$, wobei die Planetenräder radial bewegt werden können.
Die Planetenräder $e$ werden von der Innensonne $b$, die aus zwei Scheiben
$b_1$ und $b_2$ besteht, und von der Außensonne, die sich aus zwei Ringen $i_1$
und $i_2$ zusammensetzt, eingespannt. Diese Scheiben bzw. Ringe besitzen
innen bzw. außen je einen schmalen kegeligen Laufrand, auf dem die
Planetenräder abrollen. Der Kegelwinkel der Laufränder ist dabei gleich
dem Kegelwinkel der Planetenräder, so daß Linienberührung entsteht.
Die beiden Scheiben $b_1$ und $b_2$ der Innensonne werden zum sicheren
Anlauf durch die Federn $f$ im Sinne einer Vorspannung gegeneinander
gedrückt und außerdem im Betrieb durch eine drehmomentenabhängige
Kugelkupplung $d$ mit schrägstehenden stirnseitigen Anlaufflächen gegeneinander und damit an die Planetenräder gepreßt. Die Außensonne
besteht, wie bereits erwähnt, aus zwei Ringen. Einer dieser Ringe $i_1$
ist mit dem Gehäuse $o$ fest verschraubt, während der andere Ring $i_2$
zur Verstellung des Getriebes benutzt wird. Hierzu ist dieser Ring $i_2$
etwas drehbar gelagert und stützt sich in axialer Richtung gegen eine

Abb. 99. Disco-Getriebe,
Außenansicht

zweite Kugelkupplung $k$ ab. Wird dieser
Ring mittels der Verstellspindel $l$ relativ
zum Gehäuse $o$ verdreht, so wirkt die
Kupplung $k$ ähnlich wie ein Gewinde
und erzwingt eine axiale Bewegung dieses
Ringes. Dadurch ändert sich die Spaltbreite zwischen den beiden Ringen $i_1$
und $i_2$. Wird die Spaltbreite verringert,
so werden die Planetenräder zwangsläufig radial zur Getriebeachse hin bewegt, und es ergibt sich damit eine
höhere Abtriebsdrehzahl. Eine Verstellung in diesem Sinne ist naturgemäß nur
bei laufendem Getriebe möglich. Wird
die Spaltbreite hingegen vergrößert, werden die Planetenräder infolge der axialen
Anpreßkräfte der Scheiben der Innensonne und infolge ihrer eigenen Zentrifugalkräfte nach außen getrieben und
es ergibt sich eine niedrigere Abtriebs-
drehzahl. Die Änderung der Abtriebsdrehzahl wird bei dieser Getriebebauart also dadurch erreicht, daß die Planetenräder radial bewegt
werden, wobei sich die jeweiligen Berührungsradien zwischen den
Planetenrädern und der Innensonne einerseits sowie der Außensonne
andererseits in gegensinnigem Verhältnis ändern. Dadurch daß nicht
die einzelnen Planetenräder zwangsweise gesteuert werden, sondern
nur die Spaltbreite zwischen den Ringen der Außensonne verändert

wird, stellen sich die einzelnen Planetenräder frei ein, und die übertragene Gesamtleistung verteilt sich gleichmäßig auf alle Planetenräder. Voraussetzung hierfür ist allerdings, daß die Maßabweichungen der einzelnen Planetenräder in so geringen Toleranzen liegen, daß sie durch die Elastizität des Materials, insbesondere der Sonnenräder ausgeglichen werden.

Alle Friktionsteile, d. h. Innen- und Außensonne sowie die Planetenräder, sind aus verschleißbeständigem Stahl hergestellt, gehärtet und an den Laufflächen geschliffen. Das Getriebe läuft im Ölbad. Zur Kühlung besitzt das Getriebe einen Ventilator mit radialen Schaufeln, von dem die entstehende Reibungswärme abgeführt wird. Da bei dieser Getriebebauart als Antriebselement zwei Randscheiben mit einem verhältnismäßig großen und von der Einstellung unabhängigen Berührungsradius verwendet werden, ergeben sich mäßig große und gleichbleibende Umfangskräfte. Je nach der Baugröße werden vier bis zehn Planetenräder vorgesehen, so daß sich bei den größten Modellen die Energieübertragung auf zwanzig Berührungsstellen verteilt. Beim Disco-Getriebe rufen die axialen Anpreßkräfte keine dynamische Lagerbelastung hervor, da sich diese Kräfte im Inneren des Planetengetriebes gegenseitig aufheben.

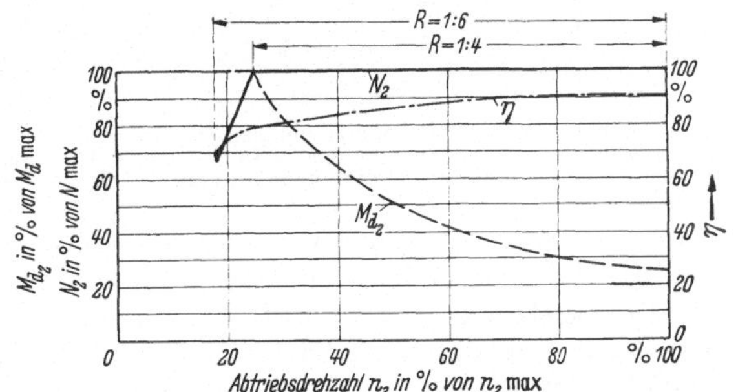

Abb. 100. Kennlinien eines Disco-Getriebes

Das Getriebe wird in 13 verschiedenen Größen gebaut, wobei Leistungen von 0,3···25 PS übertragen werden können. Abb. 99 zeigt den Außenaufbau eines solchen Getriebes. Der Einbau kann mit vertikaler oder horizontaler Achslage erfolgen. Der Verstellbereich liegt je nach den Modellen bei 1 : 4 bis 1 : 6. Bei einem Verstellbereich von 1 : 4 kann konstante Leistung über den gesamten Bereich übertragen werden. Die Diagramme nach Abb. 100 geben Aufschluß über den Verlauf von Leistung, Drehmoment und Wirkungsgrad bei diesem Getriebe, das durch Vor- oder Nachschaltung von Zahnrad- und Differentialgetrieben zahlreichen Betriebserfordernissen angepaßt werden kann.

## 5.04 Planetengetriebe mit Kurvenrollen

Das in den USA patentierte Planetengetriebe nach Abb. 101, von dem nicht bekannt ist, ob es inzwischen serienmäßig gebaut wird und ob es sich bewährt hat, benutzt an Stelle eines Sonnenrades zwei kegelige, ballig gehaltene Flanschkörper $b$ auf der Antriebswelle $a$, die durch Federn $c$ gegeneinander gedrückt werden. Von diesen Flanschkörpern werden die ballig und kegelig ausgeführten Planetenrollen $d$ angetrieben, die ihrerseits den Steg und damit den Stegträger $e$ und die mit diesem verbundene Abtriebswelle $f$ antreiben. Die Planetenrollen laufen in zwei ruhenden Ringen $g$, die zur Verstellung des Übersetzungsverhältnisses gegenläufig axial bewegt werden können. Durch Ändern des Abstandes zwischen diesen beiden Ringen können die gegenüber dem Steg radial frei beweglichen Planetenrollen andere Achsradien einnehmen, wobei die Zentrifugalkräfte die Planetenrollen immer soweit wie möglich nach

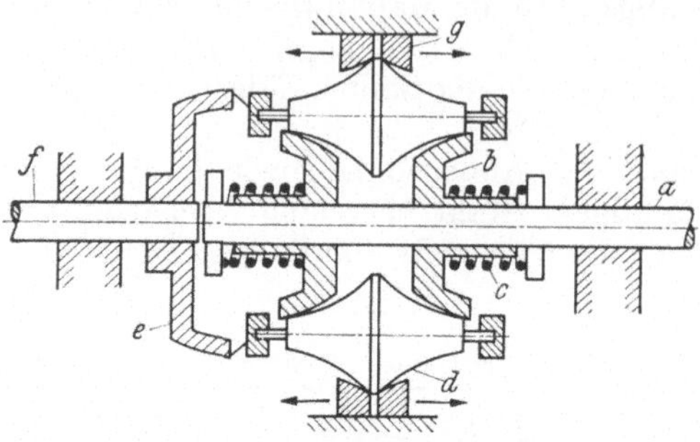

Abb. 101. Planeten-Reibradgetriebe. $a$ Antriebswelle; $b$ kegelige Flansche; $c$ Druckfeder; $d$ Planetenrollen; $e$ Steg; $f$ Abtriebswelle; $g$ axial verschiebbare Ringe

außen drängen und die Flanschkörper unter Einwirkung der Federkräfte sich mehr oder weniger aneinander schieben.

Bei Leistungen bis zu 6 PS und einer Antriebsdrehzahl von 1800 U/min kann bei diesem Getriebe die Abtriebsdrehzahl zwischen 200 und 1000 U/min, also in einem Verstellbereich von 1 : 5 verändert werden.

# 6. Umhüllungs- oder Umschlingungsgetriebe[1] mit Riemenübertragung

Abweichend von den bisher beschriebenen stufenlosen Getrieben arbeiten die in verschiedenartigen Ausführungsformen gebauten Umhüllungs- oder Umschlingungsgetriebe derartig, daß, ähnlich wie bei normalen Keilriemengetrieben, auf zwei parallelen Achsen je zwei symmetrisch angeordnete Kegelscheiben vorgesehen sind. Diese insgesamt vier Kegelscheiben werden von einem umschlingendem Übertragungsmittel umhüllt, das entweder als normaler oder als Spezialkeilriemen oder als Kette in verschiedenen Sonderausführungen ausgebildet sein kann. Durch Abstandsveränderung oder durch axiale Verschiebung der Kegelscheiben werden die jeweils wirksamen Umlaufradien der Kegelscheiben so verändert, daß eine stufenlose Verstellung der Abtriebsdrehzahlen möglich wird.

Der grundsätzliche Vorteil aller Umhüllungs- oder Umschlingungsgetriebe besteht darin, daß an der Berührungsstelle der Triebwerkselemente keine Differenzgeschwindigkeiten auftreten, daß also zwischen dem kraftübertragenden umschlingenden Organ (Riemen oder Kette) und den zugehörigen Kegelscheiben an den Eingriffsstellen praktisch keine Relativbewegung stattfindet. Damit bilden diese Teile während des Eingriffes ein in Ruhe befindliches Ganzes, da sie sich mit gleicher

---

[1] Über die Theorie der Umschlingungsgetriebe mit keilförmigen Umlaufflächen wird in Abschn. 8 ausführlich berichtet.

Geschwindigkeit um denselben Mittelpunkt drehen. Außerdem unterscheiden sich diese Getriebe gegenüber den vorher beschriebenen Bauarten dadurch, daß hier an den Energieübertragungsstellen keine punkt- oder linienförmige Berührung herrscht, die nach den Überlegungen und Gesetzen von HERTZ nur eine sehr geringe effektive Berührungsfläche und damit hohe Flächenpressungen ergibt, sondern daß die Umschlingungsmittel die Kegelscheiben immer an ganz erheblich größeren Auflageflächen berühren, was entsprechend niedrige Flächenpressungen zur Folge hat. Die wesentlichen Vorteile der Umhüllungs- oder Umschlingungsgetriebe sind:

    a) Geringe Reibungsverluste,

    b) hoher Wirkungsgrad über den ganzen Verstellbereich,

    c) geringe Abnutzung an den Berührungsflächen,

    d) große Auflageflächen des kraftübertragenden Zugorgans,

    e) geringe spezifische Flächenpressungen,

    f) hohe Lebensdauer von Kegelscheiben und Übertragungsorganen.

## 6.01 Systeme der Umhüllungsgetriebe

Hinsichtlich der Anordnung und der dadurch bedingten Einbaumöglichkeiten kann man bei den Umhüllungs- oder Umschlingungsgetrieben folgende Systeme unterscheiden, die in den Abb. 102—105 schematisch dargestellt sind:

*System A:* Der Achsabstand zwischen treibender und getriebener Welle ist veränderlich. Auf einer der beiden Wellen ist eine aus einem Stück bestehende Keilscheibe oder ein Kegelscheibenpaar mit konstantem Laufdurchmesser an-

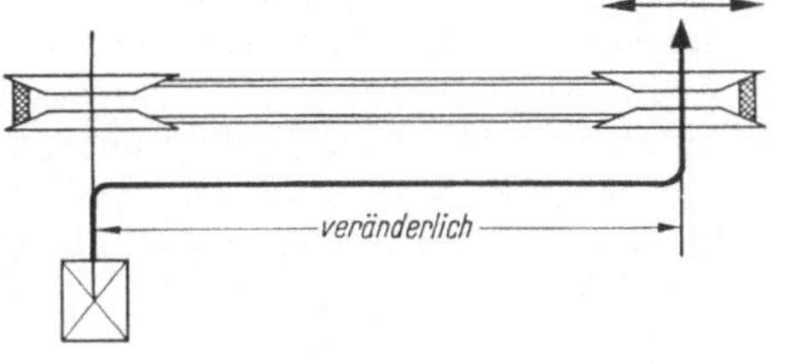



Abb. 102. Umschlingungsgetriebe System A

geordnet, während auf der anderen Welle der axiale Abstand der Kegelscheiben zwangsweise oder durch Federkraft veränderlich ist (s. Abb. 102).

*System B:* Der Gesamtabstand zwischen treibender und getriebener Welle ist konstant. Zwischen beiden Wellen ist eine Art Vorgelegewelle so angebracht, daß die Einzelabstände zwischen ihr einerseits und der treibenden und der getriebenen Welle andererseits derartig verändert werden können, daß die Summe der Einzelabstände gleich bleibt. Die Verstellung der Vorgelegewelle ist mit einer gleichzeitigen axialen Verschiebung der Kegelscheiben verbunden, die zwangsweise oder durch Federn erfolgen

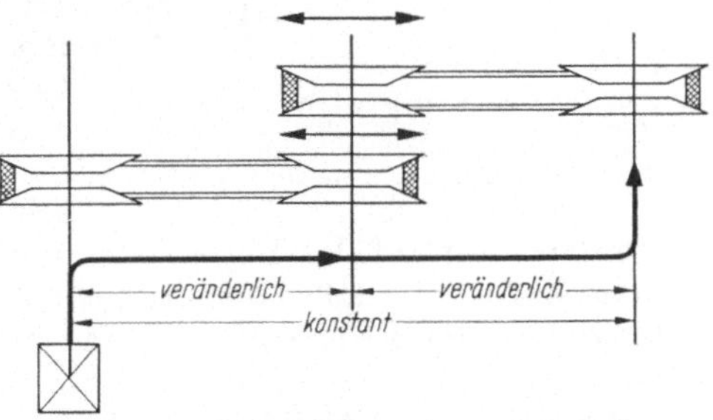



Abb. 103. Umschlingungsgetriebe System B

kann. Nachstehend werden Getriebe dieser Bauart als „Vorgelege-Getriebe" bezeichnet (Abb. 103).

*System C:* Bei gleichbleibendem Abstand von treibender und getriebener Welle werden die Kegelscheiben in gegenläufigem Sinne gleichzeitig verstellt, was bei den meisten Konstruktionen dieses Systems durch eine Hebelanordnung erfolgt (Abb. 104).

*System D:* In Anlehnung an das System B wird eine Vorgelegewelle vorgesehen, jedoch so, daß erstens treibende und getriebene Welle miteinander fluchten und zweitens der Abstand zwischen der gemeinsamen Achse von treibender und getrie-

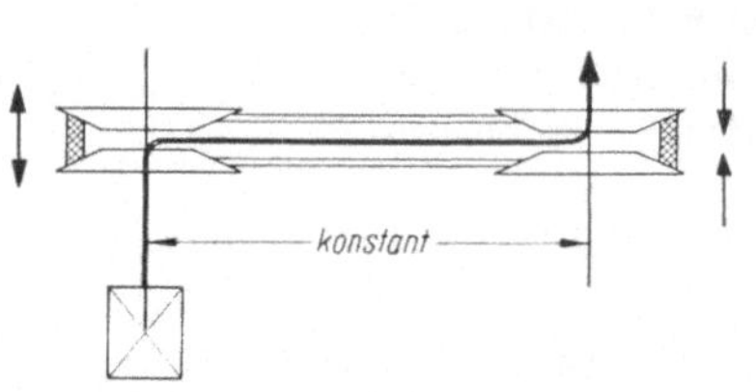

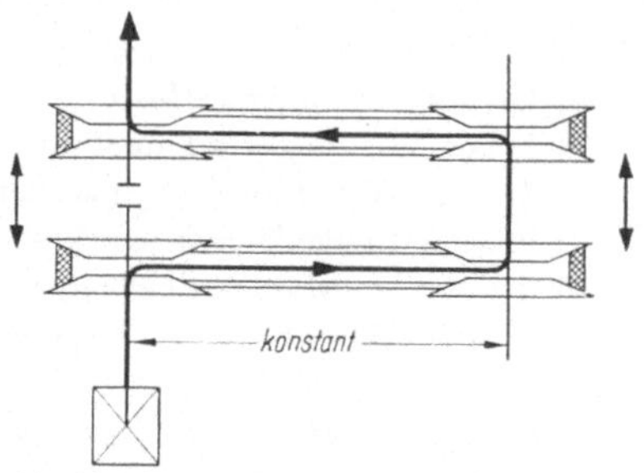

Abb. 104. Umschlingungsgetriebe System C     Abb. 105. Umschlingungsgetriebe System D

bener Welle und der Achse der Vorgelegewelle gleich bleibt. Die Änderung des Übersetzungsverhältnisses erfolgt durch Zwangsmittel, evtl. kombiniert mit Federkraft (Abb. 105).

Während das erreichbare Übersetzungsverhältnis bei dem System A bei im allgemeinen 1:3 bis 1:4 liegt, können bei den Systemen B bis D Übersetzungsverhältnisse von ungefähr 1:10 erreicht werden.

In den nachfolgenden Abschnitten werden die wichtigsten der nach diesen vier Systemen ausgeführten Bauarten der Umhüllungs- oder Umschlingungsgetriebe beschrieben.

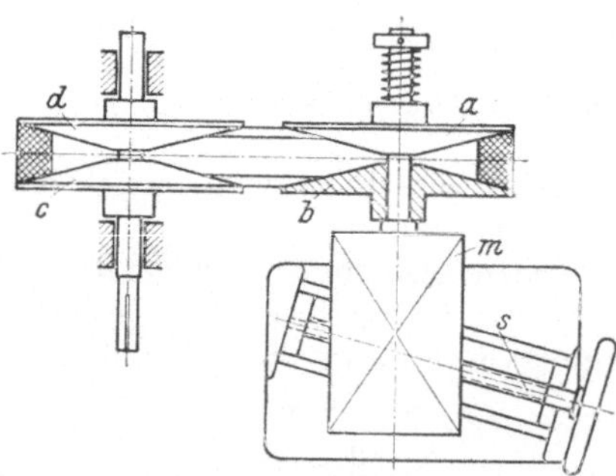

Abb. 106. Vau-Es-Vari-Getriebe. *a* Federnde Gegenscheibe; *b* Kegelscheibe auf Motorwelle; *c* und *d* Kegelscheiben auf der Abtriebswelle; *m* Motor; *s* Gewindespindel

## 6.02 Vau-Es-Vari-Getriebe[1]

Bei dem Getriebe nach Abb. 106 wird der mit gleichbleibender Drehzahl umlaufende Antriebsmotor *m* mit Hilfe der schräg angeordneten Gewindespindel *s* in einer Schrägrichtung verschoben, die dem halben Steigungswinkel der Kegelscheibe *b* entspricht. Diese Kegelscheibe *b* ist fest auf der Motorwelle aufgekeilt; sie wird also zusammen mit dem Motor verschoben und drängt in Zusammenwirken mit der auf der Motorwelle unter Federspannung angeordneten Gegenscheibe *a* je nach

---

[1] Hersteller: Vogel & Schlegel, Dresden.

der Verschieberichtung des Motors den Übertragungskeilriemen entweder nach außen auf einen größeren Wirkradius oder gibt ihm Spiel nach innen, so daß er auf einen kleineren Wirkradius aufläuft. Die beiden Kegelscheiben $c$ und $d$ auf der Abtriebswelle sind bei dieser Ausführung gegeneinander unverschiebbar angebracht; sie können durch eine einfache Kegelriemenscheibe ersetzt werden. Beim Verschieben des Motors ändert sich also der Achsabstand von treibender und getriebener Welle. Bei gleichbleibender Riemenlänge muß also der Riemen infolge der Laufradienänderung auf der treibenden Welle eine stufenlos veränderliche Abtriebsdrehzahl hervorrufen. Der mögliche Verstellbereich dieser Getriebebauart beträgt 1:3. Es wird zur Übertragung von Leistungen bis 3 PS gebaut.

## 6.03 Simplabelt-Getriebe[1]

Die Abb. 107 und 108 zeigen in schematischer und in Photowiedergabe die gefederten Spreizscheiben des Simplabelt-Getriebes. Die Tellerscheiben mit kegeligem Innenprofil $a'$ und $a''$ sitzen auf der kerbverzahnten Nabe $c$, die auf der Antriebs-(Motor-) Welle $b$ befestigt ist und die Drehzahl des Antriebs-

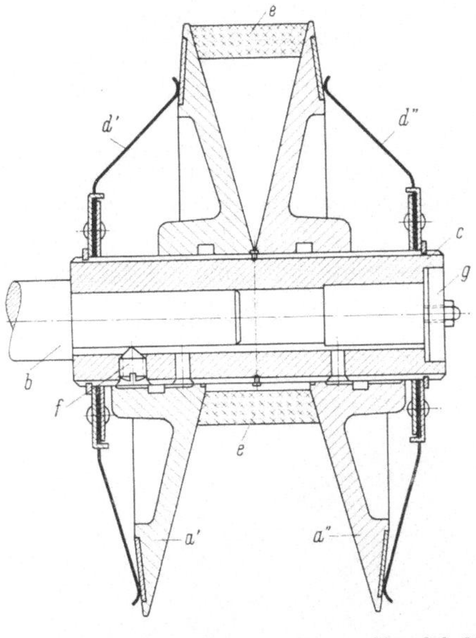

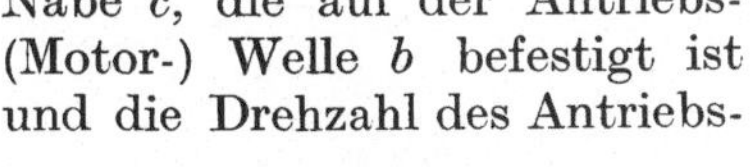

Abb. 107. Gefederte Spreizscheibe des Simplabelt-Getriebes; Schnittzeichnung. $a$ Kegelscheiben; $b$ Motorwelle; $c$ Verschiebenabe; $d$ Teller-Klauen-flachfedern; $e$ Keilriemen; $f$ Gewindestift

Abb. 108. Gefederte Spreizscheibe nach Abb. 107

motors besitzt. Die Befestigung erfolgt einerseits durch die Mitnehmerschraube $f$ und andererseits durch die Klemmplatte $g$. Die beiden Kegelscheiben werden durch besondere Tellerflachfedern $d'$ und $d''$ an die Schrägflächen des umschlingenden Riemens $e$ angepreßt. Diese

---

[1] Hersteller: H. Lenze, Bösingfeld/Lippe.

Federn sind so abgestimmt, daß der Keilriemen ohne zu rutschen die vorgesehene Leistung übertragen kann. Als Gegenscheibe wird eine übliche Keilriemenscheibe mit festem Profil verwendet (Abb. 110) oder, wie in Abb. 109 dargestellt, eine Anordnung, die die axiale Verstellung der

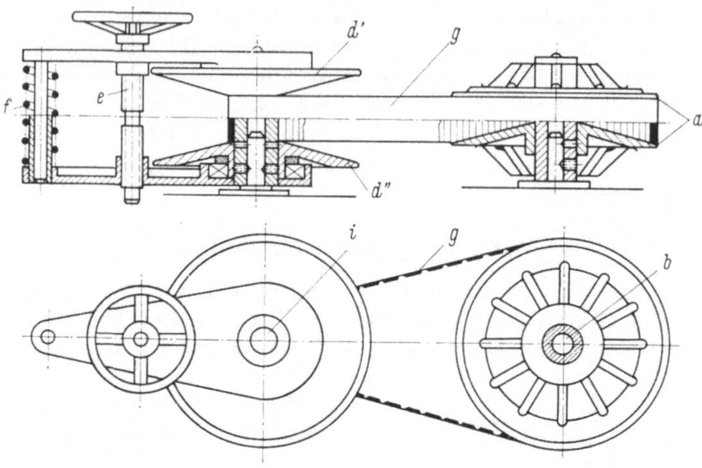

Abb. 109. Simplabelt-Getriebe mit einem Verstellbereich 1 : 10, Ansichten und Schnitt-zeichnung. *a* Spreizscheiben; *b* Antriebswelle; *c* getriebene Welle; *d* mechanisch verstellbare Kegelscheiben; *e* Gewindespindel; *f* Ausgleichsfeder; *g* Breitkeilriemen

Gegenscheiben gestattet. Im ersten Falle beträgt der Verstellbereich 1:3, im zweiten Falle bis 1:10. Die Drehzahlverstellung bei der zweiten Anordnung (Abb. 109) erfolgt nicht durch Veränderung des Achsabstandes

Abb. 110. Simplabelt-Getriebe mit einem Verstellbereich 1 : 3. *a* Spreizscheiben; *b* Gegen-Kegelscheibe

sondern durch eine Veränderung der wirksamen Riemenlaufdurchmesser. Der Achsabstand ist dabei so ausgelegt, daß der Riemen beispielsweise auf der mechanisch verstellbaren Spreizscheibe auf dem kleinsten und zugleich bei der gefederten Spreizscheibe auf dem größten wirksamen Durchmesser läuft. Durch ein Zusammenschieben der beiden axial verschiebbaren Kegelscheiben $d'$ und $d''$ mit Hilfe der Gewindespindel $e$, die oben Rechts- und unten Linksgewinde besitzt, wird der wirksame Riemenlaufdurchmesser dieser Kegelscheiben und damit die Riemengeschwindigkeit bei konstanter Antriebsdrehzahl größer. Der wirksame Laufdurchmesser der gefederten Spreizscheibe nimmt zwangsläufig ab. Die Drehzahl dieser Kegelscheiben wird so durch die Übersetzung und durch die Zunahme der Riemengeschwindigkeit größer bis zum Maximum, das dann erreicht ist, wenn der Riemen in den gefederten Kegelscheiben auf dem größten Durchmesser läuft (nach Abb. 109).

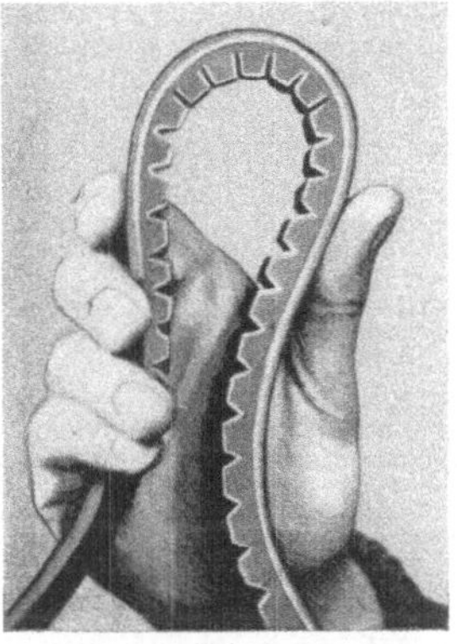

Abb. 111. Innenverzahnter Simplabelt-Breitkeilriemen

Als Riemen wird ein innenverzahnter Breitkeilriemen entsprechend Abb. 111 verwendet, der besonders biegewillig und flankentreu ist. Er wird in zweckmäßig abgestuften Längen endlos gefertigt. Die gefederten Simplabelt-Spreizscheiben werden in acht Größen für übertragbare Leistungen bei einer Antriebsdrehzahl von rund 1450 U/min von $0{,}20 \cdots 15{,}0$ PS gebaut, für alle Größen stehen entsprechende Motorschlitten zur Verfügung. Außerdem wird das Simplabelt-Regelgetriebe mit Verstellbereich 1:10 in sechs verschiedenen Größen ausgeführt.

Der kleinste Achsabstand kann nach folgendem Verfahren berechnet werden:

$A$ = Achsabstand,
$D_m$ = Mitteldurchmesser der größeren Kegelscheibe,
$d_m$ = Mitteldurchmesser der kleineren Kegelscheibe,
$L_m$ = Mittellänge des Breitkeilriemens,
$L_i$ = Innenlänge des Breitkeilriemens,
$b$ = Höhe des Breitkeilriemens,

$$A = \frac{1}{2} \cdot \left[ L_m - 1{,}57\,(D_m + d_m) - \frac{(D_m - d_m)^2}{L_m} \right],$$

worin: $L_m = L_i + b \cdot \pi$.

## 6.04 Verstellbare Kegelscheiben mit durch Federn hervorgerufener Anpressung

Bei den zahlreichen Konstruktionen von verstellbaren Kegelscheiben, die durch Federn gegeneinander gepreßt werden, kann man zunächst Ausführungen finden, bei denen eine Kegelscheibe fest auf ihrer Welle sitzt, während nur die zweite Gegenscheibe federbelastet ist. Die Abb. 112—114 geben drei Bauarten dieses Typs als schematische Schnittzeichnungen wieder, die alle eine Verschiebung der Keilriemen in verschiedene Laufebenen bei ihrer Verstellung bewirken. Während bei den

Bauarten nach Abb. 112[1] und nach Abb. 113[2] eine kräftige zentrisch angeordnete Spiralfeder $f$ für die erforderliche Anpressung zwischen Keilriemen $r$ und den kegeligen Scheiben $a$ und $b$ sorgt, sind bei der

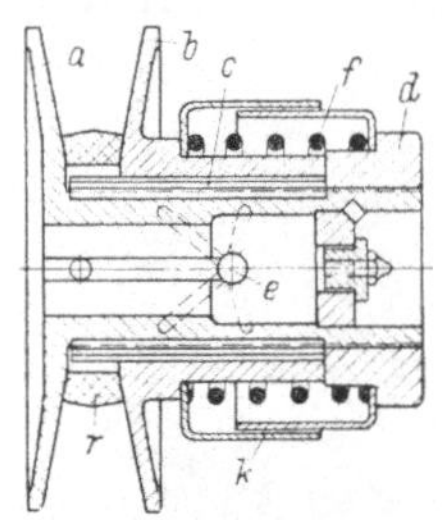

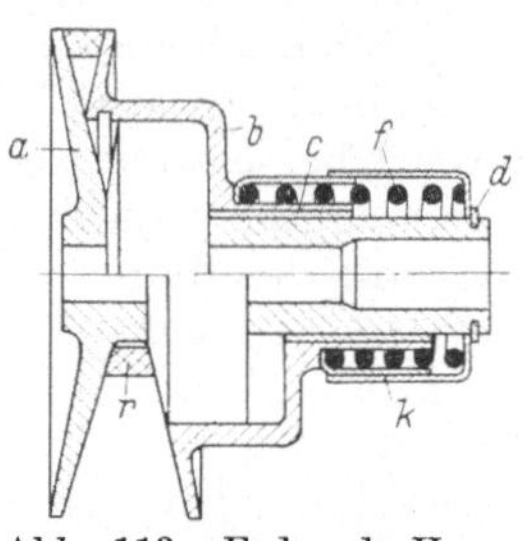

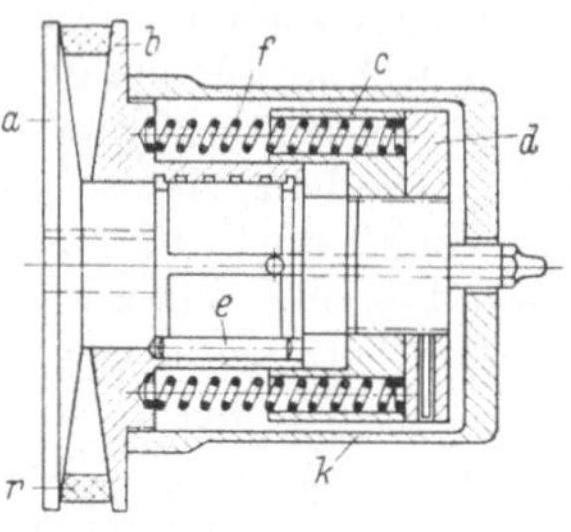

Abb. 112. Federnde Verstellscheibe nach CROFTS. *a* feste Kegelscheibe; *b* federnde Kegelscheibe; *c* Paßfeder; *d* Widerlager-Mutter auf die Nabe von *a* aufgeschraubt; *e* Schmierbohrungen; *f* Anpreßfeder; *k* Teleskophülse; *r* Übertragungs-Keilriemen

Abb. 113. Federnde Verstellscheibe nach GERBING. *a* feste Kegelscheibe; *b* federnd verschiebbare Kegelscheibe mit Ansatzhülse; *c* Gleithülse eingepreßt in *b*; *d* Spreizring; *j* Anpreßfeder; *k* Teleskophülse; *r* Übertragungs-Keilriemen

Abb. 114. Federnde Verstellscheibe von Industrial Drives. *a* feste Kegelscheibe mit Verlängerungs-Nabe; *b* federnd verschiebbare Kegelscheibe mit Ansatzhülse; *c* Widerlagerring für Federn; *d* Kontermutter; *e* Bolzen zur Übertragung des Drehmomentes zwischen *a* und *b*; *f* Anpreßfedern; *k* Schutzkappe; *r* Übertragungs-Keilriemen

Bauart nach Abb. 114[3] (Markenbezeichnung „Sextet-Verstellscheiben") sechs schwächere Spiralfedern $f$ gleichmäßig um die Welle herum vorgesehen, wodurch eine günstige Veränderung der Anpreßkräfte erreicht werden soll. Verstellscheiben dieser Bauarten werden von ihren Herstellern für ein Verstellverhältnis von 1 : 2 bis 1 : 4 und zur Übertragung von Leistungen bis 15 PS bei einer Eingangsdrehzahl von 1440 U/min gebaut. Das übertragbare Drehmoment bleibt bei allen Einstellungen konstant, während die übertragbare Leistung sich proportional mit dem Übersetzungsverhältnis ändert.

Abweichend hiervon werden bei den Hainworth-Verstellscheiben nach Abb. 115[4] und bei der Ausführung nach

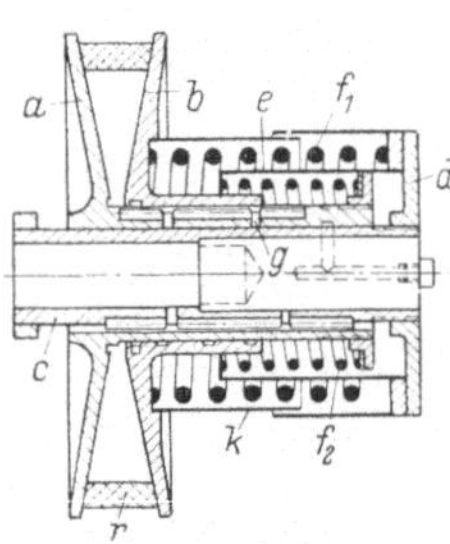

Abb. 115. Hainworth-Verstellscheibe nach FENNER. *a* auf der Antriebswelle feste Kegelscheibe mit verlängerter Nabe; *b* federnd verschiebbare Kegelscheibe; *c* Montagehülse zum Aufsetzen auf die Welle; *d* Widerlager-Scheibe für die Feder $f_1$; *e* Widerlagerhülse für die Feder $f_2$; $f_1$ und $f_2$ Federn; *g* Schmierbohrungen; *k* Teleskophülse; *r* Übertragungs-Keilriemen

Abb. 116. Verzahnte federnde Verstellscheibe nach LOVEJOY. *a* feste Kegelscheibe mit Nabe; *b* verschiebbare Kegelscheibe mit doppelt geschlitzter Nabe; *c* Montagehülse; *d* Übertragungsstifte; *e* Splint; $f_1$ äußere Hauptfeder; $f_2$ innere Hauptfeder; *k* Schutzhülse; *r* Übertragungsriemen

[1] Hersteller: Crofts Ltd., Bradford, Yorks., England.
[2] Hersteller: Gerbing Manufacturing Corp., Northbrook, Ill. (USA).
[3] Hersteller: Industrial Drives Ltd., London.
[4] Hersteller: Fenner & Co., Hull, Yorks., England.

Abb. 116[1] die beiden Kegelscheiben $a$
und $b$ durch zwei voneinander un-
abhängige Federn $f_1$ und $f_2$ gegensinnig aneinander gedrückt. Verstellscheiben dieses Typs haben den
Vorteil, daß die Ausrichtung der
Keilriemen in ihrer Laufebene erhalten bleibt. Bei den Hainworth-
Verstellscheiben können die Federkräfte durch Verdrehen einer Aus-
gleichmutter auf dem rechten äußeren Ende der Nabe von $a$ so
aufeinander abgestimmt werden,
daß günstige Veränderung der Anpreßkräfte erfolgt. Um die Einbau-
maße verkleinern und die Kegel-

Abb. 117a. Hi-Lo-Verstellscheiben mit
Anpreßkurven. *a* Kegelscheiben; *b* glok-
kenförmige Gehäuse; *c* Träger für Kurvenbahnen; *d* Kurvenbahnen; *e* Gleit-
bolzen; *f* Vorspannfeder; *g* Ölnippel

scheibenpaare dicht aneinander verschieben zu können, sind bei den
Ausführungen nach Abb. 113 und 116 die Kegelscheiben kammförmig
ineinander verzahnt.

Bei den in Abb. 117a und b
dargestellten Hi-Lo-Verstellscheiben[2] sind die beiden zusammenwirkenden Kegelscheiben ebenfalls kammartig miteinander verklinkt. Beide sind
in glockenförmigen Gehäusen $b$
angeordnet und werden durch
je eine Spiralfeder $f$ gegeneinander gedrückt. Außerdem sind
bei dieser Konstruktion jedoch
in den glockenförmigen Gehäusen Kurvenbahnen $d$ mit Hilfe
eines Trägers $c$ vorhanden, die
den Kegelscheiben über Gleit-

Abb. 117b. Verschiebbarer Elektromotor mit
Hi-Lo-Verstellscheibe

bolzen $e$ zwangsläufig eine vom übertragenen Drehmoment abhängige
Anpressung aufzwingen. Die Spiralfedern dienen hier also praktisch nur
dazu, um beim Anfahren die
notwendige Vorspannung für
den Keilriemen zu erteilen,
während im Betrieb die erforderliche Anpressung durch die
entsprechend geformten Kurvenbahnen proportional zu

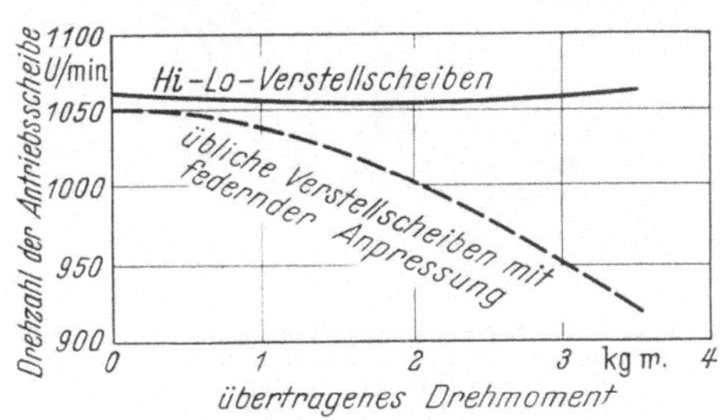



Abb. 118. Drehzahlabfall in Abhängigkeit
vom übertragenen Drehmoment

---

[1] Hersteller: Worthington
Corp., Harrison, New Jersey (USA).
[2] Hersteller: Equipment En-
gineering Co., Minneapolis, Minn.
(USA).

dem übertragenen Drehmoment herbeigeführt wird. Gleichzeitig erzeugen diese Kurvenbahnen eine stets richtige Riemenspannung. Nach Angaben der Herstellerfirma wird durch diese Konstruktion ein sehr geringer Drehzahlabfall (Schlupf) besonders bei der Übertragung großer Drehmomente erreicht, was in dem Diagramm nach Abb. 118 deutlich zum

Abb. 119. Berges-Motorregler Bauart MR mit einem Verstellbereich 1 : 3,25

Ausdruck kommt. Diese Verstellscheiben werden in sieben Größen für die Übertragung von 0,75···5,00 PS gebaut (bei Antriebsdrehzahl von 1750 U/min). Das Verstellverhältnis beträgt durchschnittlich 1 : 2,3.

## 6.05 Berges-Regelscheiben und Drehzahlregler [1]

Bei den in Abb. 119 und 120 dargestellten Getrieben werden als Kegelscheiben sog. Kammscheiben verwendet, deren versetzt unterbrochene Formgebung ein Ineinanderverschieben der zusammengehörigen Kegelscheibenpaare gestattet. Bei dem Motorregler Modell MR nach Abb. 119 trägt die Welle des in einer Wippe gelagerten Motors eine durch das oben sichtbare Handrad verstellbare Kammscheibe, die mit einer normalen Keilrillenscheibe auf der angetriebenen Welle durch einen normalen Keilriemen verbunden wird. Auf diese Art und Weise läßt sich ein Verstellbereich von 1:3,2 erzielen. Bei dem aus losen Einzelscheiben zusammengebauten Getriebe nach Abb. 120 ist im Gegensatz zu der vorigen Ausführung der Achsabstand fest. Auf der Motorwelle sitzt ein unter Federspannung stehendes Kammscheibenpaar, während auf der oben liegenden getriebenen Welle ein durch Handrad und Gewindespindel verstellbares sonst gleichartiges Kammscheibenpaar angeordnet ist. Diese Ausführung er-

Abb. 120. Lose Regelscheiben zum Selbsteinbau mit einem Verstellbereich bis 1 : 11, Bauart Berges

---

[1] Hersteller: C. & W. Berges, Marienheide/Rhld.

möglicht einen Verstellbereich von 1:11. Als Übertragungsmittel können bei diesen Getrieben sowohl normale Gummikeilriemen als auch besondere Breitkeilriemen verwendet werden. Die obere Grenze der zu übertragenden Leistung liegt bei 35 PS.

## 6.06 Reeves-Getriebe[1]

Bei den Reeves-Getrieben nach Abb. Nr. 121—124 werden ebenfalls Kegelscheiben verwendet, die derartig ausgeführt sind, daß sie nach Anordnung entsprechender Aussparungen teilweise axial ineinander verzahnt zusammengeschoben werden können. Abb. 121 läßt das Prinzip der Verstellung erkennen. Auf der treibenden Welle sind die beiden Kegelscheiben (der Einfachheit halber ist die Verzahnung fortgelassen) $a$ und $b$ angeordnet, von denen die Scheibe $a$ axial unverrückbar gelagert ist, während die Scheibe $b$ mit Hilfe des Handrades $h$ axial verschoben werden kann. Für die volle Verschiebung zum Durchfahren des gesamten Verstellbereiches sind 14 Umdrehungen des Handrades erforderlich, so daß eine sehr genaue und feinfühlige Einstellung möglich wird. Das Handrad $h$ dreht die Gewindespindel $g$, und diese verschiebt den Druckstift $i$, der in einer Hülse $k$ unverdrehbar geführt ist. Mit einem eingesetzten Druckknopf wirkt der Druckstift auf den Winkelhebel $c$ und über diesen auf Andrückhülse der Kegelscheibe $b$. Zur Er-

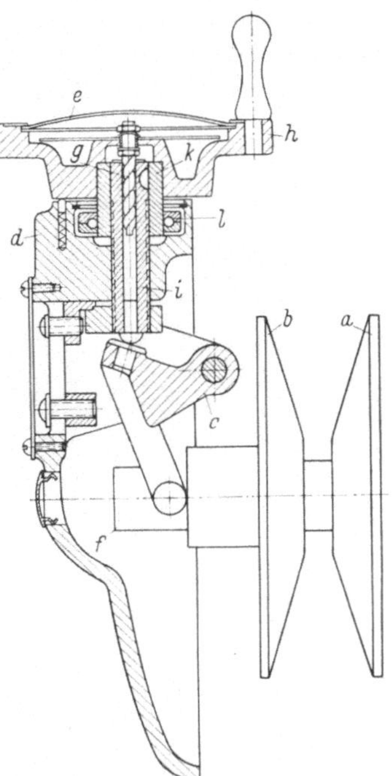

Abb. 121. Verstellung der Regelscheibe beim Reeves-Getriebe, Schnittzeichnung. $a$ feste Kegelscheibe; $b$ verschiebbare Kegelscheibe; $c$ Verstellhebel; $d$ Gehäuse; $e$ Anzeigescheibe; $f$ Vorspannfeder (in Hülse nicht sichtbar); $g$ Gewindespindel; $h$ Handrad

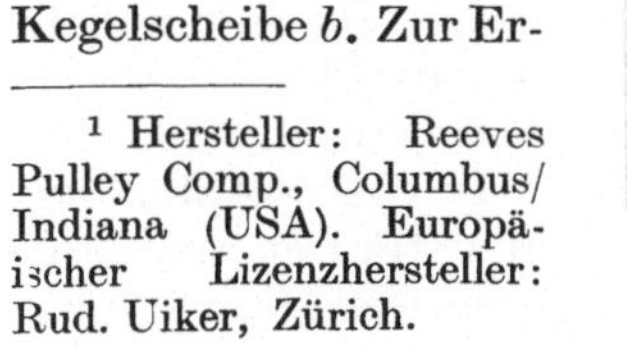

Abb. 122. Anordnung der Vorspannfeder und der Schmierung bei dem Getriebe nach Abb. 121

---

[1] Hersteller: Reeves Pulley Comp., Columbus/ Indiana (USA). Europäischer Lizenzhersteller: Rud. Uiker, Zürich.

zeugung einer genügenden axialen Anpreßkraft ist in der Hülse *f* eine Vorspannfeder vorgesehen, deren Spannung so eingerichtet ist, daß ein Schlupf zwischen Riemen und Kegelscheiben weitgehend verhindert wird.

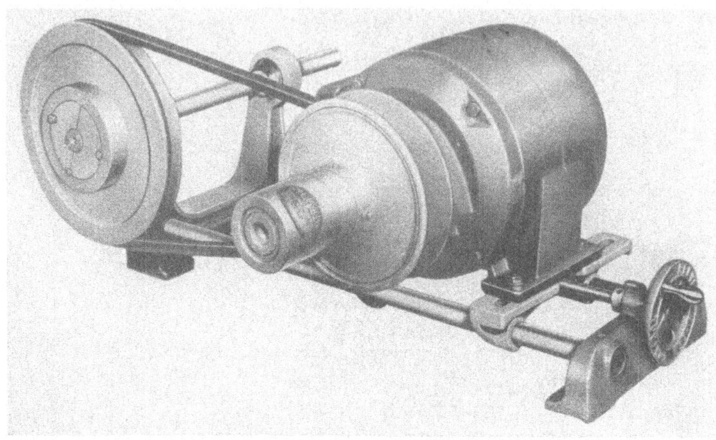

Abb. 123. Reeves-Verstellscheiben

Zur Übertragung der Umfangskräfte werden bei diesem Getriebe normale Keilriemen verwendet, außerdem wurde von der gleichen Hersteller-firma eine Gliederkette ent-wickelt, die mit quer zur Zug-richtung aufgesetzten Holz-klötzchen mit Lederbelag ver-sehen ist.

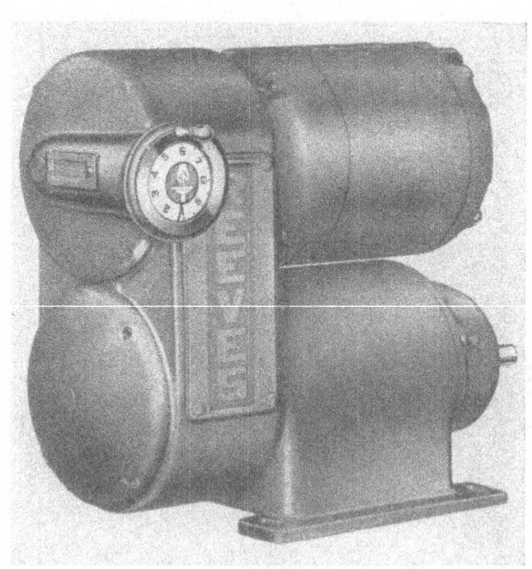

Abb. 124. Reeves-Getriebe

Auch diese Getriebebauart kann mit nur einer Verstell-scheibe bei dann veränder-lichem Achsabstand (s. Abb. Nr. 123) mit einem Verstell-bereich von 1 : 3 verwendet oder, wie aus Abb. 124 zu er-sehen ist, bei konstantem Achs-abstand mit zwei verstell-baren Kegelscheibenpaaren mit einem Verstellbereich von 1 : 10 ausgeführt werden. In das Handrad ist ein gut sicht-barer Anzeiger für die jeweilige Abtriebsdrehzahl eingebaut.

Abb. 122 zeigt die besondere Anordnung der Schmierung der Laufflächen zwischen Kegelscheiben und zugehörigen Wellen. In dieser Abbildung ist eine Kegelscheibe aufgeschnitten, und die beiden Hälften sind von der Welle abgeklappt. Wie bei den früher beschriebenen Getrieben können auch bei dieser Bauart Stufengetriebe nachgeschaltet werden, so daß die Abtriebsdrehzahlen, den jeweiligen Forderungen entsprechend, beliebig variiert werden können.

## 6.07 SEW-Verstellgetriebe und Scheiben[1]

Die Schnittzeichnung Abb. 125 läßt die Wirkungsweise der SEW-Verstellscheiben bzw. Getriebe erkennen. Auf der mit konstanter Drehzahl umlaufenden Antriebswelle $a$ befindet sich, gegen Verdrehung und axiale Verschiebung gesichert, eine Hülse $i$, in der ein Schlitz vorgesehen ist, in dem der Mitnehmerhebel $e$ schwenkbar eingebaut ist. Am vorderen Ende dieser Hülse $i$ ist die feststehende Gewindespindel $g$ gelagert und an ihrem freien Ende gegen jede Drehung gesichert. Der Mitnehmerhebel $e$ ragt mit seinem einen Ende in eine Bohrung in der hülsenartigen Verlängerung der Kegelscheibe $c'$ und mit seinem anderen Ende durch einen Schlitz in dieser Hülse hindurch in eine Bohrung der ebenfalls hülsenartigen Verlängerung der zweiten Kegelscheibe $c''$, so daß er die Drehmomentenverbindung zwischen den beiden Kegelscheiben und der treibenden Welle herstellt. Die beiden Kegelscheiben werden zur Entlastung der Wälzlager durch die Feder $f$ gegeneinander gedrückt.

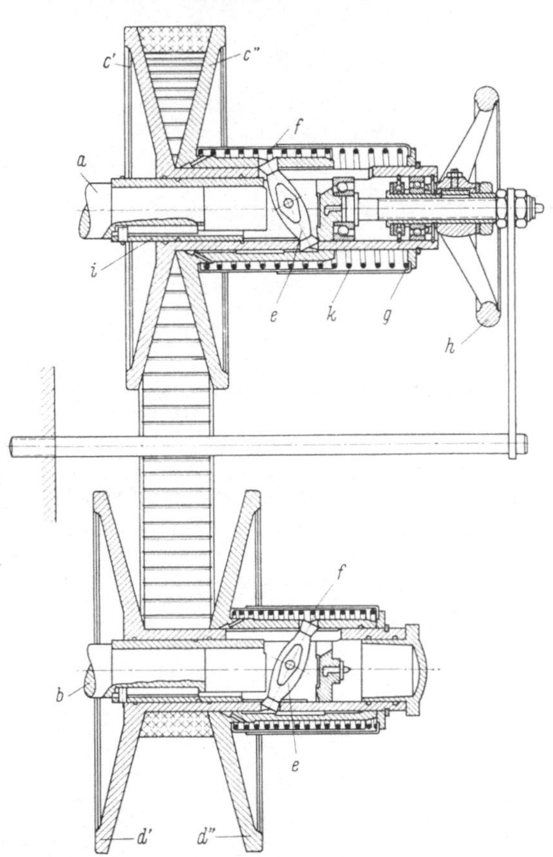


Abb. 125. SEW-Verstell-Kegelscheiben, Schnittzeichnung. $a$ treibende Welle; $b$ getriebene Welle; $c$ Kegelscheiben auf der treibenden Welle; $d$ Kegelscheiben auf der getriebenen Welle; $e$ Mitnehmerhebel; $f$ Andrückfedern; $g$ Gewindespindel; $h$ Handrad; $i$ fest mit $a$ verbundene Hülse; $k$ Teleskophülse

Durch Drehen des Handrades $h$ erfolgt eine axiale Verschiebung der Kegelscheibe $c'$, die über den Mitnehmerhebel $e$ eine gegensinnige axiale Verschiebung der zweiten Kegelscheibe $c''$ hervorruft. Die Feder $f$ wird

---

[1] Hersteller: Süddeutsche Elektromotorenwerke, Bruchsal.

von einer teleskopartigen Blechhülse $k$ umschlossen, um das Auftreten von Schmierfett oder das Eindringen von Staub und Schmutz zu verhindern. Beide Kegelscheiben $c'$ und $c''$ bewegen sich also während des Verstellvorganges stets entweder gegeneinander oder voneinander. Die Mitte des zur Energieübertragung verwendeten Breitkeilriemens bleibt dabei in der gleichen Laufebene. Bei der handbetätigten Regelscheibe wird also nur die eine der beiden Kegelscheiben axial verschoben, während die andere Kegelscheibe entgegen dieser Bewegungsrichtung zwangsweise durch den Mitnehmerhebel bewegt wird.

Abb. 126. SEW-Getriebe mit nachgeschaltetem Planeten-Untersetzungsgetriebe

Für stufenlose Drehzahlverstellung bis zu einem Verstellbereich von 1 : 2,8 wird die federbelastete Regelscheibe ohne Handrad Type SRF mit einer festen Breitkeilriemenscheibe verbunden. Dann muß der Verstellvorgang mit einer Änderung des Achsabstandes erkauft werden, was wie bei dem vorher beschriebenen Getriebe durch eine Schlittenführung oder auch durch eine Wippe erfolgen kann. Ist es nicht möglich, den Achsabstand zu verändern, oder ist ein größerer Verstellbereich erwünscht (möglich bis 1:8), so kann das Getriebe in der in Abb. 126 dargestellten Gesamtanordnung verwendet werden, bei der die Gegenscheiben entsprechend den vorstehenden Erläuterungen

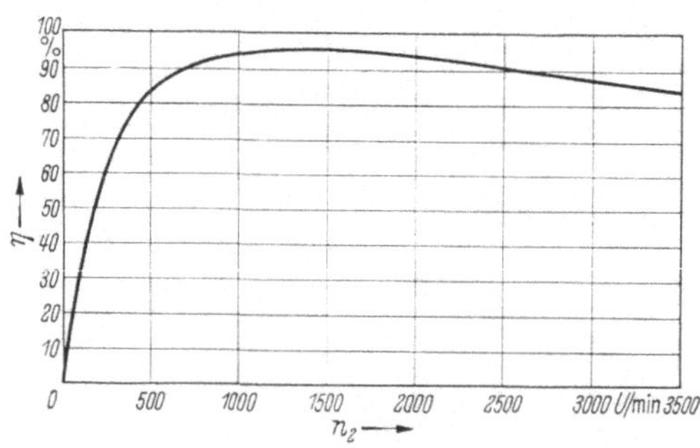

Abb. 127. Wirkungsgrad-Verlauf bei einem SEW-Getriebe

analog den Scheiben auf der treibenden Welle arbeiten. Um dem Riemen die zur Leistungsübertragung notwendige Vorspannung zu geben, ist die auf der getriebenen Welle untergebrachte Kegelscheibengruppe mit einer Arbeitsfeder versehen, die die beiden Kegelscheiben $d'$ und $d''$ gegeneinander drückt.

Der Bereich der übertragbaren Leistungen liegt bei dieser Getriebebauart bei einem Verstellbereich von 1:8 zwischen 0,5 und 15 PS. Bei kleineren Verstellbereichen kann die übertragbare Leistung (z. B. bei $i = 1:2$) auf ungefähr 20 PS erhöht werden. Über den Verlauf der Wirkungsgrade gibt das Diagramm nach Abb. 127 Aufschluß. Abb. 126 zeigt in Außenansicht ein SEW-Verstellgetriebe mit nachgeschaltetem Planetenuntersetzungsgetriebe, das eine weitgehende Reduktion der Abtriebsdrehzahlen bis unter 1 U/min ermöglicht.

## 6.08 Marbaise-Getriebe[1]

Ein nach ähnlichen Gesichtspunkten stufenlos verstellbarer Antrieb besonders für Maschinen und Apparate mit niedrigen Drehzahlen, ist das in Abb. 128 wiedergegebene Getriebe. Es gestattet die volle Leistung

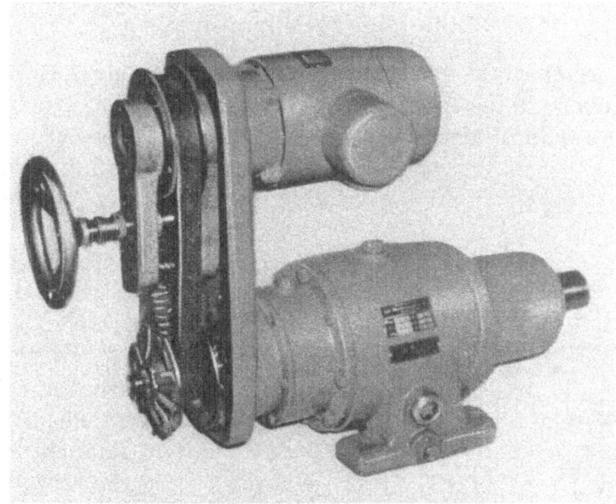

Abb. 128. Marbaise-Getriebe

mit konstantem Drehmoment in beiden Drehrichtungen über den gesamten Verstellbereich zu fahren. Das eingestellte Übersetzungsverhältnis (lieferbar mit Verstellbereichen von $1:5$ oder $1:9$) ist selbsthemmend und verstellt sich bei veränderlicher Belastung nicht.

In einem stabilen Gehäuse mit einfachen Montagemöglichkeiten sind zwei Kegelscheibenpaare angeordnet, von denen das eine von Hand oder durch Fernsteuerung mechanisch verstellbar auf dem Wellenstumpf des antreibenden Elektromotors aufgesetzt ist. Als Übertragungsmittel zum zweiten Kegelscheibenpaar dient ein Breitkeilriemen. Der Achsabstand zwischen beiden Scheibenpaaren ist konstant und so gewählt, daß bei der größten Abtriebsdrehzahl der Riemen bei den mechanisch verstellbaren Kegelscheiben auf dem größten, bei den als Spreizscheiben ausgebildeten Gegenscheiben auf dem kleinsten wirksamen Durchmesser aufläuft. Eine besondere Vorrichtung zum Ausgleich der Riemenlänge

---

[1] Hersteller: Marbaise & Co., Dortmund.

ist durch die Verwendung von Spreizscheiben nicht erforderlich, da diese durch Federkraft stets genügend zusammengedrückt werden.

Als Übertragungsmittel wird ein flankenoffener innenverzahnter Breitkeilriemen verwendet, der sich durch ein besonders günstiges Verhältnis von Höhe zu Breite auszeichnet und dessen Hauptvorteil darin liegt, daß mit verhältnismäßig kleinen Scheibendurchmessern gearbeitet werden kann, da zur Berechnung der durch Reibung übertragbaren Leistung die Gesamthöhe, zur Festlegung des kleinstmöglichen Scheibendurchmessers jedoch nur die Massivhöhe zugrunde zu legen ist. Auch diesem Getriebe können geeignete Zahnraduntersuchungen nachgeschaltet werden. Diese Getriebebauart kann für übertragbare Leistungen von 0,07···6,8 PS in verschiedenen Größen und für die beiden oben angegebenen Verstellbereiche geliefert werden.

## 6.09 Rigeva-Variator[1]

Diese Getriebebauart trägt auf der angetriebenen Motorwelle eine verstellbare Kegelscheibengruppe (Schnitt durch diese s. Abb. 129). Die beiden axial verschiebbaren Kegelscheiben $a$ und $b$ besitzen nach rechts gerichtete ineinander gleitende Verlängerungshülsen, in deren radiale Bohrungen der Mitnehmerhebel $c$, der in seiner Mitte drehbar gelagert ist, so eingreift, daß beide Kegelscheiben immer wechselsinnig verschoben werden. Diese wechselsinnige axiale Verschiebung wird durch Drehen der Verstellschraube $e$ in der feststehenden Lagerhülse $d$ hervorgerufen. Eine eingebaute Andrückfeder $f$ sorgt für den erforderlichen axialen Anpreßdruck zwischen Kegelscheiben und dem zur Energieübertragung benutzten, innen verzahnten Breitkeilriemen. Die Verstellung kann bei Leerlauf und unter Last erfolgen. Der Achsabstand bleibt konstant und der Riemen ändert bei Verstellung der Laufradien seine axiale Fluchtlage nicht. Bei Verstellung des Getriebes wirken

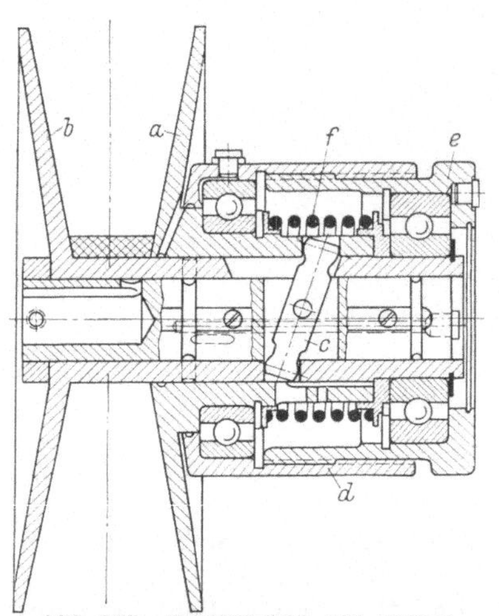

Abb. 129. Kegelscheibe des Rigeva-Variators, Schnittzeichnung. $a$ rechte Kegelscheibe; $b$ linke Kegelscheibe; $c$ Mitnehmerhebel; $d$ Lagerkörper; $e$ Verstellschraube; $f$ Andrückfeder

weder die zu übertragenden Umfangskräfte noch die Andrückfedern auf den Verstellmechanismus, so daß eine gleichbleibende Genauigkeit der Einstellung gewährleistet ist. Zwischen den beiden Scheiben herrscht immer ein vollständiger Druckausgleich, der den Keilriemen in seiner günstigsten Spannung beläßt und dadurch den Schlupf auf ein

---

[1] Hersteller: Müller A. G., Brugg, Schweiz.

Kleinstmaß herabsetzt. Die Gegenscheiben sind ähnlich angeordnet, nur ist die hier verwendete Andrückfeder etwas schwächer ausgebildet.

Auf die An- und Abtriebswelle wirken nur radiale Kräfte, während alle Axialkräfte im Inneren der Verstellvorrichtung aufgenommen werden. Die zwangsläufige Riemenführung ermöglicht außerdem beliebige Anordnung der Scheibenpaare, so daß wahlweise die verstellbare Kegelscheibengruppe oder die nur federnd angeordnete Gruppe auf der treibenden oder auf der getriebenen Welle montiert werden kann.

Das Verstellen dieses Getriebes kann erforderlichenfalls, wie in Abb. 130 gezeigt ist, auch durch einen besonderen Verstellmotor $i$ erfolgen, der dann das nunmehr als Zahn- oder Schneckenrad ausgebildete Verstellorgan $h$ über ein geeignetes Schrauben- oder Schneckengetriebe betätigt. Zur Herab- oder Heraufsetzung der Abtriebsdrehzahlen können im Baukastensystem

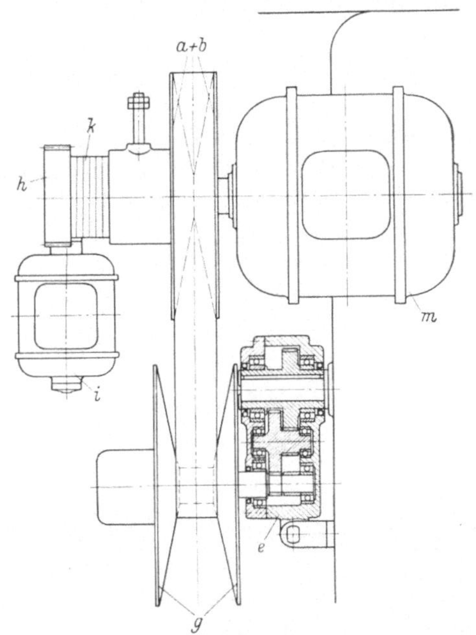

Abb. 130. Rigeva-Variator mit Zweistufen-Aufsteckgetriebe und elektrischer Fernverstellung. $a$ und $b$ Regelscheiben wie in Abb. 129; $g$ Gegenscheiben; $h$ Verstell-Zahnrad; $i$ Verstellmotor; $k$ Drehzahl-Anzeigeskala; $l$ Aufsteckgetriebe; $m$ Antriebsmotor

hergestellte auswechselbare Getriebe verschiedener Art nachgeschaltet werden, wie beispielsweise an Hand eines zweifachen Untersetzungsgetriebes $l$ in Abb. 130 dargestellt ist.

Der erreichbare Verstellbereich dieser Getriebebauart beträgt 1:13; es wird in 10 verschiedenen Größen für Leistungen von 0,12 ··· 20 PS unter Voraussetzung einer antriebsseitigen Drehzahl von 1450 U/min geliefert.

## 6.10 Lewellen-Verstellscheiben[1]

Ähnlich wie bei der vorigen Bauart werden auch bei dieser Ausführung (Abb. 131) Mitnehmerhebel $e$ dazu benutzt, um sowohl eine

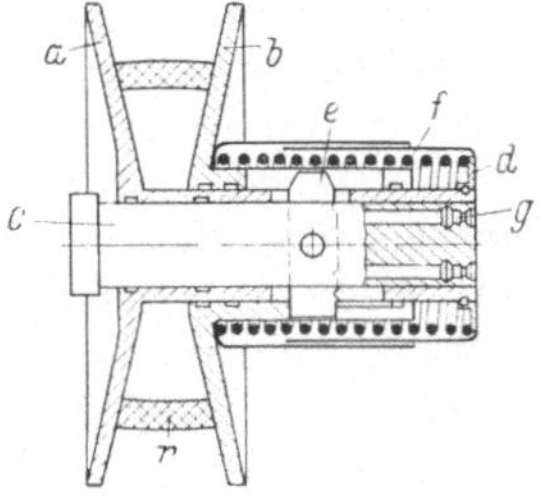

Abb. 131. Verstellscheibe nach Lewellen. $a$ feste Kegelscheibe mit Nabe; $b$ verschiebbare abgefederte Kegelscheibe; $c$ Welle; $d$ Widerlagerscheibe für Anpreßfeder; $e$ Mitnehmer; $f$ Anpreßfeder; $g$ Schmierbohrungen; $r$ Übertragungsriemen

---

[1] Hersteller: Lewellen Manufacturing Comp., Columbus, Indiana (USA).

sichere Drehmomentübertragung als auch eine gegensinnige Verschiebung der einzelnen Kegelscheiben $a$ und $b$ durch eine zentrisch angeordnete Spiralfeder $f$ zu erreichen.

## 6.11 Roto-Cone-Verstellscheiben und Motorgetriebe[1]

Die gegenläufige Verstellbewegung der Kegelscheiben $a$ und $b$ wird bei dieser in Abb. 132 dargestellten Ausführung dadurch herbeigeführt, daß beide Kegelscheiben mit ineinander gleitenden Naben versehen sind. In der Bohrung der Innennabe ist ein Ritzel $g$ angebracht, das auf

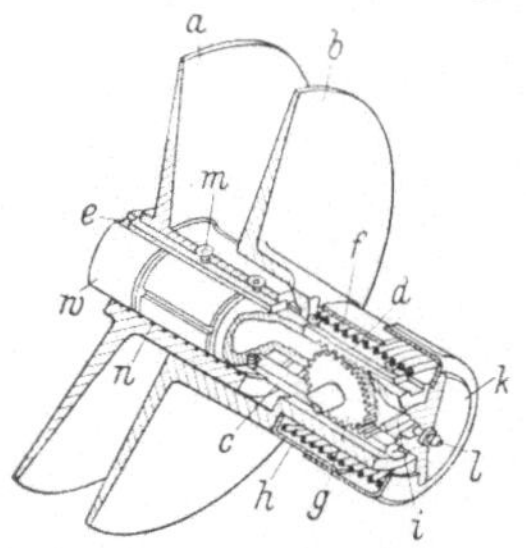

Abb. 132. Roto-Cone-Verstellscheibe. $a$ linke Kegelscheibe mit Innen-Nabe; $b$ rechte Kegelscheibe mit Außen-Nabe; $c$ Zahnstange für Innen-Nabe; $d$ Zahnstange für Außen-Nabe; $e$ Paßfeder; $f$ Anpreßfeder; $g$ Ritzel; $h$ Teleskophülse; $i$ Anschlagniet; $k$ Deckel; $l$ Schmiernippel; $m$ Befestigungsschrauben; $n$ Schmiernuten; $w$ Welle

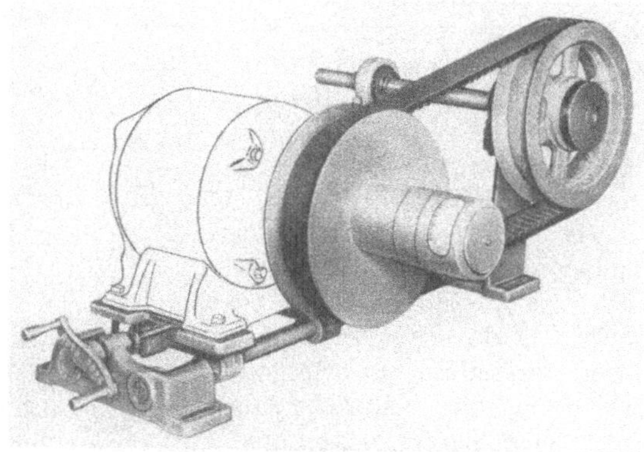

Abb. 133. Roto-Cone-Motorgetriebe

der einen Seite (oben) in die mit der Außennabe verbundene Zahnstange $d$ und auf seiner anderen Seite (unten) in die mit der Innennabe verbundene Zahnstange $c$ eingreift. Sobald durch Veränderung des Achsabstandes zwischen treibender und getriebener Welle die zentrisch eingebaute Spiralfeder $f$ eine Verschiebung der Scheibe $b$ herbeiführt, wird so über das Ritzel eine gegensinnige axiale Verschiebung auch der Kegelscheibe $a$ bewirkt. Die Scheibe $a$ ist mit der die Innennabe bildenden Welle $w$ durch Paßfedern $e$ starr verbunden. Diese Verstellscheiben oder vollständige mit ihnen versehene Motorgetriebe (Abb. 133) werden in mehreren Größen zur Leistungsübertragung von $0{,}5\cdots20$ PS (bei einer Motordrehzahl von 1750 U/min) geliefert und gestattet eine stufenlose Verstellung der Abtriebsdrehzahl im Verhältnis von $1:3$. Die Verstellung kann von Hand oder durch einen Servomotor erfolgen.

## 6.12 TVB-Verstellscheiben[2]

Bei dem TVB-Getriebe wird als Übertragungsmittel ein Breitkeilriemen mit unterseitiger Rillung verwendet, wodurch die Schmiegsam-

---

[1] Hersteller: Gerbing Manufacturing Corp., Northbrook, Ill. (USA).
[2] Hersteller: W. H. Müller & Co., Hannover.

keit erhöht und die innere Walkarbeit im Riemen herabgesetzt wird, was guten Wirkungsgrad und hohe Lebensdauer hervorruft. Eine dehnungsarme Kabelcordeinlage ermöglicht die Übertragung hoher Riemenzugkräfte. Die gleichbleibende und normale Flexibilität wird bereits nach kurzer Einlaufzeit erreicht. Tolerierte Querschnittsabmes-

sungen ergeben ruhigen und flatterfreien Lauf, und die verwendete Gummiart bewirkt günstige Reibungswerte und gute Durchzugsfähigkeit.

Im Gegensatz zu den vorbeschriebenen Bauarten wird bei dieser Ausführung als Andrückfeder eine Gummihohlfeder $a$ verwendet (vgl. Abb. 134 und 135), die nicht nur den erforderlichen axialen Anpreßdruck aufbringt, sondern gleichzeitig auch das Drehmoment überträgt. Zu diesem Zweck ist sie an beiden Randseiten mit kräftigen Pro-

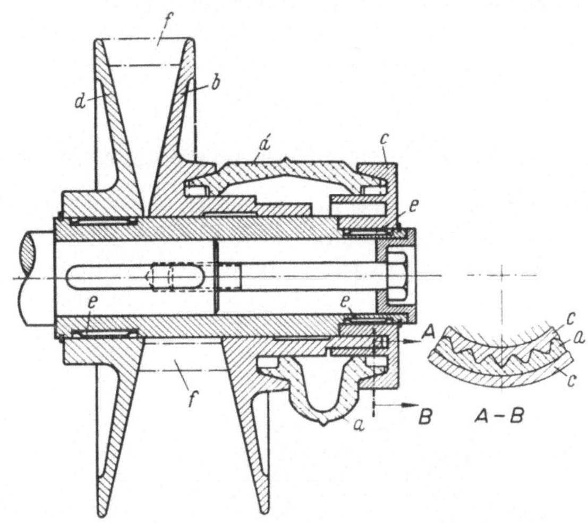

Abb. 134.  TVB-Variatorscheibe mit Gummi-Hohlfeder.
$a$ Gummi-Hohlfeder (vgl. Abb. 135); $b$ verschiebbare Kegelscheibe; $c$ Widerlagerscheibe für Hohlfeder; $d$ feste Kegelscheibe $e$ Toleranzring; $f$ Breitkeilriemen „Variflex"

filierungen (Innenverzahnungen) versehen, die in entsprechende Außenverzahnungen der rechten Kegelscheibe $b$ und der Endscheibe $c$ eingreifen. Bei der Verstellung der Abtriebsdrehzahl wird diese Feder in

Abb. 135.  Gummi-Hohlfeder für die Variatorscheiben nach Abb. 134

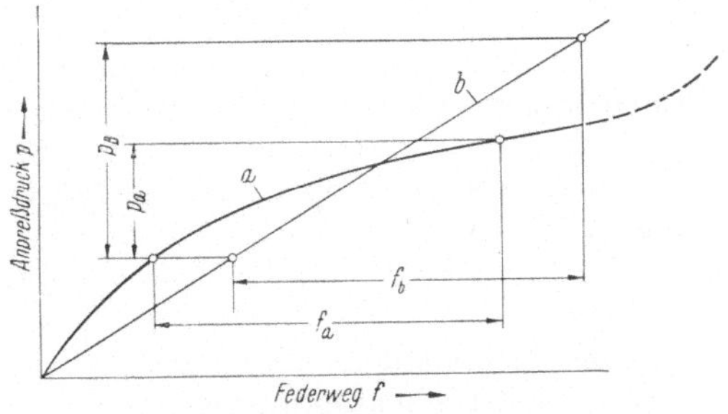

Abb. 136. Feder-Kennlinien für eine Gummi-Hohlfeder nach Abb. 134 u. 135 ($a$) und für eine übliche Spiralfeder ($b$)

ihrem Mittelteil nach außen gedrückt (vgl. Abb. 134 unten). Wie die Federcharakteristik $a$ in Abb. 136 zeigt, steigt die Anpreßkraft $p_a$ der Gummihohlfeder $a$ während des Federweges $f_a$ verhältnismäßig flach an, im

Gegensatz zur Anpreßkraft $p_b$ einer Feder mit geradliniger Charakteristik $b$. Diese Anpreßcharakteristik der Gummihohlfeder verläuft also besonders vorteilhaft. Bei größtem Federweg hält die Gummifeder die spezifische Flächenbelastung des Riemens in einem günstigen Bereich. Durch formschlüssige Verankerung mit den Scheibenteilen überträgt die TVB-Verdrehfeder die auftretenden Drehmomente. Die ohne Rippen, Unterbrechungen oder Absätze gestaltete äußere Form liegt im Sinne der Unfallvermeidung.

## 6.13  Umschlingungsgetriebe mit freiem Vorgelege

Wie bereits bei der Betrachtung der grundsätzlichen Systeme der Umschlingungsgetriebe in Abs. 6.01 dargelegt wurde, kann nach dem System B der Kraftfluß von der treibenden zur getriebenen Welle durch ein frei bewegliches Vorgelege unterbrochen werden. Es arbeitet dann ein Keilriemen zwischen treibender und Vorgelegewelle, während ein zweiter Keilriemen die Verbindung von dieser zur getriebenen Welle herstellt. Alle Vorgelege-Getriebe gestatten, sowohl den Verstellbereich beachtlich zu vergrößern als auch die Abmessungen der verwendeten Kegelscheiben bei gleichem Verstellbereich beträchtlich zu verkleinern. Abb. 137 gibt den Schnitt durch die Vorgelegewelle eines derartigen Getriebes[1] wieder. Von der Motorwelle wird über den ersten Keilriemen das Kegelscheibenpaar $a/c$ auf der Vorgelegewelle angetrieben,

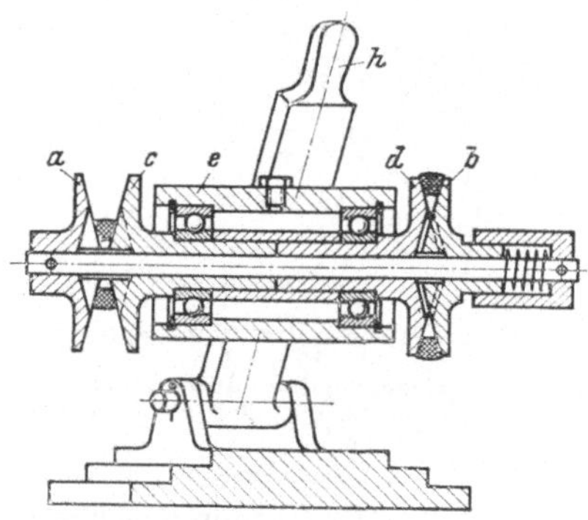

Abb. 137. Vorgelege-Getriebe, Anordnung der Zwischenwelle. $a$ und $c$ getriebene Kegelscheiben; $b$ und $d$ treibende Kegelscheiben (die Kegelscheiben $c$ und $d$ bilden ein gemeinsam axial verschiebbares System); $e$ Lagerkörper; $h$ Verstellhebel

von der der zweite Keilriemen die getriebene Welle über das Kegelscheibenpaar $b/d$ antreibt. Der Lagerkörper $e$ für die Vorgelegewelle kann mit Hilfe des Handhebels $h$ schräg zur Keilriemenrichtung geschwenkt werden, wobei sich die Kegelscheiben $a$ und $b$, die federnd angedrückt werden, axial verschieben und beide Keilriemen unter gleichzeitiger Änderung der Achsabstände auf verschiedene Wirkradien verlegen.

Ein Nachteil derartiger Ausführungen muß darin erblickt werden, daß die Riemenspannung nicht für alle Einstellungen konstant bleibt und daß die Lagenänderung der Vorgelegewelle unter Umständen eine gewisse Schränkung der Riemen hervorruft. Diese Nachteile sollen

---

[1] Hersteller: Diese Ausführung wurde früher von der Benn GmbH., Dresden-Freital unter der Bezeichnung „JFS-Kleinregler" gebaut, jetzt von Crofts Ltd., Bradford, Yorks., England.

durch eine Konstruktion nach Abb. 138 vermieden werden, die in der dargestellten Ausführung[1] einen Verstellbereich von $1:4$, jedoch bei Verwendung von kammartig verzahnten Kegelscheiben auch einen Verstellbereich bis $1:16$ ermöglicht. Der die Vorgelegewelle bildende U-förmige Bolzen $d$ wird durch das Handrad $h$ und die Gewindespindel $s$ zur Verstellung des Getriebes axial verschoben, wobei der untere Teil in der feststehenden Hülse $i$ gleitet. Auf dem schwenkbaren Bolzenteil sind die Kegelscheiben $a$ bis $c$ drehbar, aber miteinander momentenverbunden gelagert. Die beiden Kegelscheiben $a$ und $b$ werden durch die zentrische Feder $f$ gegeneinander gedrückt; zwischen ihnen ist die Doppelkegelscheibe $c$ in axialer Richtung frei beweglich. Der Keilriemen $r_1$ kommt von der nicht mit dargestellten Motorwelle, der Keilriemen $r_2$ führt von der Vorgelege- zur Abtriebswelle. Die Verlagerung der Vorgelegewelle geschieht also bei dieser Ausführung nicht auf einer Geraden, sondern auf einem Kreisbogen. Zur Konstanthaltung der Riemenspannung dient der Steuerhebel $e$, der seitlich aus dem unteren Arm des U-förmigen Bolzens $d$ herausragt und in einen

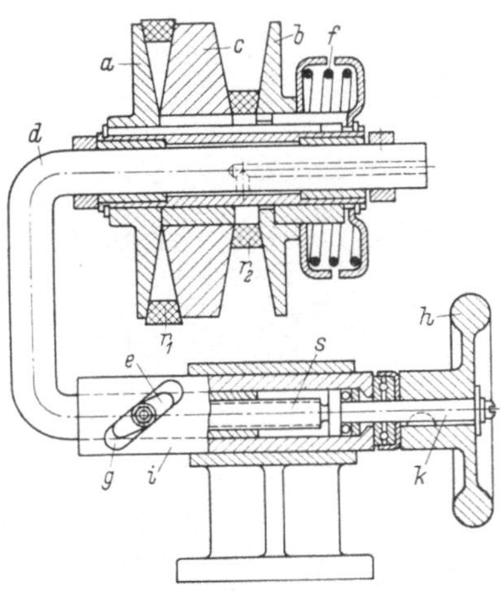

Abb. 138. Anordnung eines Vorgelege-Getriebes nach Speed Selector. $a$ feste Kegelscheibe; $b$ abgefedert verschiebbare Kegelscheibe; $c$ frei bewegliche doppelkegelige Zwischenscheibe; $d$ Lagerbolzen; $e$ Steuerhebel; $f$ Anpreßfeder; $g$ Schlitz in der Hülse $i$; $h$ Handrad zum Verstellen; $k$ Verstellwelle mit Gewindespindel $s$; $r_1$ treibender Keilriemen; $r_2$ getriebener Keilriemen

Schrägschlitz der Lagerhülse $i$ eingreift; hierdurch wird gleichzeitig erreicht, daß bei einem Schwenken des Bolzens $d$ zusätzlich eine axiale Verschiebung so eintritt, daß die Riemen unabhängig von ihren Auflaufradien immer in der gleichen Laufebene verbleiben.

## 6.14 Excelsior-Getriebe[2]

Abb. 139 gibt als Schnitt- und Ansichtszeichnung die Arbeitsweise der als Anbauelemente lieferbaren Excelsior-Regelscheiben wieder.

Durch Drehen des Handrades $a$ werden die Kegelscheiben $b$ und $d$ zwangsläufig aufeinander zu oder voneinander weg bewegt. Um die zwangsläufige Bewegung beider Kegelscheibenpaare zu erreichen, werden die Umdrehungen des Handrades $a$ durch einen Kettenantrieb $c$ auf das angetriebene Scheibenpaar $d$ übertragen, wobei sich durch die entsprechende Ausbildung der Steuerung die Drehungen des Handrades bei dem getriebenen Scheibenpaar umgekehrt auswirken wie bei den treibenden. Die Mitnahme der Kegelscheiben $b$ und $d$ erfolgt über eine Stahlbüchse $f$,

---

[1] Hersteller: Speed Selector Inc., Chagrin Falls, Ohio (USA).
[2] Hersteller: Excelsior-Getriebebau Karl Rößler, Wüllen über Ahaus/Westf.

die mit einer kräftigen Kerbverzahnung versehen ist. Alle aufeinander gleitenden Teile sind durch den Simmerring $g$ gegen das Eindringen von Staub oder sonstigen Verunreinigungen geschützt. Die Verstellung erfolgt über die Spindeln $h$ und $i$ mit Rechts- und Linksgewinde, die zur Erleichterung der Montage zweiteilig ausgeführt sind. Diese Spindeln

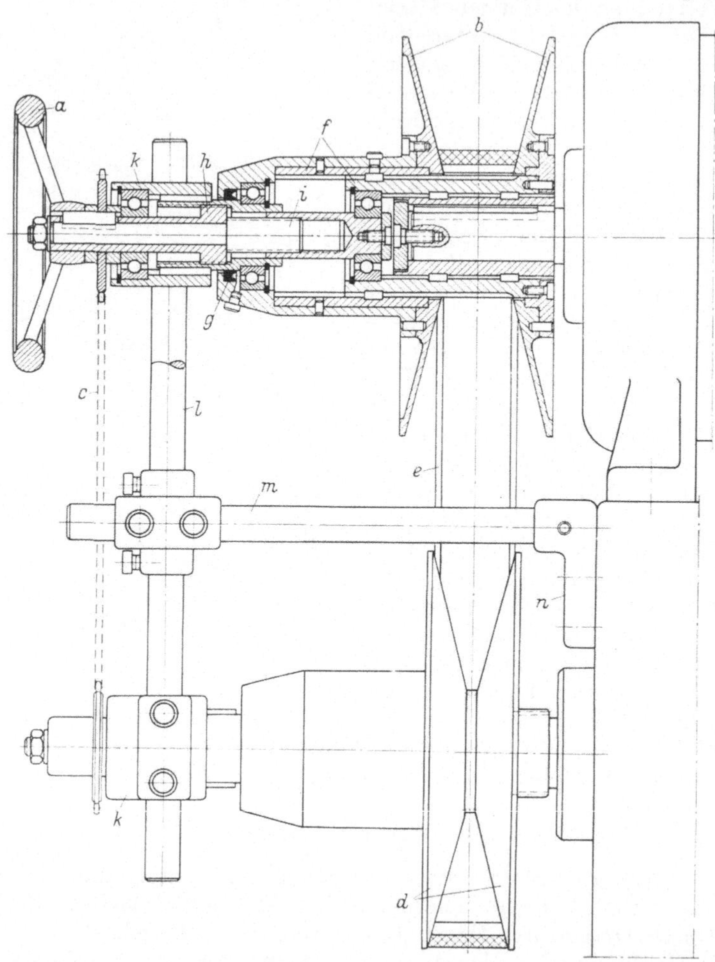

Abb. 139. Excelsior-Verstellscheiben. $a$ Handrad; $b$ verschiebbare Kegelscheiben auf der Antriebswelle; $c$ Übertragungskette; $d$ verschiebbare Kegelscheiben auf der Abtriebswelle; $e$ Keilriemen; $f$ verstellbare Stahlbüchsen; $g$ Simmerring; $h$ und $i$ Verschiebespindeln; $k$ Abstützung; $l$ Führungssäulen; $m$ Führungsholme; $n$ Konsol

dienen außerdem zur genauen Einstellung des Keilriemens $e$. Die Abstützung $k$ der Träger für den Verstellmechanismus ist in zwei senkrechten Führungssäulen $l$ gelagert und in ihrer Länge verstellbar, so daß verschiedene Achsabstände eingestellt werden können. Die Führungssäulen $l$ sitzen auf zwei Holmen $m$, die mit Hilfe eines Konsols $n$ am

Maschinenständer befestigt werden. Von der gleichen Herstellerfirma wird außerdem eine Gehäusebauart hergestellt, die in den Abb. 140 und 141 wiedergegeben ist.

In einem gußeisernen Gehäuse laufen in Kugellagern die treibende und die getriebene Welle; beide liegen parallel und sind als Mehrfach-

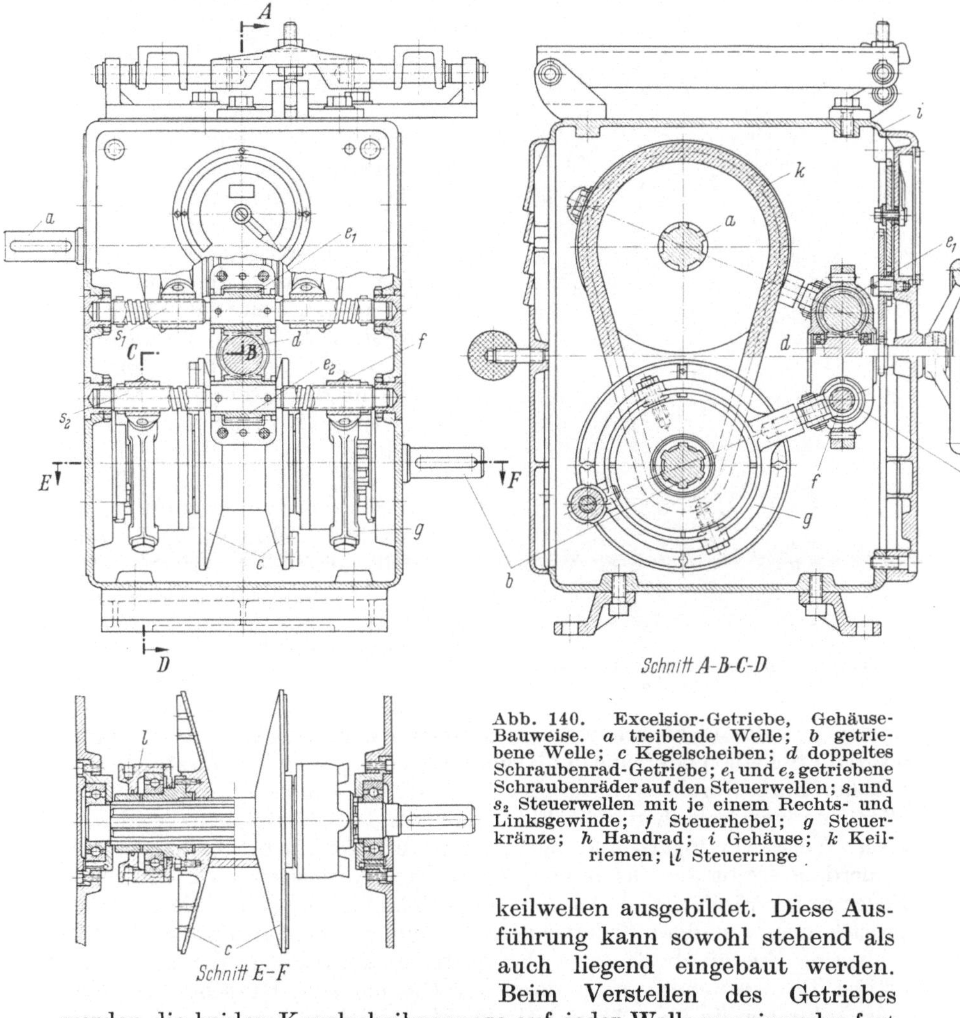


Abb. 140. Excelsior-Getriebe, Gehäuse-Bauweise. $a$ treibende Welle; $b$ getriebene Welle; $c$ Kegelscheiben; $d$ doppeltes Schraubenrad-Getriebe; $e_1$ und $e_2$ getriebene Schraubenräder auf den Steuerwellen; $s_1$ und $s_2$ Steuerwellen mit je einem Rechts- und Linksgewinde; $f$ Steuerhebel; $g$ Steuerkränze; $h$ Handrad; $i$ Gehäuse; $k$ Keilriemen; $l$ Steuerringe

keilwellen ausgebildet. Diese Ausführung kann sowohl stehend als auch liegend eingebaut werden. Beim Verstellen des Getriebes werden die beiden Kegelscheibenpaare auf jeder Welle voneinander fort bzw. aufeinander zu seitlich verschoben. Zwischen den Kegelscheibenpaaren läuft ein kräftiger Breitkeilriemen, der zur Kraftübertragung dient. Durch Drehen eines außen am Getriebegehäuse angeordneten Handrades $h$ oder auch elektrisch durch Druckknöpfe (auch Fernbetätigung ist möglich) werden über zwei Gewindespindeln $s_1$ und $s_2$, die je ein Rechts- und Linksgewinde tragen, die vier Steuerkränze $g$ seitlich verschoben, die die auf den Keilwellen sitzenden Kegelscheiben mit den Steuerringen $l$ axial in der zuvor geschilderten Weise verschieben. Demzufolge ändern sich die wirksamen Durchmesser der Kegelscheiben. Der Keilriemen erhält eine größere bzw. kleinere Umlaufgeschwindigkeit, wodurch sich die Drehzahl der Abtriebswelle stufenlos verändert. Die jeweilig eingestellte Drehzahl der Abtriebswelle kann an einer mit Zeiger versehenen Skala oder mit Hilfe von einem an die abgetriebene Welle angebautem Tachometer auch an anderer Stelle abgelesen werden.

Abb. 141. Blick in ein geöffnetes Excelsior-Getriebe

Die Steuerkränze zur Verstellung der Steuerringe und Kegelscheiben sind einmal in ihrer Querachse an zwei Punkten und außerdem in ihrer Längsachse drehbar gelagert. Ein Verkanten der auf den Steuernaben sitzenden Steuerringe wird somit unmöglich gemacht; außerdem werden die in den Steuerringen angeordneten Kugellager geschont.

Die Schmierung erfolgt durch deutlich erkennbar gemachte Schmiernippel mit Hilfe einer Fettspritze.

Die Excelsiorregelgetriebe unterscheiden sich von anderen ähnlichen Getriebeausführungen, bei denen der die Kraft übertragende Keilriemen gewaltsam zwischen die Kegelscheiben hineingezogen wird und dabei die Scheiben oder eine der Kegelscheiben gegen eine Federkraft wegdrücken muß, durch zwangsläufige gleichzeitige sinngemäße Verstellung aller vier Kegelscheiben. Die Flankenreibung des Keilriemens wird auf diese Weise verringert und der Riemenverschleiß wird herabgesetzt. Außerdem ergibt die Zusammenpressung der Kegelscheiben durch eine Feder mit veränderlicher Anpreßkraft (abhängig von der Federcharakteristik und von dem Federweg) nicht immer eine zuverlässige kraftschlüssige Energieübertragung; bei auftretenden Stößen oder bei ruckartiger Beanspruchung neigt dann der Riemen zum Rutschen, so daß Schwankungen in der Abtriebsdrehzahl entstehen können. Bei dem Excelsiorregelgetriebe entfernen sich die Kegelscheiben auf einer Welle immer zwangsweise in demselben Maße, wie sich die Kegelscheiben auf der anderen Welle nähern. Der Übertragungsriemen besitzt mithin keinerlei Verstellfunktion, sondern er dient ausschließlich zur Energieübertragung. Die beim Ändern der Kegelscheibendurchmesser entstehenden Längendifferenzen der Keilriemen werden, wie auch bei den meisten vorher beschriebenen Getrieben dieser Gruppe, entsprechend den Ausführungen in Abschn. 2.07 (S. 9 u. 10) durch entsprechende Profilierung der Kegelscheiben ausgeglichen, so daß die Keilriemen in jeder Verstellstellung straff gespannt werden, ohne daß Spannschuhe oder Spannrollen erforderlich sind. Hierdurch werden außerdem entstehender Schlupf, Leistungsabfall und Wirkungsgradverminderung verhindert.

Der für die Excelsior-Getriebe verwendete Breitkeilriemen besitzt offene Flanken; er hat infolgedessen eine gute Haftung an den Kegelflächen und zieht in jeder Altersphase besser durch als ein ummantelter Keilriemen, der, sobald die Gummischicht an seinen Flanken abgenutzt ist, zum Rutschen neigt. Daher ist der Abrieb an den Riemenflanken bei Verwendung derartiger Keilriemen und bei gleichzeitiger zwangsweiser Verstellung aller Kegelscheiben sehr gering, und die verwendeten Riemen haben eine lange Lebensdauer, die ungefähr der normaler Keilriemen auf normalen Keilriemenscheiben entspricht.

Bei Verwendung von nur einer verstellbaren Kegelscheibengruppe zusammen mit einer normalen Keilrillenscheibe beträgt der erreichbare Verstellbereich bei dieser Getriebebauart ungefähr 1:2,5, bei der zuletzt beschriebenen Gehäusebauart mit zwei zwangsläufig verstellbaren Kegelscheibenpaaren 1:10. Die Excelsior-Getriebe werden in zehn verschiedenen Größen für je nach den Drehzahlen übertragbare Leistungen von 0,05···75 PS ausgeführt.

## 6.15  Weber-Getriebe[1]

Bei dem Getriebe nach der schematischen Darstellung in Abb. 142 sind zwei Keilriemengetriebe so hintereinander geschaltet, daß treibende Welle $b$ und getriebene Welle $c$ miteinander fluchten. Bei dieser Bauart werden durch das Handrad über Zahnrad $a$ und Zahnstange $z$ die beiden innenliegenden oberen Kegelscheiben $p$ (in der Abbildung schwarz dargestellt) mit Hilfe einer Schaltgabel $e$ in axialer Richtung nach einer Seite, also entweder beide nach rechts oder beide nach links, verschoben. Dabei wird einer der beiden Keilriemen, beispielsweise der auf der treibenden Welle, nach außen auf einen größeren Laufradius, der zweite auf der getriebenen Welle nach innen auf einen kleineren Laufradius

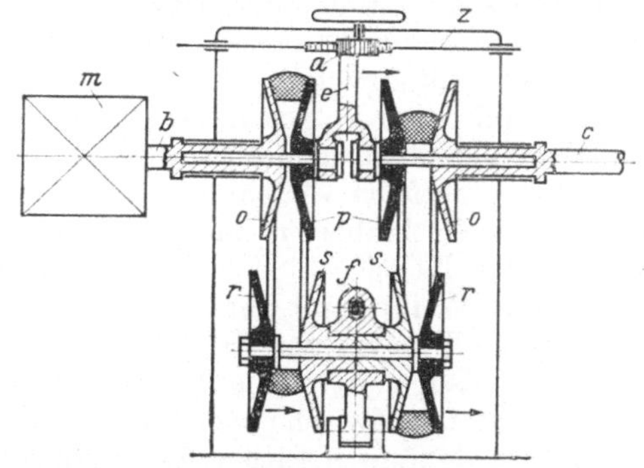

Abb. 142.  Schematische Darstellung des Weber-Getriebes. $a$ Verstellzahnrad; $b$ Motorwelle; $c$ Abtriebswelle; $e$ Schaltgabel; $f$ Schwinge; $m$ Motor; $o$ und $s$ feste Kegelscheiben; $p$ und $r$ verschiebbare Kegelscheiben; $z$ Zahnstange

---

[1] Herstellergemeinschaft: H. Weber, Maschinenfabrik, Kronach/Oberfranken und Ankerwerk Gebr. Goller, Nürnberg.

verrückt. Auf der parallel zu der treibenden und der getriebenen Welle angeordneten Zwischenwelle sind die beiden mittleren Kegelscheiben $s$ in axialer Richtung festgelegt, während die Kegelscheiben $r$, durch die Verbindungswelle fest miteinander verbunden, axial verschiebbar sind, so daß sich diese beiden Kegelscheiben entsprechend der Stellung von den Kegelscheiben $p$ frei einstellen können. Der Lagerkörper für die Zwischenwelle $f$ ist im Gehäuse schwenkbar eingebaut, er kann mit Hilfe einer quer liegenden Hilfsspindel gekippt werden, um bei Dehnungen der Übertragungsriemen durch Änderung des Achsabstandes die Riemenspannung nachstellen und konstant halten zu können. Der mögliche Verstellbereich bei dieser Bauart beträgt bis 1:10.

Bei allen Umschlingungsgetrieben, die das Drehmoment durch Reibung übertragen, darf die Drehzahl oder entsprechend die Laufgeschwindigkeit der Übertragungsmittel (Riemen) nicht beliebig erhöht werden, da bei Überschreitung einer gewissen Höchstgeschwindigkeit die Übertragungsmittel durch Fliehkräfte aus den Kegelscheiben herausgehoben werden würden, also diese nicht mehr durchziehen können und ein unerwünschter Schlupf eintreten würde. Hierdurch würde der Wirkungsgrad stark abnehmen. Aus diesem Grunde muß einerseits das spezifische Gewicht der Riemen, Ketten oder sonstigen Übertragungsmittel so gering wie möglich gehalten, andererseits deren konstruktive Ausführung in Verbindung mit hohen Festigkeitswerten der verwendeten Werkstoffe so vorgenommen werden, daß sich möglichst geringe Absolutgewichte ergeben. Erfahrungsgemäß können bei guten Keilriemen Umfangsgeschwindigkeiten bis zu $25 \cdots 30$ m/sek zur Anwendung kommen.

Während Abb. 142 das Weber-Getriebe schematisch wiedergab, ist Abb. 143 eine Längs- und Querschnittszeichnung dieser Getriebeausführung in Gehäusebauweise. Mit Hilfe des Verstellhebels $h$, an dem bei $v$ ein Zeiger zum Anzeigen der Abtriebsdrehzahl angebracht ist, wird die Welle $u$ mit dem aufgesetzten Ritzel $i$ verdreht, das die Zahnstange $z$ mit dem Verschiebearm $e$ parallel zu den Wellen $b$ und $c$, also auch die Verschiebemuffe $m$ verschiebt, in welcher, in Kugellagern gelagert, die beiden Kegelscheiben $p'$ und $p''$ geführt sind. Die treibende Welle $b$ ist mit der Kegelscheibe $o'$, die getriebene, mit der treibenden Welle fluchtende Welle $c$ mit der Kegelscheibe $o''$ fest verbunden. Um völlig synchronen Umlauf der Kegelscheiben $o$ und $p$ zu gewährleisten, sind diese Scheiben durch eine Reihe von Mitnehmerbolzen $t$ miteinander gekuppelt. Die Zwischenwelle $q$ ist in dem Lagerkörper $f$ gelagert, der um den im Gehäuse $a$ seitlich festliegenden Bolzen $l$ wippenartig schwenkbar ausgebildet ist und mit Hilfe der Spannfeder $j$, deren Spannung durch die Einstellspindel $w$ veränderlich ist, die gewünschte Spannung der Keilriemen $k'$ und $k''$ herbeiführt. Während die innen liegenden Kegelscheiben $s'$ und $s''$ auf der Zwischenwelle $q$ in axialer Richtung unverschiebbar gelagert sind, verschieben sich die äußeren Kegelscheiben $r'$ und $r''$ zusammen mit der Zwischenwelle $q$ selber den vorgenommenen Einstellungen der Kegelscheiben $p'$ und $p''$ entsprechend mit, wobei deren Axialstellung durch die Keilriemen erzwungen wird.

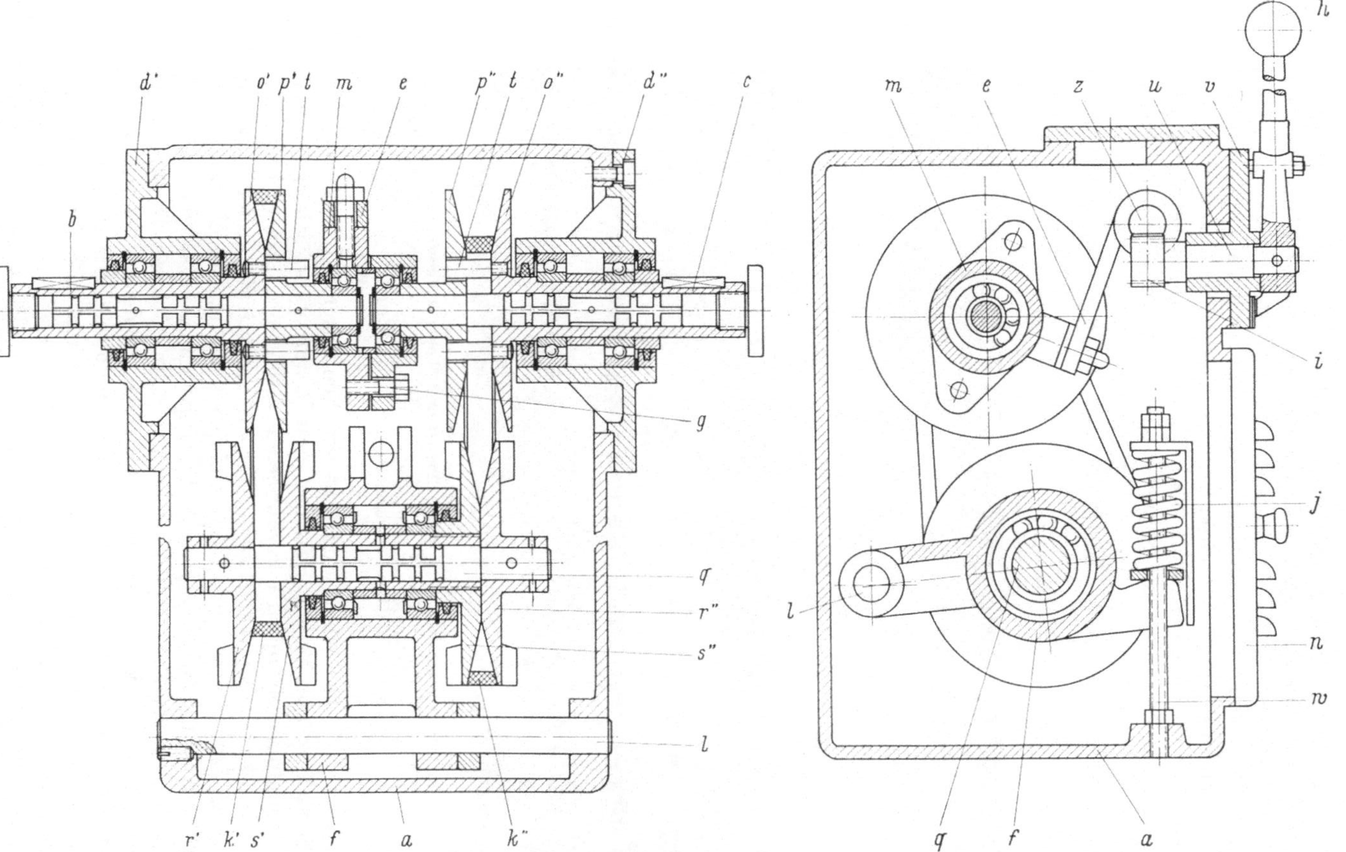

Abb. 143. Weber-Getriebe. $a$ Gehäuse; $b$ Antriebswelle; $c$ Abtriebswelle; $d'$ und $d''$ Lagerflansche; $e$ Verschiebarm; $f$ Lagerkörper für Zwischenwelle $q$; $g$ Verbindungsschrauben; $h$ Verstellhebel; $i$ Verstellritzel; $j$ Spannfeder; $k'$ und $k''$ Keilriemen; $l$ Schwenkbolzen für Lagerkörper $f$; $m$ Verschiebemuffe; $n$ Gehäusedeckel; $o'$ und $o''$ feststehende Kegelscheiben auf den Wellen $b$ und $c$; $p'$ und $p''$ verschiebbare Kegelscheiben auf den gleichen Wellen; $q$ Zwischenwelle; $r'$ und $r''$ verschiebbare Kegelräder auf der Zwischenwelle $q$; $s'$ und $s''$ feststehende Kegelräder auf der Zwischenwelle; $t$ Mitnehmerbolzen; $u$ Verstellwelle; $v$ Anzeigeskala; $w$ Einstellspindel für Spannfeder $j$; $z$ Zahnstange

Bedingt durch den symmetrischen Aufbau der Grundtypen dieses Getriebes ist es möglich, bei den Getrieben der Typen RG und RF An- und Abtriebsseite zu vertauschen. Diese Getriebe können je nach Bedarf stehend oder liegend, also in horizontaler oder in vertikaler Lage eingebaut werden. Ein Drehrichtungswechsel kann bei allen WEBER-Getrieben auch während des Betriebes erfolgen. Das Verstellverhältnis beträgt 2,45:1 ins Langsame bis 1:2,45 ins Schnelle, also insgesamt 1:6, bei einigen Modellen bis 1:10.

Abb. 144 zeigt dieses Getriebe in photographischer Schnittdarstellung, und zwar das Modell RG mit vertikaler Anordnung der Achse für den

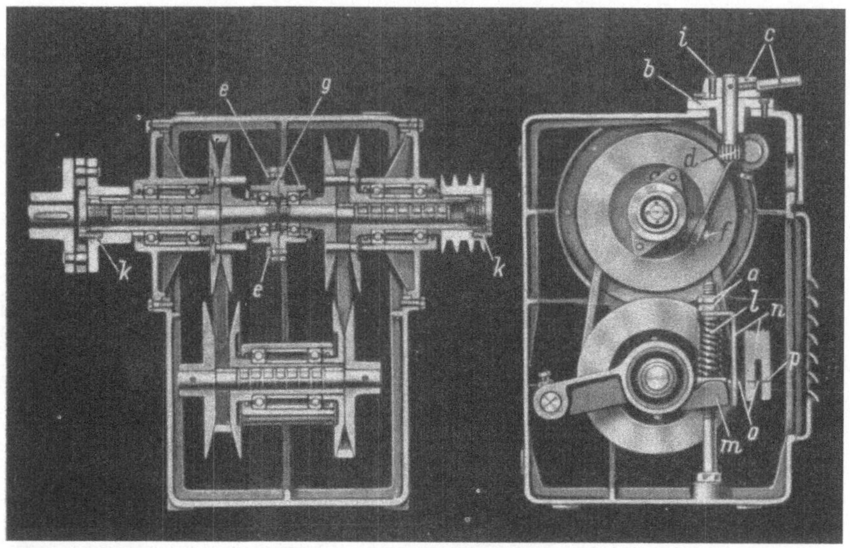

Abb. 144. Weber-Getriebe Modell RG (photogr. Schnittwiedergaben). *a* Einstellmuttern für Federspannung; *b* Anzeigeskala; *c* Verstellhebel und Kopf; *d* Verstellritzel; *e* Verbindungsschrauben; *f* Verschiebearm; *g* Verschiebemuffe; *i* Federraste für Verstellkopf; *k* Stiftschrauben; *l* Spannfeder; *m* Lagerkörper für Zwischenwelle; *n* Widerlager für Spannfeder; *o* Übertragungsbolzen; *p* Einstellstift

Verstellhebel *c*. Die Abbildung läßt deutlich erkennen, daß die Verschiebemuffe *g* aus Montagegründen geteilt ausgeführt ist und durch die Verbindungsschrauben *e* zusammengehalten wird. Im rechten Teil von Abb. 144 ist das Widerlager *n* für die Spannfeder außer in seiner wirklichen Lage um 90° geschwenkt eingetragen, um die Funktion der Kraftübertragung auf den pendelnd gelagerten Lagerkörper der Zwischenwelle zu zeigen. Abb. 145 vermittelt in gleicher Darstellungsweise einen Einblick in das gleiche Getriebe. Modell WAV mit angeflanschtem Motor und mit einem nachgeschalteten zweistufigen Stirnraduntersetzungsgetriebe, wobei zu bemerken ist, daß die für dieses Untersetzungsgetriebe verwendeten Stirnräder bei den neuesten Ausführungen schräg verzahnt ausgeführt werden. Diese Getriebebauart kann bis zu übertragbaren Leistungen von 20 PS geliefert werden, wobei

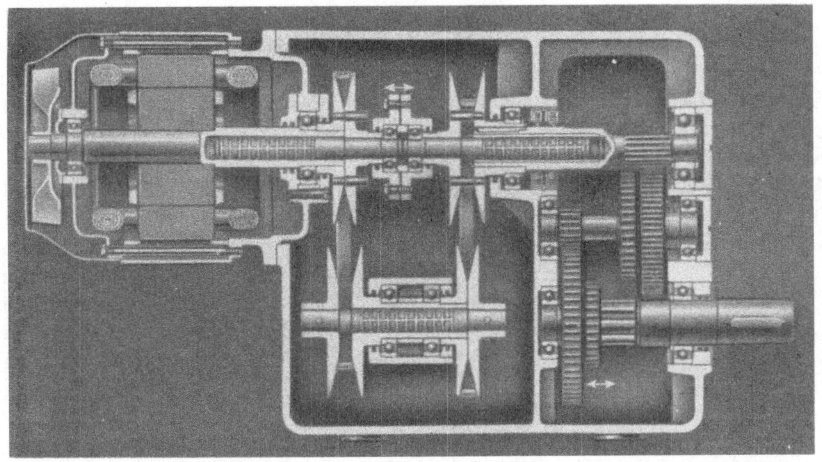

Abb. 145. Weber-Getriebe Modell WAV mit Stirnraduntersetzung (photogr. Längsschnitt)

entsprechend dem Beispiel nach Abb. 145 verschiedenartige Stirn- und Schneckenradgetriebe nachgeschaltet werden können. Die Wirkungsgrade der stufenlosen Getriebe dieser Bauart liegen nach Angabe der Herstellerfirma zwischen 80 und 85% bei normalen Betriebsverhältnissen, was Getriebetemperaturen von durchschnittlich $50 \cdots 70$ °C entspricht.

Die Verstellung auch dieser Getriebe kann, falls erwünscht, durch Fernsteuerung erfolgen (vgl. Abb. 146), bei der ein besonderer Hilfsmotor über ein Mehrfachschneckengetriebe mit einer Untersetzung von 1:1050 den mechanischen Verstellmechanismus betätigt. Dieser Hilfsmotor besitzt bei allen Getriebegrößen eine Leistung von 0,18 PS bei einer Drehzahl von 1350 U/min. In das erwähnte Getriebe ist eine einstellbare Rutschkupplung eingebaut, die ein maximales Drehmoment von ungefähr 4 mkg zu übertragen gestattet.

Abb. 146. Weber-Getriebe Modell WAZ 2, mit Fernsteuerung, Außenansicht

7*

## 6.16 Wülfel-Getriebe [1]

Das Wülfel-Regelgetriebe, dessen grundsätzliche Wirkungsweise in Abb. 147 dargestellt ist, ist ebenfalls ein doppeltwirkendes Umschlingungsgetriebe unter Verwendung von üblichen Keilriemen. Die beiden Keilriementriebe verbinden ähnlich wie vorher die Antriebs- mit der Abtriebswelle ($b$ und $c$), die beide miteinander fluchten, unter Einschaltung einer Zwischenwelle $l$. Jedes der vier Kegelscheibenpaare besteht aus einer fest auf der Welle angeordneten und aus einer axial verschiebbaren Kegelscheibe. Die beiden verschiebbaren Kegelscheiben auf der Vorgelege- oder Zwischenwelle $i'$ und $i''$ (außen) sind auf der gemeinsamen Welle $l$ befestigt, die sich zusammen mit ihnen axial in der als Hülse ausgebildeten Verbindungswelle der axial unverschiebbaren Kegelscheiben $j'$ und $j''$ (innen) verschieben läßt. Die verschiebbaren Kegelscheiben auf der treibenden und auf der getriebenen Welle $e'$ und $e''$ sind zwangsläufig durch eine Schaltgabelkonstruktion $d$ hinsichtlich ihrer Axialstellung miteinander verbunden, die durch das Handrad $h$ über die Gewindespindel $g$ verstellt werden kann. Bei der Drehung des Handrades öffnet sich die Keilrille des einen Scheibenpaares, während sich die Rille des anderen Scheibenpaares mehr schließt. In der sich öffnenden Rille wandert der Keilriemen $k'$ oder $k''$ nach innen und in der sich schließenden nach außen. Die gegenüberliegenden Keilrillen der Kegelscheiben auf der Zwischenwelle verhalten sich umgekehrt, da sich die axial verschiebbaren Kegelscheiben $i'$ und $i''$ durch den Flankendruck der Keilriemen selbsttätig und gemeinsam einstellen. Die Keilriemen nehmen dabei gleichzeitig auf allen vier Laufkreisen andere Radien ein; es ändern sich also gleichzeitig die Übersetzungen beider Keilriemengetriebe.

Das beschriebene Getriebe ist vollkommen symmetrisch gebaut. An- und Abtriebsseite können vertauscht, auch die Drehrichtung kann belie-

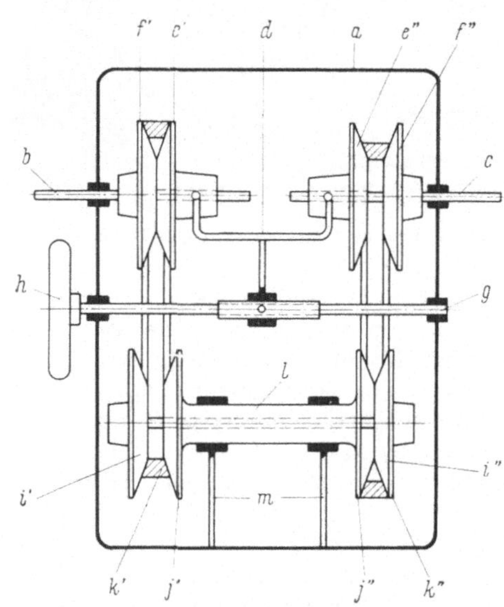



Abb. 147. Wülfel-Verstellgetriebe, Prinzip der Wirkungsweise. $a$ Gehäuse; $b$ Antriebswelle; $c$ Abtriebswelle; $d$ Verschiebegabel; $e'$ und $e''$ verschiebbare Kegelscheiben auf den Wellen $b$ und $c$; $f'$ und $f''$ feststehende Kegelscheiben auf den gleichen Wellen; $g$ Gewindespindel; $h$ Verstell-Handrad; $i'$ und $i''$ verschiebbare Kegelscheiben auf der Zwischenwelle $l$; $j'$ und $j''$ feststehende Kegelscheiben auf der Zwischenwelle; $k'$ und $k''$ Keilriemen; $l$ Zwischenwelle; $m$ Lagerkörper für Zwischenwelle

---

[1] Hersteller: Eisenwerk Wülfel, Hannover-Wülfel.

big gewählt werden. Die Anordnung der verschiebbaren Kegelscheiben über Kreuz hat zur Folge, daß die Keilriemen stets gerade und in der gleichen Ebene laufen. Die Vorgelege- oder Zwischenwelle $l$ ist von der An- und Abtriebswelle unabhängig gelagert und wird durch Federkraft nachgestellt, so daß die Keilriemen bei eintretender Dehnung selbsttätig nachgespannt werden. Die größeren Getriebemodelle dieser Bauart unterscheiden sich von der in Abb. 147 prinzipiell und in Abb. 148 als Einblick in das offene Getriebe dargestellten Ausführungsweise dadurch, daß jeweils 2—3 Keilriemenpaare zur Steigerung der Übertragungsfähigkeit parallel arbeiten. Bei allen Bauarten können die Keilriemen ausgewechselt werden, ohne daß es erforderlich wird, das Gehäuse auseinanderzunehmen oder die Wellen auszubauen. Alle Wellen laufen in Wälzlagern, die in staub- und fettdichten Gehäusen eingebaut sind. Das Getriebe kann sowohl mit oben, als auch mit unten liegender Ein- und Ausgangswelle, aber auch bei beschränkt verfügbaren Einbauhöhen liegend ausgeführt werden.

Fernbedienung bzw. elektrische Fernverstellung des Getriebes ist möglich. Abb. 149 zeigt das Modell Oke 22 dieser Getriebebauart mit elektrischer Fernsteuerung durch Druckknopf und Walzenwendeschalter. Diese Anordnung erlaubt die Drehzahlen feinfühlig von jeder beliebigen Stelle aus zu verändern.

Das Getriebe wird in sieben verschiedenen Größen und jede Größe in mehreren verschiedenen Anordnungen gebaut. Der maximale Verstellbereich beträgt 1:10. Je nach

Abb. 148. Getriebe nach Abb. 147, Modell Ok 21. Photodarstellung der Vorderansicht mit geöffnetem Deckel

Abb. 149. Getriebe nach Abb. 147, Modell Oke 22 mit elektrischer Fernsteuerung

den Drehzahlen und Verstellbereichen können Leistungen von $1 \cdots 55$ PS übertragen werden. Über die erreichbaren Wirkungsgrade gilt sinngemäß das im vorigen Abschnitt Gesagte.

## 6.17 Allspeed-Getriebe[1]

Das Allspeed-Getriebe ähnelt hinsichtlich seines grundsätzlichen Aufbaues dem vorher beschriebenen Getriebe (Abb. 150). Auch bei dieser Konstruktion fluchtet die treibende ($a$) mit der getriebenen Welle $w$. Beide Wellen sind in kräftig gehaltenen Kugellagern gelagert und tragen

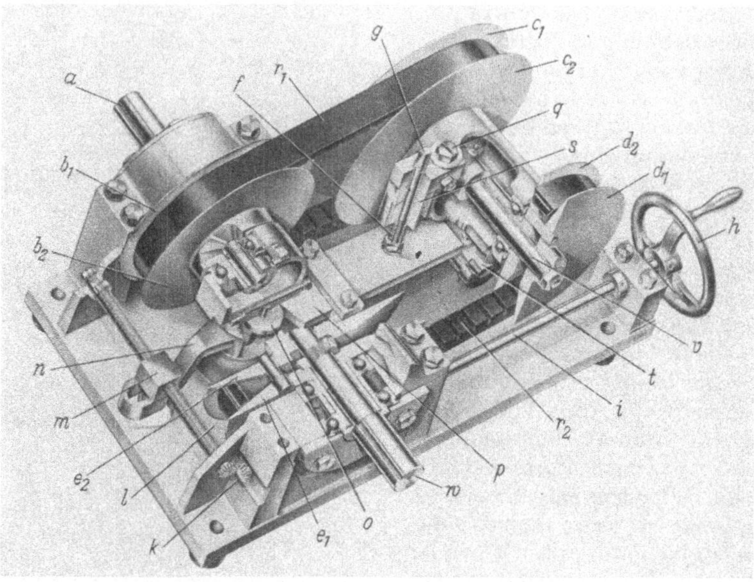

Abb. 150. Allspeed-Getriebe. $a$ Antriebswelle; $b_1$ feste Kegelscheibe auf Antriebswelle; $b_2$ verschiebbare Kegelscheibe auf Antriebswelle; $c_1$ und $d_1$ bewegliche Kegelscheiben auf Zwischenwelle; $c_2$ und $d_2$ feste Kegelscheiben auf Zwischenwelle; $e_1$ feste Kegelscheibe auf Abtriebswelle; $e_2$ verschiebbare Kegelscheibe auf Abtriebswelle; $f$ Feder; $g$ Anzeigestift; $h$ Handrad; $i$ Verstellwelle; $k$ Kegelräder; $l$ Verstell-Gewindespindel; $m$ Mitnehmermutter; $n$ Verstellhebel; $o$ Nockenscheibe; $p$ Schieber zur Korrektur der Riemenspannung; $q$ Einstellschraube für Riemen-Grundspannung; $r_1$ und $r_2$ bewehrte Keilriemen; $s$ Anzeigerbüchse für Riemenspannung; $t$ Schwenkachse für Lagerung der Zwischenwelle; $v$ Zwischenwelle; $w$ Abtriebswelle

je eine feste ($b_1$ und $e_1$) sowie je eine verschiebbare Kegelscheibe ($b_2$ und $e_2$). Die axiale Verstellung der beiden innen liegenden verschiebbaren Kegelscheiben erfolgt durch das Handrad $h$, über die Welle $i$, die Kegelräder $k$ und die Gewindespindel $l$. Drehung dieser Gewindespindel bewirkt eine Verschiebung der Mitnehmermutter $m$ und damit eine Schwenkung des Verstellhebels $n$, so daß eine gleichsinnige Verschiebung der beiden Kegelscheiben $b_2$ und $e_2$ herbeigeführt wird. Die Vorgelege- oder Zwischenwelle $v$ ist auch bei dieser Ausführung um die Schwenk-

---

[1] Hersteller: Worthington Corp., Harrison, New Jersey, USA.

achse $t$ pendelnd gelagert; sie trägt zwei feste Kegelscheiben $c_2$ und $d_2$, während die beiden Kegelscheiben $c_1$ und $d_1$ durch die Keilriemen $r_1$ und $r_2$ frei axial verschiebbar sind. Um die Riemenspannung für alle Getriebe-Einstellungen konstant zu halten, wird beim Schwenken des Verstellhebels $n$ die exzentrisch gelagerte Nockenscheibe $o$ mitgedreht, die auf einen Schieber $p$ einwirkt, der den Schwenkwinkel der Zwischenwelle korrigiert. Eine weitere Einrichtung gestattet bei diesem Getriebe, die Grundspannung des Riemens bei oder nach Montage so einzustellen, daß maximale Lebensdauer erreicht wird. Der kalibrierte Anzeigestift $g$ zeigt, wann man aufhören muß, die Riemen weiter zu spannen, was durch die Einstellschraube $q$ erfolgt.

Alle Getriebe dieser Bauart werden für Übertragung eines gleichbleibenden Drehmomentes gebaut. Der Einbau kann stehend oder liegend vorgenommen werden. Das Auswechseln der Riemen kann nach Fortnahme seitlicher Deckel ohne Schwierigkeiten und ohne alle weiteren Demontagen erfolgen. Als Übertragungsriemen werden durch Cord-Seile verstärkte, gewölbt profilierte und innen verzahnte Spezialriemen verwendet, die speziell für stufenlos verstellbare Getriebe von der Herstellerfirma in Zusammenarbeit mit Goodyear entwickelt worden sind. Nach Angaben der Herstellerin schwankt der Wirkungsgrad dieses Getriebes zwischen 90 und 98%; die höchsten Wirkungsgrade werden bei Riemengeschwindigkeiten von rd. 20 m/sek erreicht.

## 6.18 Borgna-Variator[1]

Bei dem Getriebe nach Abb. 151, das in Einstrang- und auch in Zweistrangausführung geliefert wird, sind treibende $a$ und getriebene Welle $d$ hohl ausgeführt. Die treibende Welle $a$ ist durch einen flanschartigen Bund fest mit der Kegelscheibe $c_2$, die getriebene Welle $d$ durch einen ähnlichen, aber weiter links sitzenden Bund fest mit der Kegelscheibe $t_2$ verbunden. Die Kegelscheiben $c_1$ und $t_1$ hingegen sind axial verschiebbar, jedoch durch Mitnehmerbolzen $f$ mit ihren Wellen drehmomentverbunden. Die axiale gegensinnige Verschiebung der Kegelscheiben $c_1$ und $t_1$ erfolgt durch das Handrad $h$, das erforderlichenfalls auch durch einen Hilfsmotor ersetzt werden kann, über das Schneckengetriebe $i$ und die Verstellwelle $k$. An beiden Enden ist in diese Verstellwelle eine Verzahnung eingefräst, durch die die beiden sich nicht drehenden und mit einer Außenzahnstange versehenen Verstellmuffen $l$ und $l'$ gleichsinnig verschoben werden. Im Innern der Verstellmuffen befindet sich — gegen axiale Verschiebung relativ zu den Verstellmuffen gesichert — je ein Ring, in den je ein Querbolzen $m$ eingreift, der durch die geschlitzte Welle $a$ hindurchgeht und in der Ausgleichstange $g$ steckt. In dieser sitzt außerdem auf der linken Seite der Mitnehmerbolzen $f$, der durch weitere Schlitze in der Welle $a$ hindurch in die Nabe $e$ der verschiebbaren Kegelscheibe $c_1$ eingreift. Für die Scheiben auf der getriebenen Welle greift ein solcher Mitnehmerbolzen entsprechend in

---

[1] Hersteller: Borgna Costruzioni Meccaniche, Pinerolo, Italien.

die Nabe $w$ ein, die mit der rechten Kegelscheibe $t_1$ fest verbunden ist. Die axiale Verschiebung der Kegelscheiben $c_1$ und $t_1$ erfolgt also im Gegensinn. Zur Korrektur der Riemenlängen und zur Konstanthaltung der Riemenspannung dient eine auf die treibende Welle $a$ rechts außen aufgeschraubte, innen mit kurvenförmig verlaufender Bohrung versehene Hülse $p$. Der Querbolzen $m$ legt sich in seiner Mitte gegen den

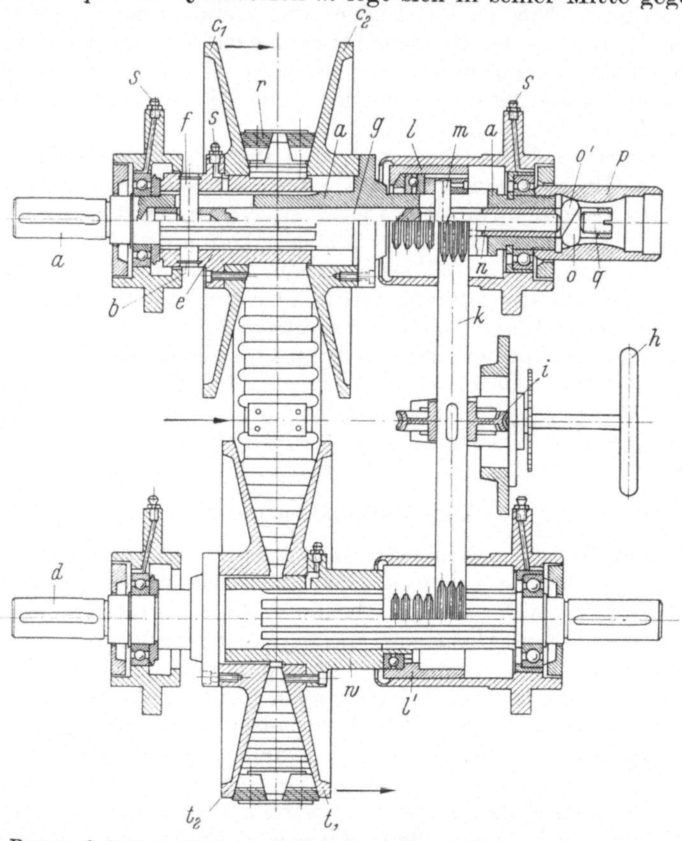

Abb. 151. Borgna-Getriebe mit Doppelkeilriemen und selbsttätiger Korrektureinrichtung für Riemenlänge. $a$ treibende Welle; $b$ Spreizringe zum Halten von $f$; $c_1$ verschiebbare Kegelscheibe auf der treibenden Welle; $c_2$ feste Kegelscheibe auf der treibenden Welle; $d$ getriebene Welle; $e$ Nabe für $c_1$; $f$ Mitnehmerbolzen; $g$ Ausgleichstange; $h$ Handrad; $i$ Schneckengetriebe; $k$ Verstellwelle; $l$ und $l'$ axial verschiebbare Verstellmuffen; $m$ Querbolzen zur Korrektureinrichtung; $n$ Übertragungsstift zur Korrektureinrichtung; $o$ und $o'$ Doppelkeile; $p$ Korrekturhülse; $q$ Einstellschraube; $r$ Doppelkeilriemen nach Abb. 152; $s$ Schmiernippel; $t_1$ verschiebbare Kegelscheibe auf der getriebenen Welle; $t_2$ feste Kegelscheibe auf der getriebenen Welle; $w$ Nabe für $t_1$.

in der angebohrten Ausgleichstange angeordneten Übertragungsstift $n$, der mit seinem rechten Ende gegen die Doppelkeile $o$ und $o'$ drückt. Bei einer Verschiebung der Ausgleichstange $g$ werden diese Doppelkeile durch die Kurvenform der Bohrung in der Hülse $p$ mehr oder weniger zusammengedrückt und veranlassen so eine selbsttätige Nachstellung der Riemenlängen bei den verschiedenen Einstellungen des Getriebes.

Als Übertragungsmittel wird bei diesem Getriebe ein Doppel-Keilriemen verwendet, dessen Aufbau Abb. 152 zu entnehmen ist. Zwei nebeneinander liegende, innen verzahnte und mit einer Textileinlage versehene Gummi-Keilriemen sind in regelmäßigen Abständen innen und außen durch Schuhe $s$ bzw. durch Laschen $e$ verbunden und versteift, die aus Aluminium bestehen. Verbreiterte Laschen $e'$ und Schuhe $s'$ dienen als Riemenschloß. Nach Angaben der Herstellerfirma wird durch die Verwendung derartiger Doppelkeilriemen die Schmiegsamkeit und die Kühlung der Laufflächen verbessert, außerdem soll hierdurch die innere Walkarbeit verringert werden.

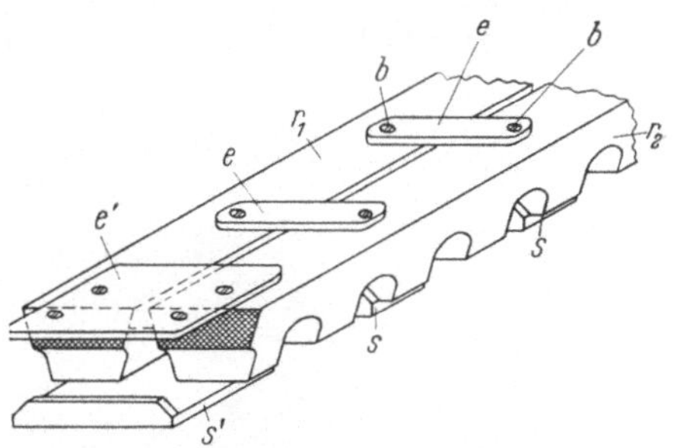

Abb. 152. Doppel-Keilriemen nach Abb. 151. $s$ bzw. $e$ Verbindungsschuh bzw. -lasche; $s'$ bzw. $e'$ Riemenschloß; $b$ Schrauben

## 6.19 Flender-Variator[1]

Übliche Flachriemen aus Leder oder Textilien würden sich bei Getrieben der vorbeschriebenen Bauarten gekrümmt in die Kegelrillen hineinziehen. Um solche Flachriemen wegen ihres geringen Gewichtes und der dadurch bedingten kleinen Fliehkräfte dennoch verwenden zu können, werden mit Querversteifungen versehene Sonderausführungen benutzt. Ein stufenlos verstellbares Getriebe, das solche versteiften Sonderflachriemen verwendet, ist der Flender-Variator nach Abb. 153. Die hierbei benutzten Sonderflachriemen zeigen die Abb. 154—156. Die in Abb. 154 dargestellte endliche Ausführung ist eine Art Gliederkeilriemen, was seine äußere Form anbetrifft. Der eigentliche Riemen oder das die Kräfte übertragende Zugband besteht aus einem gummierten Baumwollgewebe. Sowohl auf der Innen- als auch auf der Außenseite sind auf dieses Band keilförmige, also nach innen abgeschrägte Formstücke aufgesetzt, die aus imprägniertem Holz bestehen und an ihren abgeschrägten Außenflächen aufgeklebte Lederplättchen tragen. Diese Riemen werden endlich hergestellt und durch eine in der Abb. 154 erkennbare Schloßverbindung endlos gemacht.

Bei dem anderen, in den Abb. 155 und 156 dargestellten Riemen ist das Zugband bereits endlos hergestellt. Dieses Zugband besteht aus einem in vielen Lagen endlos gewickelten Drahtseil (in Abb. 156 gut zu erkennen), das in Gummi gebettet und zusammen mit einem Hüllband aus Baumwollgewebe vulkanisiert wird. Bei diesem endlosen Riemen werden Klötze aus einem verschleißbeständigen Kunststoff verwandt. Zur Vermeidung von Beschädigungen der einzelnen Stahlseilwindungen werden die Löcher zum Befestigen der Riemenklötze schon bei der Herstellung und bei dem Wickeln des Bandes vorgesehen. Beide Zugband-

---

[1] Hersteller: A. Friedr. Flender & Co., Bocholt.

arten werden mit Gummi vulkanisiert; Balata wird wegen seiner Wärmeempfindlichkeit nicht mehr verwendet.

Das in Abb. 153 dargestellte Getriebe wird durch die Handkurbel $e$ und das vorn erkennbare Hebelsystem $c$ verstellt. Dabei werden beispielsweise die Kegelscheiben $a$ auf der oberen Welle einander genähert und gleichzeitig die Kegelscheiben auf der unteren Welle um das gleiche Maß ausein-

Abb. 153. Flender-Getriebe. $a$ Kegelscheiben; $b$ Gliederkeilriemen; $c$ Hebelsystem; $d$ Gewindespindeln; $e$ Handkurbel; $f$ Führungsmutter; $g$ Kurve; $h$ Einstellschrauben; $i$ Begrenzungsstange

andergerückt. Die Hebel werden durch zwei Spindeln mit Rechts- und Linksgewinde $c$, die Spindeln selbst durch Schnecke und Schneckenrad von der Handkurbel aus bewegt. Um die Spannung des Übertragungsriemens ohne besondere Spannschuhe konstant zu halten, werden die zur Verstellung der Kegelscheiben dienenden beiden zweiarmigen Winkelhebel an dem Schnittpunkt ihrer Winkelarme durch die Muttern $g$ geführt. Die Hebel sind um diese Führungsstelle drehbar und an einer Seite auf einer besonders geformten Kurve $f$ abgestützt. Die genaue Einstellung kann mit Hilfe der Einstellschrauben $h$ erfolgen, zur Begrenzung der Verschiebebewegung der Kegelscheiben dienen die Einstellstangen $i$.

Die Flender-Variatoren werden in fünf verschiedenen Größen bei einem stufenlosen Verstellbereich von 1:2 bis 1:5 und je nach den Dreh-

Abb. 154. Endlicher Textil-Flachriemen mit innen und außen aufgesetzten Versteifungskeilen

Abb. 155. Endloser Zugband-Flachriemen mit innen und außen aufgesetzten Kunststoffkeilen und mit Drahtseil-Verstärkung

zahlen für die Übertragung von Leistungen von $0,36 \cdots 22$ PS gebaut. Auch bei dieser Getriebebauart können je nach den Anwendungsverhältnissen verschiedenartige Zahnradgetriebe vor- oder nachgeschaltet werden, so daß praktisch alle Antriebsforderungen erfüllt werden können. Anbau mechanischer oder elektrischer Fernverstelleinrichtungen ist möglich. Der Wirkungsgrad des Getriebes liegt in der Größenordnung üblicher Keilriemengetriebe.

Flachriemen mit aufgesetzten Versteifungselementen werden auch von folgenden weiteren Firmen verwendet:

Crofts Ltd., Bradford/Yorks., England,
Gerbing Manufacturing Corp.,
   Northbrook/Ill., USA,
Lewellen Manufacturing Corp.,
   Columbus/Ind., USA,
Reeves Pulley Comp., Columbus/Ind., USA und
U. S. Electrical Motors Inc.,
   Los Angeles/Cal., USA.

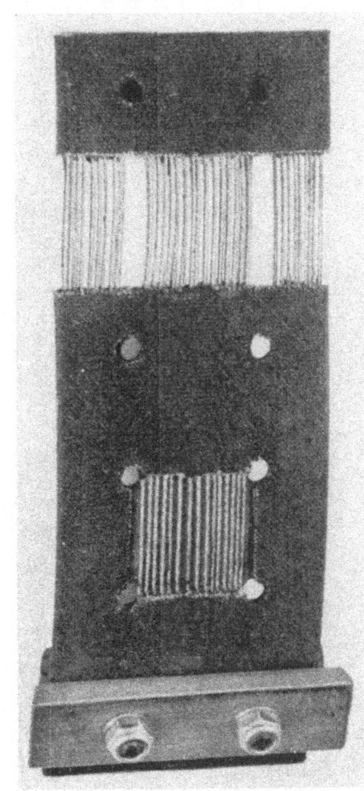

Abb. 156. Band-Aufbau bei dem endlosen Riemen nach Abb. 155

## 6.20 Mehrfach - Keilriemen - Verstellgetriebe (und Verstellscheiben)

Die übertragbare Leistung von Verstellscheiben und mit solchen ausgerüsteten Getrieben kann durch Parallelschaltung mehrerer Keilriemen beträchtlich erhöht werden. Von den zahlreichen Konstruktionen, die diesem Ziel nachstreben, seien nachstehend einige interessante Beispiele beschrieben.

**6.201 Bauart Crofts[1].** Bei der in Abb. 157 im Längsschnitt dargestellten Verstellscheibe laufen die beiden Riemen $r_1$ und $r_2$ parallel. Die beiden Kegelscheiben $a_1$ und $a_2$ sind fest axial unverrückbar auf der Nabe $h$ angebracht, die beispielsweise auf die Welle eines Elektromotors aufgesteckt werden kann. Die Kegelscheiben $b_1$ und $b_2$ sind auf der Nabe $h$, mit der sie durch eine Paßfeder verbunden werden, verschiebbar. Die Anpressung wird bei dieser Ausführung durch eine zentrisch angeordnete Spiralfeder $f$ herbeigeführt, die gegen das Eindringen von Staub und Schmutz durch eine teleskopartig verstellbare Kappe $k$ geschützt wird. Der größte Verstellbereich ist bei dieser Bauart mit $1:3$ begrenzt.

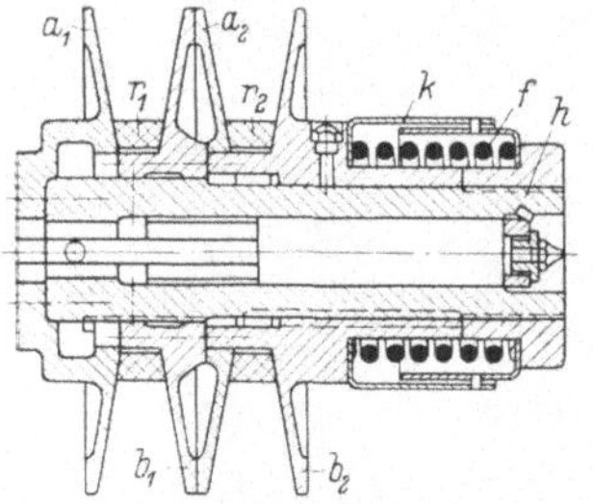

Abb. 157. Stufenlose Doppel-Verstellscheibe mit Federanpressung nach CROFTS. $a_1$ und $a_2$ feste Kegelscheiben; $b_1$ und $b_2$ verschiebbare Kegelscheiben; $f$ Anpreßfeder; $h$ Innen-Nabe; $k$ Schutzkappen; $r_1$ und $r_2$ parallel laufende Keilriemen

**6.202 Vari-Pitch-Getriebe[2].** In diesem Getriebe laufen drei Keilriemen parallel (Abb. 158). Während die Kegelscheiben $b_1$ auf der treibenden Welle $a$ und die Kegelscheiben $x_1$ fest auf der getriebenen Welle $w$ mit Hilfe von je einer verbindenden Übertragungshülse $c$ angeordnet sind, können die Kegelscheiben $b_2$ und $x_2$ als Gruppen gegensinnig axial ver-

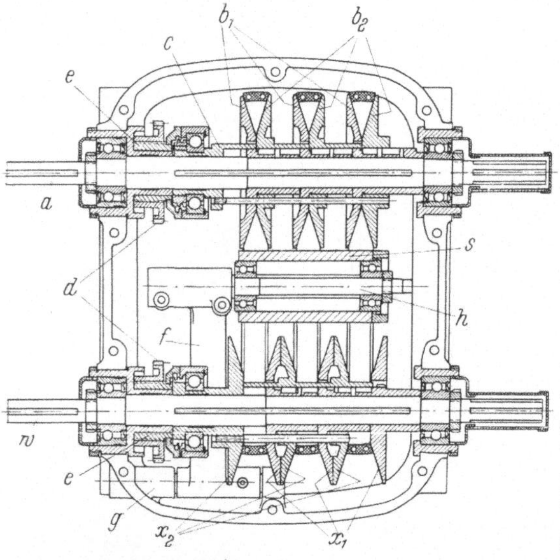

Abb. 158. Mehrfach-Keilriemengetriebe von ALLIS-CHALMERS. $a$ treibende Welle; $b_1$ fest auf der treibenden Welle angeordnete Kegelscheiben; $b_2$ verschiebbar auf der treibenden Welle angeordnete Kegelscheiben; $c$ Übertragungshülse; $d$ Schneckenräder; $e$ verschiebbare Gewindehülse; $f$ schwenkbarer Traghebel für Spannrolle; $g$ Schwenkachse für $f$; $h$ Lagerbolzen für Spannrolle; $s$ Spannrolle; $w$ getriebene Welle; $x_1$ fest auf der getriebenen Welle angeordnete Kegelscheiben; $x_2$ verschiebbar auf der getriebenen Welle angeordnete Kegelscheiben

---

[1] Hersteller: Crofts Ltd., Bradford, Yorks., England.
[2] Hersteller: Allis-Chalmers Manufacturing Comp., Milwaukee/Wisc. (USA).

schoben werden. Diese Verstellung erfolgt durch eine in der Abbildung nicht sichtbare, vor der Schnittebene angeordnete Verstellwelle, die von Hand oder durch einen Hilfsmotor gedreht wird und die zwei Schnecken trägt. Diese Schnecken greifen in die Schneckenräder $d$ ein und verdrehen diese synchron. Beide Schneckenräder sind innen mit Gewinde versehen, so daß bei ihrer Drehung die Außengewinde tragenden Hülsen $e$, die sich nicht mitdrehen können, axial verschoben werden und bei ihrer Verschiebung die beweglichen Kegelscheibengruppen im Gegensinn mitnehmen. Zur Herbeiführung der erforderlichen Riemenspannung dient die zylindrische Spannrolle $s$, die auf einem feststehenden, aber schwenkbar gelagerten Bolzen $h$ über Wälzlager umläuft. Der Lagerbolzen $h$ ist fest in den schwenkbaren Traghebel $f$ eingespannt, der um die Achse $g$ pendelnd so aufgehängt ist, daß das Gewicht von Spannrolle und Schwenkhebel ohne Federunterstützung die notwendige Riemenspannung bewirkt.

Getriebe dieser Bauart werden für übertragbare Leistungen von $1^1/_2$—75 PS gebaut. Das Verstellverhältnis zwischen kleinster und größter Abtriebsdrehzahl liegt bei 1:3 bis 1:3,75 bei Antriebsdrehzahlen von 200$\cdots$1500 U/min. Die Wirkungsgrade sollen denen üblicher Keilriemengetriebe entsprechen.

Verstellscheiben und Getriebe ähnlicher Ausführungen werden außerdem von folgenden Firmen gebaut:

American Pulley Co., Philadelphia/Pa., USA,
Dodge Manufacturing Corp., Mishawaka/Ind., USA,
Speed Selector Inc., Cleveland/Ohio, USA,
F. Wiggleworth & Co. Ltd., Shipley/Yorks., England und
T. B. Wood's Sons Inc., Chambersburg/Pa., USA.

**6.203 Oerlikon-Mehrfachkeilriemenvariator**[1]. Abb. 159 stellt in axonometrischer Wiedergabe den Spindelantrieb einer Drehmaschine dar, bei dem ein besonderer Mehrfachkeilriemenvariator eingebaut ist, der elektrisch ferngesteuert wird. Dieser Variator kann Leistungen bis zu 40 PS übertragen und verwendet fünf handelsübliche normale Keilriemen. Das Verstellverhältnis beträgt 1:4. Die Laufflächen der eigentlichen Keilriemenscheiben bestehen aus entsprechend geformten Segmenten, die an jedem Ende durch radiale Schlitze hindurch in ein Plangewinde der seitlichen Begrenzungsscheiben eingreifen. Durch einen in jede Scheibengruppe eingebauten Servomotor, der die Plangewindescheiben gegenüber dem umlaufenden Gehäuse verdreht, werden die einzelnen Segmente (ähnlich wie die Backen bei einem Dreibackenfutter) radial verschoben; es ändert sich also der jeweilige Laufdurchmesser für die Keilriemen. Durch geeignete elektrische Steuerungsmaßnahmen erfolgt die relative Verdrehung der Plangewindescheiben beziehungsweise die dieser entsprechende radiale Verschiebung der einzelnen Segmente so, daß bei einer der Scheibengruppen eine Radienverkleinerung und bei

---

[1] Hersteller: Oerlikon Bührle & Co., Zürich, Schweiz.

der anderen eine Radienvergrößerung oder umgekehrt erfolgt, jedoch immer so, daß sich gleichbleibende Riemenlängen ergeben. Damit handelt es sich bei diesem Getriebe im Gegensatz zu anderen Ausführungen um unmittelbar im Durchmesser verstellbare Keilriemenscheiben.

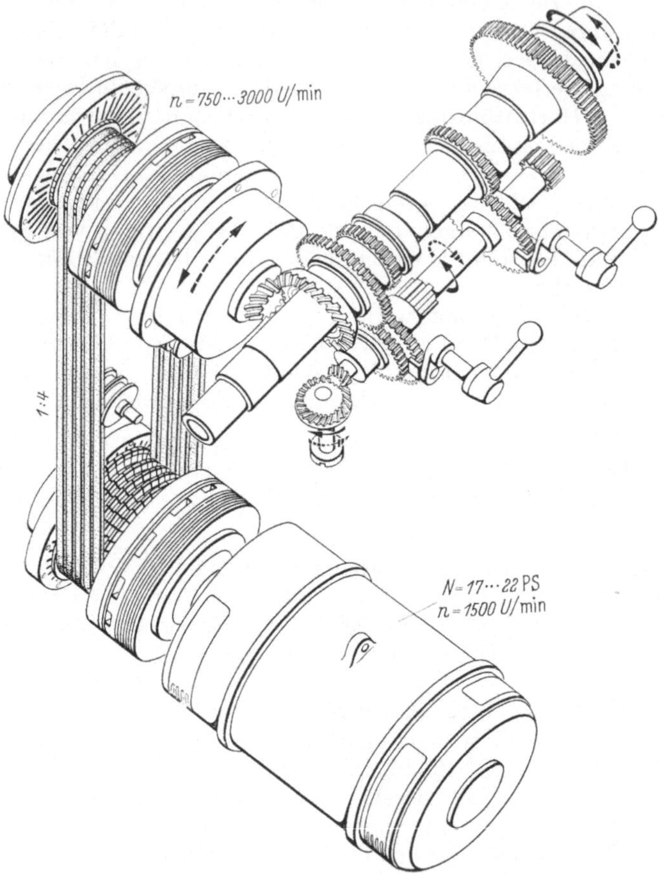


Abb. 159. Getriebe-Schema einer Drehmaschine, Modell D 20/25,
mit Mehrfach-Keilriemen-Variator

**6.204 Varitour-Getriebe[1].** Die Abb. 160a—c zeigen die Ausführung des Varitour-Getriebes Bauart WS. Diese Bauart wird bei Anordnung des Getriebes auf freien Wellenstümpfen von treibender und getriebener Welle benutzt (eine grundsätzlich gleichartige zweite Bauart WD gestattet die Getriebeelemente auf durchgehenden Wellen anzuordnen). Die Varitour-Scheiben bestehen im wesentlichen aus einer auf dem Wellenstumpf bzw. auf der durchgehenden Welle aufgesetzten Nabe *a*, auf der eine Gruppe fester und eine Gruppe verstellbarer Kegelscheiben mit Nut und Feder

---

[1] Hersteller: A. Friedr. Flender & Co., Bocholt.

angebracht sind. Jede Gruppe wird für sich durch drei Schrauben $d$ zusammengehalten. Die Verschiebung der beweglichen Scheiben $c$ gegenüber den festen wird durch eine Gewindespindel $e$ bewirkt, die in Kugellagern in der Nabe drehbar, aber nicht axial verschiebbar gelagert ist.

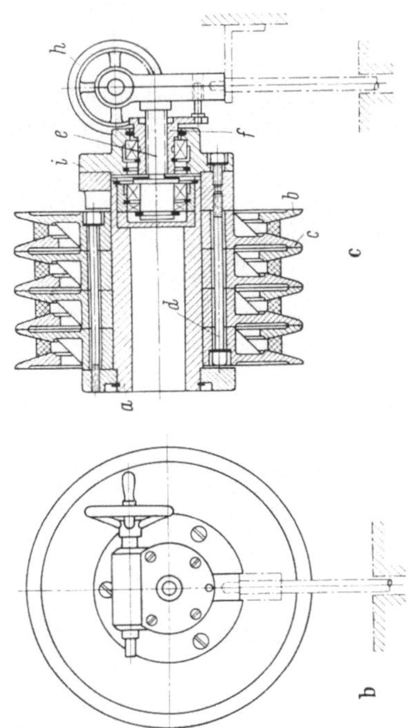

Bei Drehung dieser Spindel wird eine axial verschiebbare Gewindemutter $f$ und mit ihr zugleich die Gruppe beweglicher Scheiben in axialer Richtung verschoben. Die Drehung der Gewindespindel erfolgt über ein Schneckengetriebe $g$, auf dessen Schneckenwelle das Bedienungshandrad $h$ angebracht ist. Die gleichmäßige Verstellung der Varitour-Scheiben auf der treibenden und auf der getriebenen Welle, d. h. das Öffnen der Scheibengruppe auf einer und das gleichzeitige Schließen der Scheibengruppe auf der anderen Welle, wird dadurch gewährleistet, daß die beiden Verstellmechanismen durch eine Teleskopwelle $k$ miteinander verbunden sind. Da bei der Ausführung A die rechte und bei der Ausführung B die linke Schei-

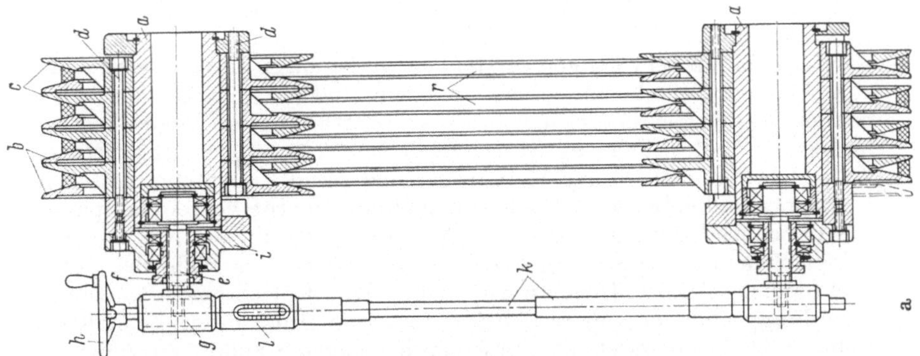

benteilgruppe axial bewegt wird, tritt beim Verstellen keine Änderung der Mittenabstände der Rillen ein, und die Flucht der Rillenmitten bleibt bei allen Einstellungen voll gewahrt. Vorzeitiger Verschleiß der Riemen durch Schieflaufen wird damit verhindert. Eine geeignete Sicherheitsvorrichtung sorgt für die Begrenzung der Verstellwege. An einer der beiden miteinander gekuppelten Verstelleinrichtungen ist eine

Anzeigeskala angebracht, an der das eingestellte Übersetzungsverhältnis abgelesen werden kann. Der mögliche Verstellbereich liegt je nach den verwendeten Scheibendurchmessern und Riemenprofilen je Scheibengruppe bei 1 : 1,13 bis 1 : 1,31, kann also maximal bei Paarung von zwei Scheibengruppen entsprechend Abb. 160a 1 : 1,72 erreichen. Als Übertragungsriemen werden bei diesem Getriebe die von der gleichen Herstellerfirma entwickelten Blauri-Keilriemen verwendet, und zwar wird die Bauart WS (Montage auf Wellenstümpfen) für die Keilriemenprofile 17 und 22, die Bauart WD (Montagemöglichkeit auf durch-

Abb. 161. Varitour-Getriebe mit zwei zwangsläufig<br>verstellbaren Scheibengruppen

gehenden Wellen) für die Profile 17, 22 und 32 ausgeführt. Bei der Bauart WS können 2···4 Rillen, bei der Bauart WD 2···8 Rillen, also entsprechend viele parallel laufende Keilriemen angeordnet werden.

Wird ein nur sehr kleiner Verstellbereich benötigt, so kann man auch eine Varitour-Scheibe mit einer einfachen üblichen Keilriemenscheibe paaren, was jedoch Änderungen des Achsabstandes bei Verstellung erfordert. Bei der Paarung von zwei Varitour-Scheiben entsprechend Abb. 160a oder 161 ohne Spannrolle sind Mindestabstände zwischen treibender und getriebener Welle einzuhalten, andernfalls werden Spannrollen benötigt. Da die Längen der Kupplungsstangen zwischen den beiden Scheibengruppen begrenzt sind, dürfen bei der Wahl der Achsabstände bestimmte Höchstwerte nicht überschritten werden. Durch Anordnung eines besonderen Hilfsmotors zum Antrieb der Verstelleinrichtung ist Fernverstellung von jedem beliebigen Standort aus möglich. Die größte übertragbare Leistung beträgt bei Keilriemenprofil 32, Parallelanordnung von 8 Keilriemen und bei einer Riemengeschwindigkeit von rund 26 m/sek 170 PS.

# 7. Umhüllungs- oder Umschlingungsgetriebe mit Kettenübertragung

Bei allen Umhüllungs- oder Umschlingungsgetrieben, die normale oder spezielle Keilriemen als Kraftübertragungsmittel verwenden, können je nach Werkstoff, Einlagen, Schmiegsamkeit, Form und Verformung beim Biegen der Riemen Laufgeschwindigkeiten von maximal 20···30 m/sek angewendet werden. Da die Benutzung von Keilriemen jedoch hinsichtlich der möglichen Zugbeanspruchungen und der sich ergebenden Quersteifigkeiten der Riemen nicht immer voll befriedigt, und da außerdem die Reibungszahl zwischen Keilriemen und Kegelscheiben bei Eindringen von nur geringen Schmiermittelmengen stark herabgesetzt wird, werden neben Keilriemen seit vielen Jahren mit gutem Erfolg auch Ketten als Kraftübertragungsmittel verwendet, die bei allen bekannten Konstruktionen in der Art von GALLschen Ketten ausgebildet sind, jedoch sehr unterschiedliche Ausführungsformen, Merkmale und Laufeigenschaften besitzen. Durch derartige Übertragungsketten werden die mit ihnen arbeitenden Getriebe zu Ganzmetallgetrieben, was hinsichtlich Lebensdauer, Wartung, Raumbedarf und Wirkungsgrad erhebliche Vorteile mit sich bringt und den Nachteil geringerer zulässiger Laufgeschwindigkeiten weitgehend aufhebt.

## 7.01 Reibkettengetriebe

Konstruktionen, die eine Kombination von Ketten mit besonderen nichtmetallischen Reibbelägen verwenden, sind wegen der großen Schwierigkeiten, die Ketten einerseits zu schmieren, die Reibbeläge andererseits aber unbedingt öl- oder fettfrei zu halten, inzwischen in allen dem Verfasser bekannten Fällen aufgegeben worden.

Abb. 162 zeigt als Beispiel für eine derartige Kette eine früher gebaute Ausführung, die aus einer abwechselnden Folge von GALLschen Kettengliedern $a$ und U-förmigen Taschen $c$ besteht. Die Taschen verbinden also immer eine Gruppe von Kettengliedern. Beide Kettenelemente werden durch die Kettenbolzen $b$ miteinander vernietet. In den U-förmigen Taschen sind als Reibbelag aus Lederbändern bestehende endlose Riemen $e$ mit Hilfe der Niete $d$ eingelegt. Eine ähnliche Kette mit Kunststoff-Reibbelag wurde bis vor kurzem bei dem in Abschn. 6.18 beschriebenen Borgna-Variator verwendet, hat sich aber auch hier nicht bewährt.

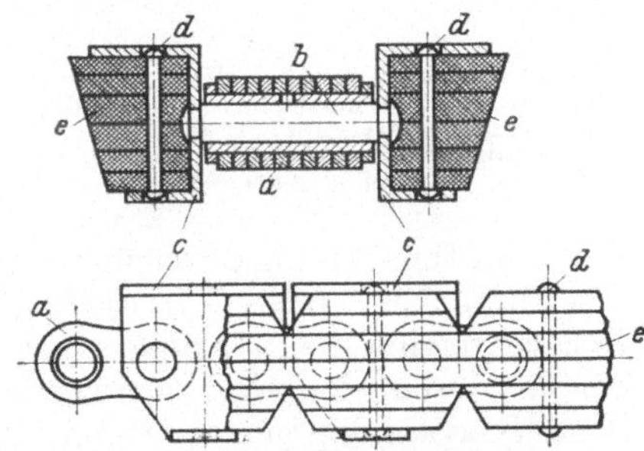

Abb. 162. Stahllamellenkette mit beidseitig angeordnetem Reibbelag. $a$ Kettenglieder; $b$ Kettenbolzen; $c$ U-förmige Taschen für Reibbelag und gleichzeitig Verbindungsstücke zwischen den Kettengliedern $a$; $d$ Niete für Reibbelag; $e$ Reibbelag

## 7.02 P. I. V.-Getriebe System A[1]

Das P. I. V.-Getriebe[2] System A ist unter den Umschlingungsgetrieben die einzig bekannte *formschlüssige* Ausführung, d. h. es arbeitet völlig schlupflos, während alle anderen bekannten und gebauten derartigen Getriebeausführungen *kraftschlüssig* sind, also einen gewissen Schlupf aufweisen. Demzufolge besitzt diese Getriebebauart ganz besondere Bedeutung für alle Anwendungsgebiete, bei denen es auf Schlupffreiheit entscheidend ankommt. Der grundsätzliche Aufbau dieses Getriebes kann der Abb. 163 entnommen werden: Durch das Verstellhandrad wird die mit Rechts- und Linksgewinde versehene Spindel *s* gedreht, so daß die darüber angeordneten nicht drehbaren Muttern einander genähert oder voneinander entfernt werden und über die Steuerhebel *h* die Kegelscheiben *a—d* wechselseitig so verschieben, daß sich beispielsweise die beiden Kegelscheiben *a* und *b* voneinander entfernen, während die Kegelscheiben *c* und *d* einander um das gleiche Maß genähert werden. Die Drehpunkte der Steuerhebel *h* sind genau in der

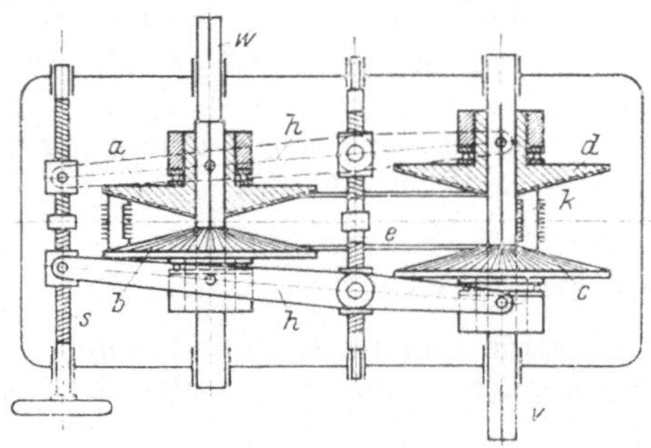

Mitte zwischen den beiden Wellen *v* und *w* gelagert, und zwar auf den Zapfen von zwei weiteren Muttern, die mit Hilfe der Kettenspannspindel *e*, die ebenfalls Rechts- und Linksgewinde trägt, verstellt werden können. Wie die Bezeichnung andeutet, dient diese Spindel *e* zum Einstellen der erwünschten Kettenspannung; sie wird bei Inbetriebnahme einmalig und nach aufgetretener Dehnung der Übertragungskette, falls erforderlich, verstellt.

Abb. 163. P. I. V.-Getriebe System A. *a* und *b* Kegelscheiben auf Antriebswelle; *c* und *d* Kegelscheiben auf Abtriebswelle; *e* Hilfsspindel zum Einstellen; *h* Verstellhebel; *k* Kette; *s* Verstellspindel mit Rechts- und Linksgewinde; *v* Abtriebswelle; *w* Antriebswelle

Abb. 164 stellt die horizontale Schnittzeichnung durch das Getriebe System A dar, während Abb. 165 den Einblick in ein Getriebe dieser Bauart bei teilweise weggeschnittenem Deckel freigibt. Beide Abbildungen lassen erkennen, daß die Kegelscheiben an ihren einander zugewendeten Kegelflächen mit einer flachen Sonderverzahnung versehen sind. Wie aus Abb. 167 deutlich hervorgeht, sind die zusammenwirkenden Kegelscheiben so auf ihre zugehörigen Wellen aufgesetzt, daß immer ein Zahn auf der einen Kegelscheibe einer Lücke in der anderen gegenüberliegt. Die Funktion von treibender und getriebener Welle kann bei dieser Bauart vertauscht werden.

Zur Energieübertragung wird bei dieser Getriebebauart eine Sonderkette benutzt, deren Aufbau und Wirkungsweise aus den Abb. 166—168

---

[1] Hersteller: P. I. V.-Antrieb Werner Reimers KG., Homburg v. d. H.
[2] Der Name stammt aus dem Englischen und bedeutet: Positive Infinitely Variable.

zu entnehmen sind. Man erkennt, daß es sich bei ihr um eine Lamellenverzahnungskette handelt, die — je nach Getriebegröße — eine mehr oder weniger große Anzahl von nebeneinander liegenden und zweckmäßig geformten Gliedern aus hochwertigem Stahl besitzt. Die einzelnen Gliedgruppen sind so miteinander vernietet, daß der Biegung der Gruppen um die Verbindungsbolzen geringster Widerstand entgegengesetzt wird. Jede der einzelnen Gliedgruppen besitzt gestanzte Aussparungen, in die ein durch die ganze Gliedgruppe hindurchreichender gehärteter Stahlblechkäfig $c$ eingesetzt ist, in welchem eine größere Anzahl ebenfalls gehärteter, leicht konischer Stahllamellen $d$ eingesetzt ist. Diese sind seitlich entsprechend dem Neigungswinkel der verzahnten Kegelscheiben abgeschrägt und besitzen auf jeder Seite eine nach innen vorspringende Nase, um ihre seitliche Verschiebebewegung zu begrenzen. Diese Lamellen sind aus leicht nach innen verjüngtem Bandmaterial sehr hoher Festigkeit gestanzt und mit sehr geringem Kraftaufwand quer zur Kettenrichtung um ein geringes Maß verschiebbar (s. Abb. 168). In jedem Käfig besitzen die äußeren Lamellen $e$ eine halbrunde Form, diese stützen das Lamellenpaket seitlich bzw. in Kettenrichtung gegen den Käfig ab. Beim Einlaufen dieser Kette in die verzahnten Kegelscheibenpaare werden alle Lamellen, die auf

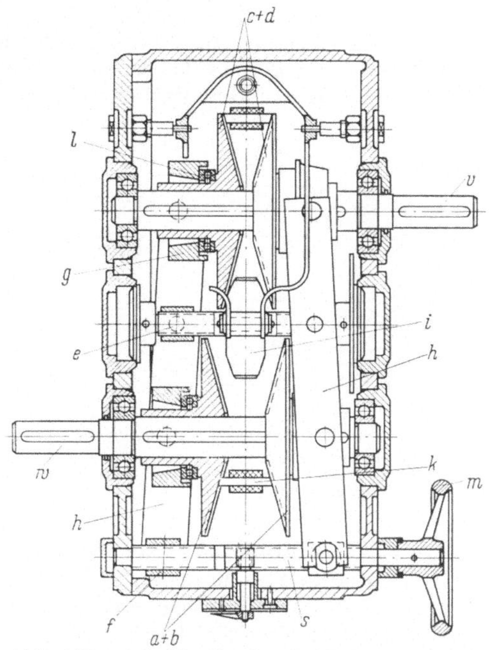


Abb. 164. Schnitt durch ein P. I. V.-Getriebe System A. $a$ und $b$ verzahnte Kegelscheiben auf der Antriebswelle; $c$ und $d$ verzahnte Kegelscheiben auf der Abtriebswelle; $e$ Verstellspindel; $h$ Verstellhebel; $k$ Lamellen-Verzahnungskette; $s$ Verstellspindel mit Rechts- und Linksgewinde; $v$ Antriebswelle; $w$ Abtriebswelle

Abb. 165. P. I. V.-Getriebe System A, Deckel aufgeschnitten

8*

einen Zahn treffen, zwangsläufig von diesem in die gegenüberliegende Zahnlücke des Gegenkegels geschoben. Dabei bilden sich also immer neue Zähne an der Kette, die aus mehr oder weniger vielen Lamellen bestehen,

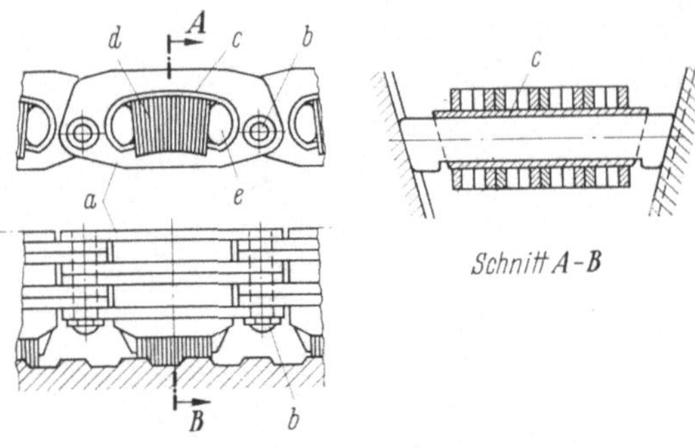


Abb. 166. P. I. V.-Lamellen-Verzahnungskette, schematische Darstellung des Aufbaues. *a* Kettenglieder; *b* Verbindungsbolzen; *c* Käfig; *d* Lamellen; *e* Endstücke

die formschlüssig mit den Zähnen der Kegelscheiben kämmen. Die Zahnteilung der Lamellenkette ist also veränderlich. Die einzelnen Stahllamellen, also auch die sich aus ihnen bildenden Lamellenzähne, besitzen schräge Flanken und ermöglichen so ein sehr leichtes Einlaufen und Umbilden der Verzahnungsteilung. Da die Kette jedes Scheibenpaar auf einem großen Winkel umschlingt, nehmen immer gleichzeitig viele Zahnflanken an der Energieübertragung teil, so daß sich eine nur geringe Flächenpressung zwischen den Zähnen und den einzelnen Lamellen ergibt, die mit einem sich ständig erneuernden Ölfilm überzogen sind.

Abb. 167. Lamellen-Verzahnungskette im Eingriff mit den verzahnten Kegelscheiben (P. I. V.-Getriebe System A)

Die Kegelscheiben sind entsprechend den Ausführungen in Abschn. 2.07, S. 8 und 9 leicht ballig ausgeführt. Außerdem werden die Ketten an ihrem äußeren Umfang über sämtliche Kettenglieder geschliffen. Auf diesen geschliffenen Umfang drücken zwei pendelnd angeordnete und federnd belastete Spannschuhe (vgl. Abb. 165), die dazu dienen, der Kette eine solche Vorspannung zu verleihen, daß sich bei ihrem Einlauf zwischen ein Kegelscheibenpaar die Verzahnung auch in ihrem losen Trumm sofort bildet.

Getriebe dieser Bauart können nur im Lauf verstellt werden. Dank der formschlüssigen Energieübertragung als Verzahnungsgetriebe und der sonstigen konstruktiven Ausführung ist das jeweils eingestellte Übersetzungsverhältnis mit einer Genauigkeit einzuhalten, wie sie kaum von einer anderen Bauart erreicht wird. Nach Angaben der Herstellerfirma beträgt diese Genauigkeit $1 \cdots 2\%$ der eingestellten Drehzahlen; sie kann bei Bedarf durch Sondermaßnahmen sogar noch gesteigert werden.

P. I. V.-Getriebe System A sind in sechs Normgrößen lieferbar mit einem maximalen Verstellbereich von $1:6$ und für Leistungen von $1,5 \cdots 26$ PS. Für Leistungen von $26 \cdots 50$ PS werden Mehrfachgetriebe mit den gleichen Verstellbereichen der einfachen Getriebe gebaut. Die Laufgeschwindigkeiten der Lamellenverzahnungsketten sind jedoch mit rund 13 m/sek nach oben begrenzt, weshalb obere Antriebsdrehzahlen von 950 U/min für die Größen 1 bis 5 und von 625 U/min für die Größe 6 vorgeschrieben sind.

Vor- und nachgeschaltete Stufengetriebe jeder Bauart, Leistungsverzweigung und Differentialanordnungen sind bei allen P. I. V.-Getrieben möglich und lassen sich nach dem Baukastensystem in Anbauten organisch mit den

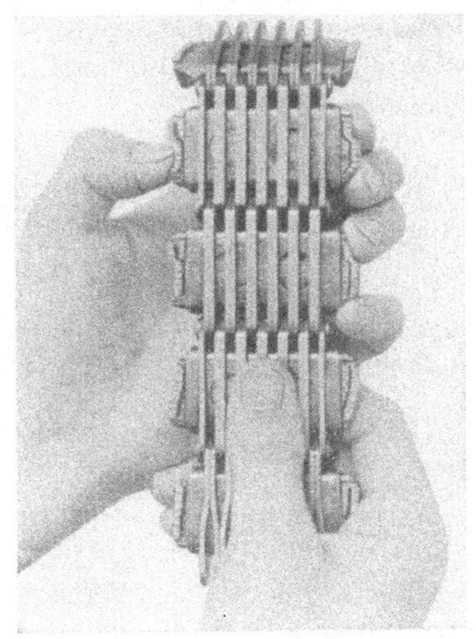

Abb. 168. Darstellung der leichten Verschiebbarkeit der Lamellen in der Kette nach Abb. 166 und 167

Grundgetrieben verbinden. Die Verstellung kann je nach den betriebsbedingten Anforderungen durch Handrad, Handhebel oder durch mechanische bzw. elektrische Fernregelung erfolgen.

Über die Wirkungsgrade dieser Getriebebauart vgl. Abschn. 7.05, S. 124.

## 7.03 P. I. V.- Getriebe System R [1]

Neben dem Getriebe System A mit Lamellenverzahnungskette und mit verzahnten Kegelscheiben wurde von der gleichen Herstellerfirma als zweite Bauart das System R entwickelt. Dieses ist grundsätzlich ähnlich aufgebaut, benutzt aber zur Energieübertragung eine Sonderkette, die P.I.V.-Zylinderrollenkette (s. Abb. 169 und 170). Während die Laufgeschwindigkeit der Lamellenverzahnungsketten mit rund 13 m/sek begrenzt ist, gestatten diese Zylinderrollenketten, höhere Laufgeschwindigkeiten bis ungefähr

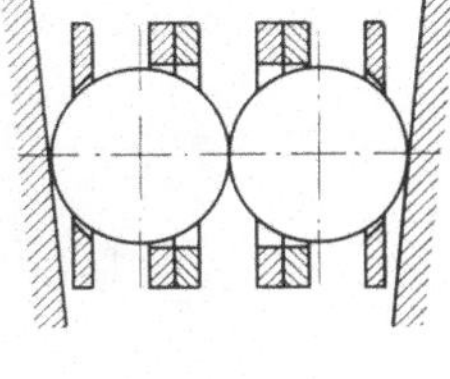
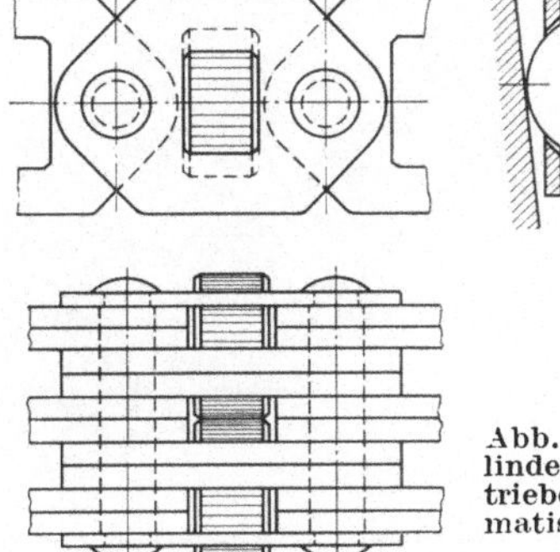

Abb. 169. P. I. V.-Zylinderrollenkette für Getriebe System R, schematische Darstellung des Aufbaues

---

[1] Hersteller: P. I. V.-Antrieb Werner Reimers KG., Bad Homburg v. d. H.

15 m/sek anzuwenden. Bei den Getrieben System R sind die Kegelflächen im Gegensatz zu den A-Getrieben glatt geschliffen. Die Zylinderrollenkette enthält in jeder Gliedgruppe zwei gehärtete und geschliffene zylindrische Rollen, die sich in Kettenlaufrichtung an die sie käfigartig umschließenden Gelenklaschen der einzelnen Kettenglieder anlegen. In der quer zur Laufrichtung liegenden Ebene können sie sich frei um ihre Achsen drehen. Auch diese Kette besteht aus hochwertigen Stahlgliedern, die miteinander so vernietet sind, daß leichte Schmiegsamkeit der Kette gewährleistet ist.

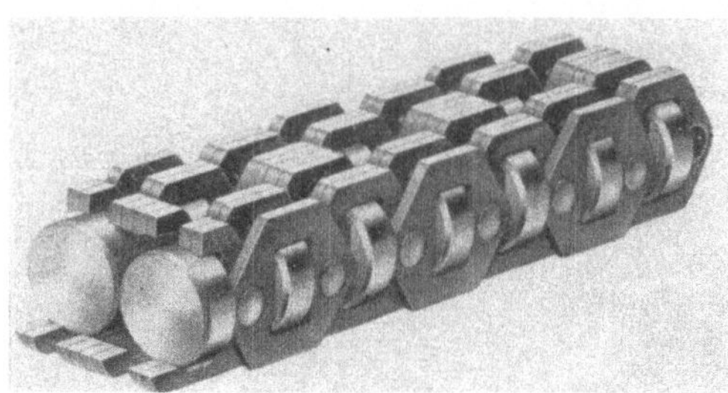

Abb. 170. P. I. V.-Zylinderrollenkette

Beim Einlaufen in die Kegelscheiben keilen sich die Zylinderrollen jedes einlaufenden Kettengliedes fest in die von den beiden Kegelscheibenpaaren gebildeten Keilrillen ein. Dabei wälzen sich die Zylinderrollen auf den glatten Kegelscheiben ab (Abb. 171). Beim Auslaufen der Kette lösen sich die einzelnen Glieder durch Abrollen leicht wieder aus dieser Verkeilung heraus. Auch bei dieser Kette steht immer eine mehr oder weniger große Anzahl von Kettengliedern bzw. von Zylinderrollen im Eingriff. Die Übertragung der Umfangskräfte erfolgt über den ganzen Umschlingungswinkel hinweg durch ruhende Reibung zwischen den Zylinderrollen der im Eingriff stehenden Kettenglieder und den Kegelscheiben. Die Verteilung der zu übertragenden Umfangskräfte auf eine Vielzahl von Berührungsstellen und die sich ständig ändernden Eingriffslinien an den

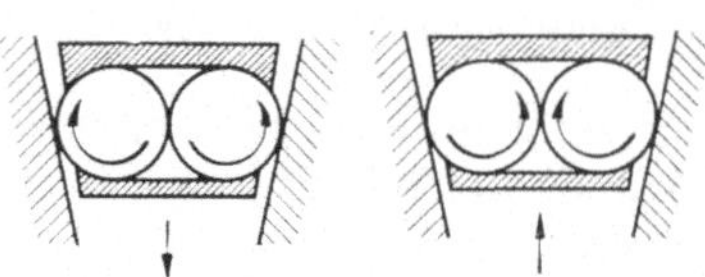

Abb. 171. Zylinderrollenkette, Ein- und Auskeilen beim Ein- und Auslauf

Abb. 172. P. I. V.-Einbaugetriebe System R

Zylinderrollen halten die Werkstoffbeanspruchung in mäßigen Grenzen und bewirken eine hohe Lebensdauer auch dieser Getriebebauart. Die Zylinderrollenketten sind ebenfalls an ihrem äußeren Umfang über sämtliche Kettenglieder geschliffen und erhalten von zwei federnd auf dem Kettenrücken aufliegenden Spannschuhen die erforderliche Vorspannung, die das unverzügliche Einkeilen der Kette beim Einlaufen hervorruft.

Im Gegensatz zu den Getrieben der Bauart A, die nur mit horizontalen Wellen eingebaut werden dürfen, können bei der Bauart R die Wellen auch vertikal angeordnet werden. Die R-Getriebe eignen sich besonders für Antriebe mit gleichbleibendem Drehmoment, z. B. für Vorschubantriebe von Werkzeugmaschinen, sowie für kleinere Leistungen, aber höhere Drehzahlen. Auch bei dieser Ausführung sind treibende und getriebene Welle austauschbar. Die R-Getriebe werden in fünf Größen gebaut, und zwar sowohl mit zugehörigem geschlossenem Gehäuse als auch in Einbauausführung (s. Abb. 172). Bei einer Eingangsdrehzahl von 1450 U/min beträgt der mögliche Verstellbereich 1:4 und bei einer Eingangsdrehzahl von 950 U/min sogar 1:10.

## 7.04 P. I. V.-Getriebe System RS[1]

Das RS-Getriebe ist eine Weiterentwicklung des R-Systems mit höheren spezifischen Leistungen. Außerdem ist es unempfindlicher gegen kurzfristige Überlastung, läuft besonders ruhig und kann bei Erfüllung bestimmter Voraussetzungen auch im Stillstand verstellt werden. Die Vergrößerung der übertragbaren spezifischen Leistung und die größere Unempfindlichkeit gegen Überlastungen wurden dadurch erreicht, daß die axiale Anpressung der glatten Kegelscheiben an die Übertragungskette durch eine drehmomentenabhängige Andrückvorrichtung erzeugt wird, deren Ausführung der Abb. 176 zu entnehmen ist. Diese Andrückvorrichtung setzt die an der An- und Abtriebswelle auftretenden Drehmomente über Kugeln und schräge Auflaufflächen in axial gerichtete Anpreßkräfte um, die den jeweilig übertragenen Drehmomenten proportional sind.

Auf An- und Abtriebswelle $a$ und $b$ (Bezugszeichen nach Abb. 176) befindet sich je eine Andrückmuffe $i$, die drehfest mit ihrer Welle verbunden, aber relativ zu ihr axial verschiebbar ist. Diese Andrückmuffen stützen sich axial über Kugellager $k$ gegen die Hülsen $l$ ab. Die Andrückmuffen tragen je auf ihrer rechten Stirnseite eine Reihe von kurvenförmigen Aussparungen, in denen, ebenso wie in den Gegenaussparungen in dem Kegelscheibenhals $d'$, die durch einen Käfig miteinander verbundenen Andrückkugeln $f$ liegen. Bei Wanderung der Kugeln $f$ auf den schrägen Laufflächen werden also beispielsweise die Hülse $l$ nach links und die linke der beiden Kegelscheiben $d$ auf ihrer Welle nach rechts gedrückt, und zwar um so kräftiger, je stärker das zu übertragende Drehmoment wird.

---

[1] Hersteller: P. I. V.-Antrieb Werner Reimers KG., Bad Homburg v. d. H.

Während die beiden rechten Kegelscheiben $c$ und $d$ durch den bereits früher in seiner Funktion beschriebenen Hebel $h$ verbunden sind und verstellt werden können, sind auf der linken Getriebeseite zwei Hebel mit verschiedenen Funktionen vorgesehen. Der vorn liegende (ausgezogen gezeichnete und teilweise aus Darstellungsgründen weggebrochene) Hebel $h_1$ greift oben in die Verschiebehülse $m$ und unten in die

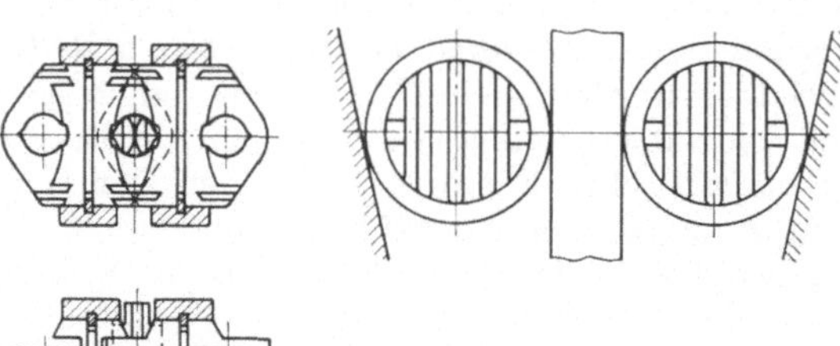

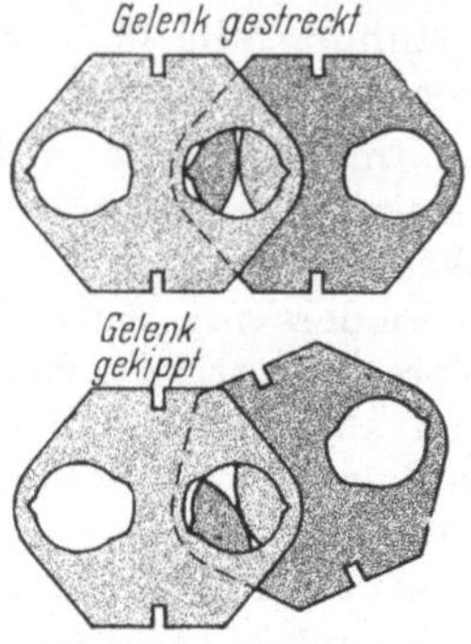


Abb. 173. P.I.V.-Ringrollenkette, schematische Darstellung des Aufbaues

Abb. 174.   Wiege-Gelenk bei der Ringrollenkette nach Abb. 173

Hülse $o$ ein, während der darunter liegende zweite (gestrichelt dargestellte) Hebel $h_2$ oben in die Hülse $l$ und unten in die Verschiebehülse $n$ eingreift. Hierdurch wird erreicht, daß sich die den jeweiligen Drehmomenten proportionalen Axialkräfte oben einmal auf die der Andrückmuffe gegenüberliegende Kegelscheibe auswirken, andererseits als Reaktionskraft über die Andrückmuffe, die Hülse $l$ und über die scherenförmig ausgebildeten Hebel $h_1$ und $h_2$ auf das Scheibenpaar $c$ der zweiten Welle abstützen. Da sowohl auf der treibenden als auch auf der getriebenen Welle je eine solche Andrückvorrichtung angeordnet ist, erhält man über die Scherenhebel an beiden Scheibenpaaren jeweils die Summe der axialen Andrückkräfte aus dem An- und Abtriebsdrehmoment und damit für alle Einstellungen bzw. für alle Übersetzungsverhältnisse eine weitgehende Anpassung der Andrückkräfte zwischen Kegelscheiben und Kette an die für eine immer einwandfreie Energieübertragung erforderlichen Werte.

Abb. 175
P. I. V.-Ringrollenkette

Als Verbindungsmittel zwischen den ebenfalls geschliffenen und glatten Kegelscheiben wird bei den RS-Getrieben mit einer übertragbaren Leistung bis etwa 20 PS die bereits früher beschriebene Zylinderrollenkette verwendet, bei den größeren Getriebeausführungen dagegen eine Ringrollenkette nach Abb. 173—175. Auch diese Kettenart besteht ganz aus gehärtetem Stahl und ist grundsätzlich als GALLsche Kette ausgebildet. Als Reibkörper werden jedoch hier Ringrollen verwendet, die auf dem Zugstrang drehbar, aber axial unverschiebbar, gelagert sind. Die Ringrollen sind so breit gehalten, wie es die stärkste Krümmung der Kette ohne gegenseitige Berührung der Ringrollen gerade noch zuläßt. Dadurch wird eine verhältnismäßig große Reibfläche bei der Einschmiegung in die Kegelrillen zwischen den Scheiben erreicht. Beim Einkeilen der Kette geben die dünnwandig ausgebildeten Ringrollen in Richtung der Anpreßkräfte

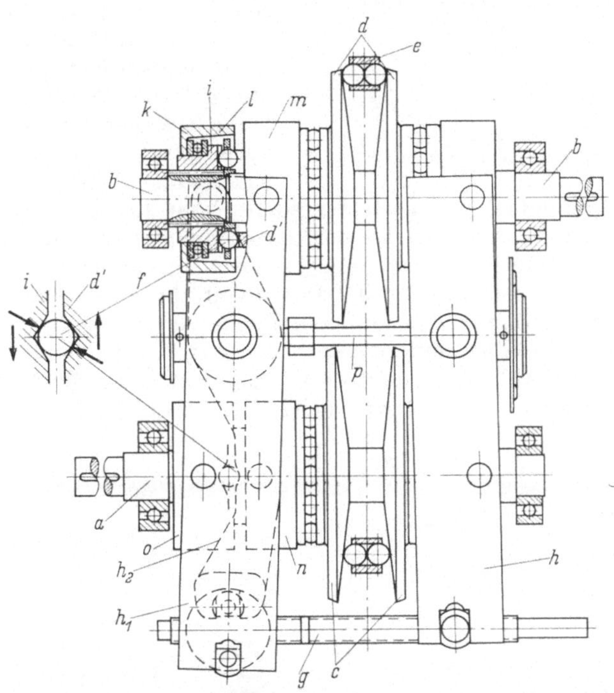

Abb. 176. P. I. V.-Getriebe System RS mit Zylinderrollenkette. *a* Antriebswelle; *b* Abtriebswelle; *c* Kegelscheiben auf *a*; *d* Kegelscheiben auf *b*; *e* Zylinderrollenkette; *f* Kupplungskugeln; *g* Gewindespindel; *h* rechter Verstellhebel; $h_1$ linker Verstellhebel; $h_2$ Ausgleichshebel; *i* Andrückmuffe; *k* Kugellager; *l* Hülse; *m* obere Verschiebehülse auf *b*; *n* untere Verschiebehülse auf *a*; *o* Gegenhülse auf *a*; *p* Hilfsspindel

elastisch nach und stützen sich auf dem innen liegenden Zugstrang, der GALLschen Gliederkette, ab. Die Verlegung des Zugstranges nach innen ergibt eine hohe Festigkeit und gestattet, verhältnismäßig große Zugkräfte aufzunehmen bzw. zu übertragen. Außerdem können die Ketten auf diese Weise besonders feingliedrig, also mit einer minimalen Teilungslänge ausgeführt werden, wodurch die Schmiegsamkeit erhöht wird. Die Gliedkörper sind in ihrer Mitte mit einer Nut versehen, in die sich ein geschlitzter Federring einlegt. Dieser wird beim Überschieben der Ringrollen zusammengedrückt und federt alsdann in die Innennut der Ringrollen hinein. Die übergeschobenen Ringrollen sichern außerdem die Gelenkstücke der Kette gegen seitliches Herauswandern.

Um gleitende Reibung zu vermeiden, sind die Gelenke der Kette als Wiegegelenke (Abb. 174) ausgebildet. Die Wiegebolzen sind mit ihren Nasen in kerbartigen Vertiefungen gehalten und damit gegen Verdrehung in den Gliedlaschen gesichert. Die Kerben schaden an diesen Stellen nichts, weil die maximale Werkstoffbeanspruchung in einem um 90° versetzten Querschnitt auftritt. Die Berührungslinie der Wälzkörper wandert beim Kippen fast über die ganze Wiegefläche. Derartige Wiegegelenke bedingen geringe Reibungsverluste und geringen Verschleiß; sie erlauben dabei eine sehr große

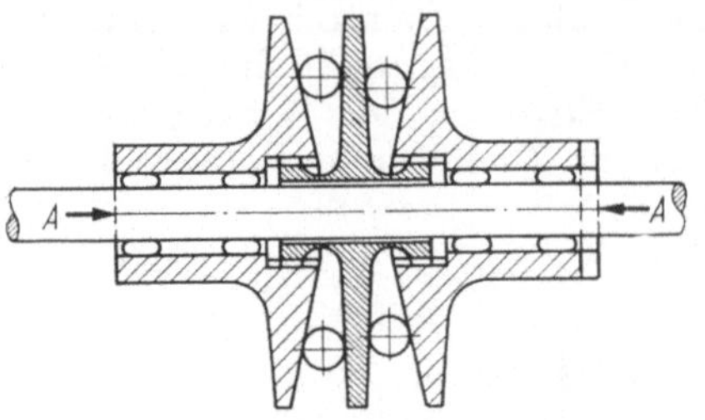

Abb. 177. Zwischenscheibe beim Zweistranggetriebe System RS

Kippgeschwindigkeit und gestatten somit, hohe Laufgeschwindigkeiten für diese Ketten auch bei kleinen Krümmungsradien anzuwenden.

Da diese Ringrollenkette auch in einer unsymmetrischen Keilrille laufen kann, hat man mit ihr die Möglichkeit, die Anpreßkräfte zweimal zur Energieübertragung auszunutzen, indem man in einem Getriebe zwei Kettenstränge parallel miteinander laufen läßt. Bei den Zweistranggetrieben nach Abb. 178 und 179 werden zwei Ringrollenketten angewendet, die durch eine schwach kegelige Mittelscheibe (Abb. 177 und 180)

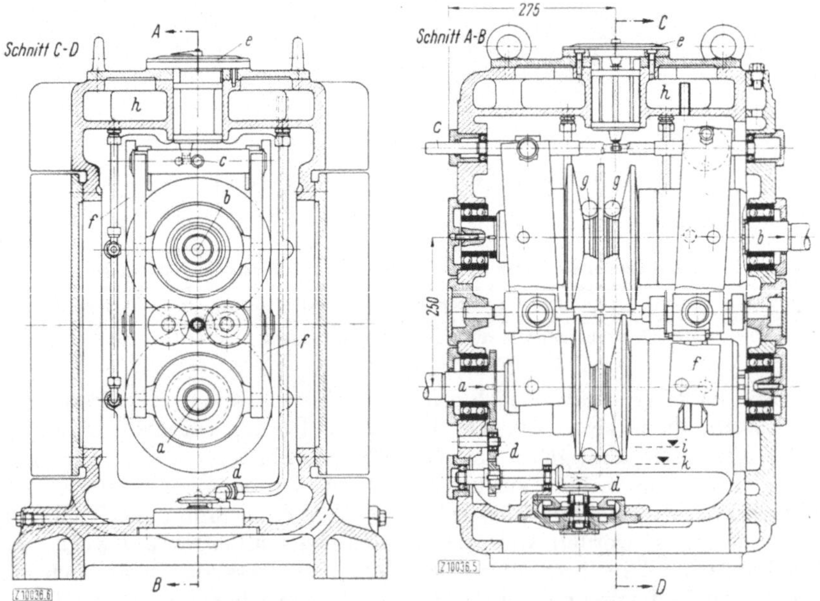


Abb. 178. P. I. V.-Zweistranggetriebe System RS mit Ringrollenketten. *a* treibende Welle; *b* getriebene Welle; *c* Einstellspindel; *d* Antrieb für Schmiermittelpumpe; *e* Drehzahlanzeiger; *f* Scherenhebel zum Anpressen der Kegelscheiben; *g* Ringrollenkette; *h* Ölbehälter; *i* Ölstand bei stillstehendem Getriebe; *k* Ölstand bei laufendem Getriebe

voneinander getrennt sind, die gleichzeitig insofern als Regler wirkt, als beide Ketten genau die Hälfte der Gesamtleistung übertragen. Dies wird dadurch erreicht, daß die Mittelscheibe, gegen Verdrehung mit den Kegel-

Abb. 179. P. I. V.-Zweistranggetriebe System RS
als Einbaugetriebe

scheiben verbunden, axial völlig frei beweglich auf ihrer Welle angeordnet ist. Im übrigen entspricht der Aufbau solcher Zweistranggetriebe völlig dem der anderen RS-Getriebe. Abb. 180 zeigt in photographischer Wiedergabe den Aufbau einer Welle bei einem Zweistranggetriebe, deren Andrückvorrichtung in Abb. 181 in größerem Maßstabe wiedergegeben ist.

Die Grundbauarten der RS-Getriebe sind in fünf Größen für übertragbare Leistungen von 5 bis 75 PS lieferbar. Der Verstellbereich beträgt bei einer Eingangsdrehzahl von 1450 U/min bis 1:7. Auch bei dieser Bauart können als Anbauten Zahnradgetriebe verschiedenster Art vor- oder nachgeschaltet werden.

Alle in den Abschn. 7.02 bis 7.04 beschriebenen P. I. V.-Getriebe

Abb. 180. Anordnung der Zwischenscheibe
beim P. I. V.-Zweistranggetriebe

können außer mit einem besonderen geschlossenen Getriebegehäuse auch als Einbaugetriebe geliefert werden, d. h. die Lieferung des stufenlosen Getriebes erfolgt ohne ein eigenes Gehäuse, und die Getriebewellen sowie die Verstell- und die Spannspindel werden in entsprechend vorgesehenen Aufnahmebohrungen der Arbeitsmaschinen selber gelagert. Durch die

Einführung solcher Einbausätze in die Gesamtkonstruktion der Maschine (vgl. Abb. 172, 176 und 179) wird der Raum- und Kostenaufwand für ein zusätzliches Gehäuse eingespart. In manchen Fällen können Getriebe auch in einen einschiebbaren Rahmen montiert und mit diesem zusammen eingebaut werden. Dabei muß in jedem Falle die Wartung des Getriebes durch eine gut zugängliche Schauöffnung mit leicht abnehmbarem Deckel gewährleistet sein. Bei allen Anordnungen von Einbaugetrieben ist darauf zu achten, daß die Verstellspindel bzw. der Verstell-

Abb. 181.   Drehmomentenabhängige Andrück-vorrichtung bei einem P. I. V.-Getriebe System RS

zapfen an der oberen Getriebeseite zu liegen kommen, um Ölaustritt zu vermeiden.   Wegen ihrer hohen spezifischen Leistung eignen sich die RS-Getriebe besonders gut für die Verwendung als Einbaugetriebe.

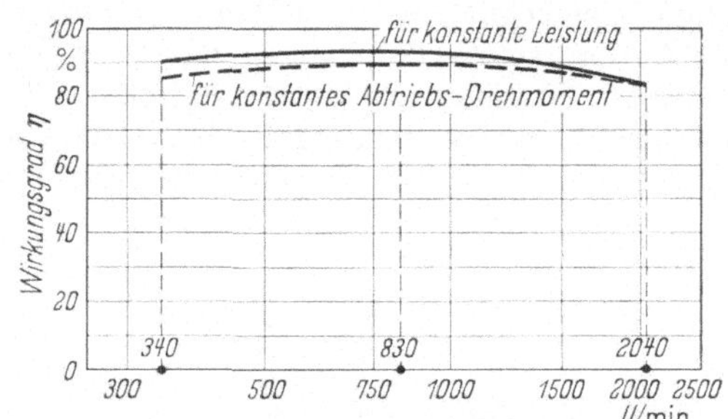


Abb. 182.   Wirkungsgrad-Verlauf beim P. I. V.-Getriebe System A

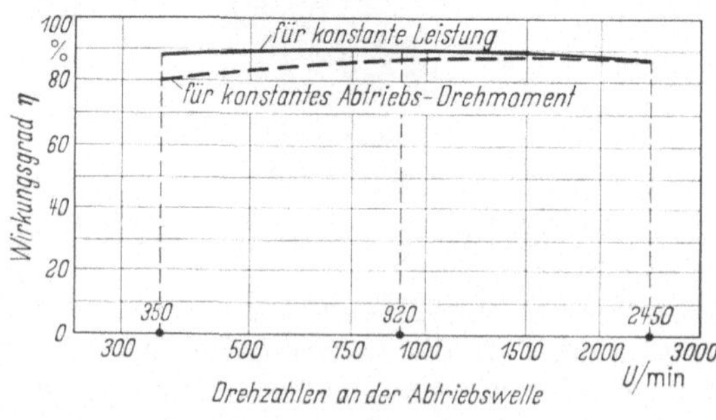


Abb. 183.   Wirkungsgrad-Verlauf beim P. I. V.-Getriebe System R

## 7.05 Wirkungsgrade der P. I. V.- Getriebe

Die beweglichen Teile der P. I.V.-Getriebe aller Systeme werden durch eine Tauchschmierung selbsttätig mit Öl versorgt. Die geringe erzeugte Wärme wird über das Schmieröl und die Gehäusewandungen abgeführt. Die Getriebetemperatur ist abhängig von der Höhe der Belastung sowie von der Temperatur der das Getriebe umgebenden Außenluft und von deren Zirkulation. Die Getriebetemperaturen liegen üblicherweise, je nach den Belastungen, um 25 bis 50 °C über den Raumtemperaturen, jedoch sind bei höherer Belastung auch Temperaturanstiegswerte von 70 °C noch zulässig. Bei Getrieben mit besonders hoher Dauerbelastung kann durch zusätzliche Belüftung oder durch besondere Ölkühlanlagen eine wesentliche Senkung der Öl- und Getriebetemperaturen erreicht werden; derartige Einrichtungen sind jedoch normalerweise nicht erforderlich. Die Art der Energieübertragung und die Ausbildung der Lager bedingen gute Wirkungsgrade. Die Abb. 182 und 183 zeigen den Wirkungsgradverlauf bei den P. I. V.-Getrieben der Systeme A und R in Abhängigkeit von den eingestellten Abtriebsdrehzahlen für die beiden am häufigsten vorkommenden Belastungsfälle:

a) Das Drehmoment an der angetriebenen Maschine ist bei allen auftretenden Drehzahlen konstant, d. h. die Leistung nimmt proportional mit der Drehzahl zu. In diesem Falle muß also das Getriebe auch bei höchster Drehzahl das volle Drehmoment übertragen.

b) Der Leistungsbedarf ist bei allen Antriebsdrehzahlen der angetriebenen Arbeitsmaschine konstant, d. h. das Drehmoment nimmt im umgekehrten Verhältnis der Drehzahlen zu.

Die besten Wirkungsgrade werden für konstante Leistungsübertragung erreicht; der Verlauf der Wirkungsgradkurven ist sehr flach, so daß die

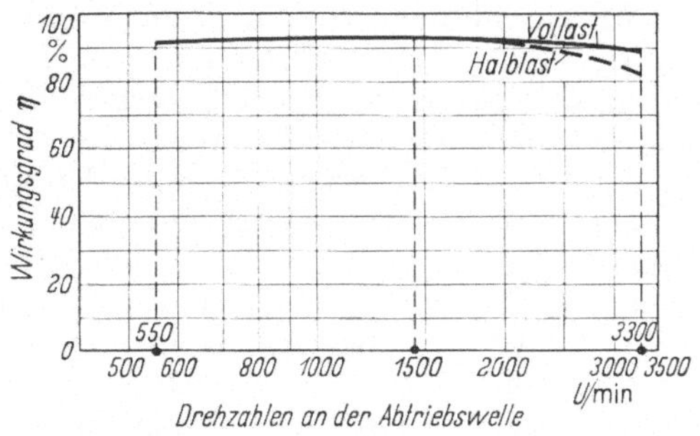

Abb. 184. Wirkungsgrad-Verlauf beim P. I. V.-Getriebe System RS mit Zylinderrollenkette

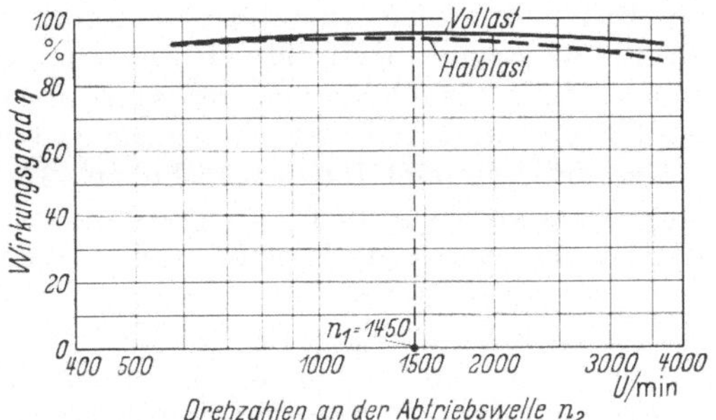

Abb. 185. Wirkungsgrad-Verlauf beim P. I. V.-Getriebe System RS mit Ringrollenkette

Werte wesentlich immer über 80% liegen und bei dem Getriebe System A sogar in weitem Bereich Werte von 90% erreicht und überschritten werden.

Die RS-Getriebe werden hauptsächlich für Maschinen mit gleichbleibendem Leistungsbedarf über den ganzen Verstellbereich verwendet. Für diesen Fall geben die Kurven nach Abb. 184 und 185 die Wirkungsgrade je nach der Anwendung von Zylinderrollen- oder von Ringrollenketten für 100% und für 50% der Nennleistungen wieder. Wie die Kurven zeigen, liegen die Wirkungsgrade dieser Bauart bei ebenfalls sehr flachem Verlauf auch bei halber Leistung nur im Bereich der höheren Abtriebsdrehzahlen etwas niedriger als bei Vollast und unterschreiten nur bei Verwendung der Zylinderrollenkette bei den höchsten Abtriebsdrehzahlen die 90%-Grenze beträchtlich.

Als Ganzmetallgetriebe mit selbsttätiger Schmierung erfordern alle P. I. V.-Getriebe nur geringe Wartung. Ihre Lebensdauer entspricht bei richtiger Wahl der Getriebe und ohne Überschreiten der festgelegten Belastungen etwa derjenigen von üblichen Zahnradgetrieben oder von üblichen Kugellagern.

## 7.06  Gaunitz-Getriebe [1]

Im Anschluß an die auf dem Markt befindlichen bekannten Umschlingungsgetriebe sollen nunmehr noch zwei Konstruktionen der Vollständigkeit halber beschrieben werden, die bisher nicht serienmäßig gebaut, sondern erst erprobt werden.

Von den Hille-Werken, derzeitig Dresden, wurde nach Patenten von RÖSSLER erstmalig ein Getriebe gebaut, das Einsatzbrücken zum Aufnehmen des umschlingenden Treibmittels benutzte. In die Kegelflächen der ähnlich wie beispielsweise in Abb. 164 ausgeführten und angeordneten Scheiben auf treibender und getriebener Welle wurden mehrere radial verlaufende Schlitze eingefräst, in denen brückenartige Träger (ähnlich wie in Abb. 186) lagen, die an ihren Enden entsprechend der Steigung der Kegelwinkel abgeschrägt sind. Bei dieser heute nach Wissen des Verfassers nicht mehr gebauten Getriebeausführung besaßen die Brücken außen rillenförmige Eindrehungen, in denen mehrere parallel arbeitende Keil- oder Rundriemen angeordnet waren. Bei Verstellung der Kegelscheiben in dem bereits mehrfach beschriebenen Wechselsinn werden die Brücken in einem Kegelscheibenpaar nach außen, in dem anderen nach innen verschoben. Die verwendeten Riemen liegen bei diesem Getriebe nicht über den ganzen Umschlingungswinkel auf, sondern sie bilden über den Brückenträgern ein Polygon. Hierdurch wird einerseits zwar erreicht, daß der Schlupf zwischen Riemen und Scheiben sehr gering ist, da sich ja die Brücken relativ zu den Kegelscheiben nicht bewegen können, andererseits bringt die polygonartige ständige Verformung der Übertragungsriemen eine erheblich stärkere Beanspruchung für diese mit sich, da sie gewissermaßen an den Auflagestellen einen Knick erfahren; auch ist die übertragene Bewegung nicht völlig gleichförmig, sondern es treten kleine Veränderungen der Winkelgeschwindigkeit an der getriebenen Welle auf.

Die knickende Beanspruchung des Übertragungsmittels kann dadurch vermieden werden, daß an Stelle eines Riemens eine Kette als umschlingendes Energieübertragungsglied Anwendung findet. Ein Getriebe dieser Art ist das in Abb. 186 in Längs- und Querschnitt dargestellte GAUNITZ-Getriebe, das z. Z. von der Westinghouse Bremsen-Gesellschaft in Gronau erprobt wird.

Die grundsätzliche Anordnung ist ähnlich wie bei den zuvor beschriebenen Umschlingungsgetrieben. Auf der treibenden Welle $a$ befinden sich die beiden Kegelscheiben $c_1$ und $c_2$, die mit Hilfe der beiden Verschiebemuffen $i$ aufeinander zu oder voneinander fort axial bewegt werden kön-

---

[1] Patentinhaber: A. GAUNITZ, Düsseldorf.

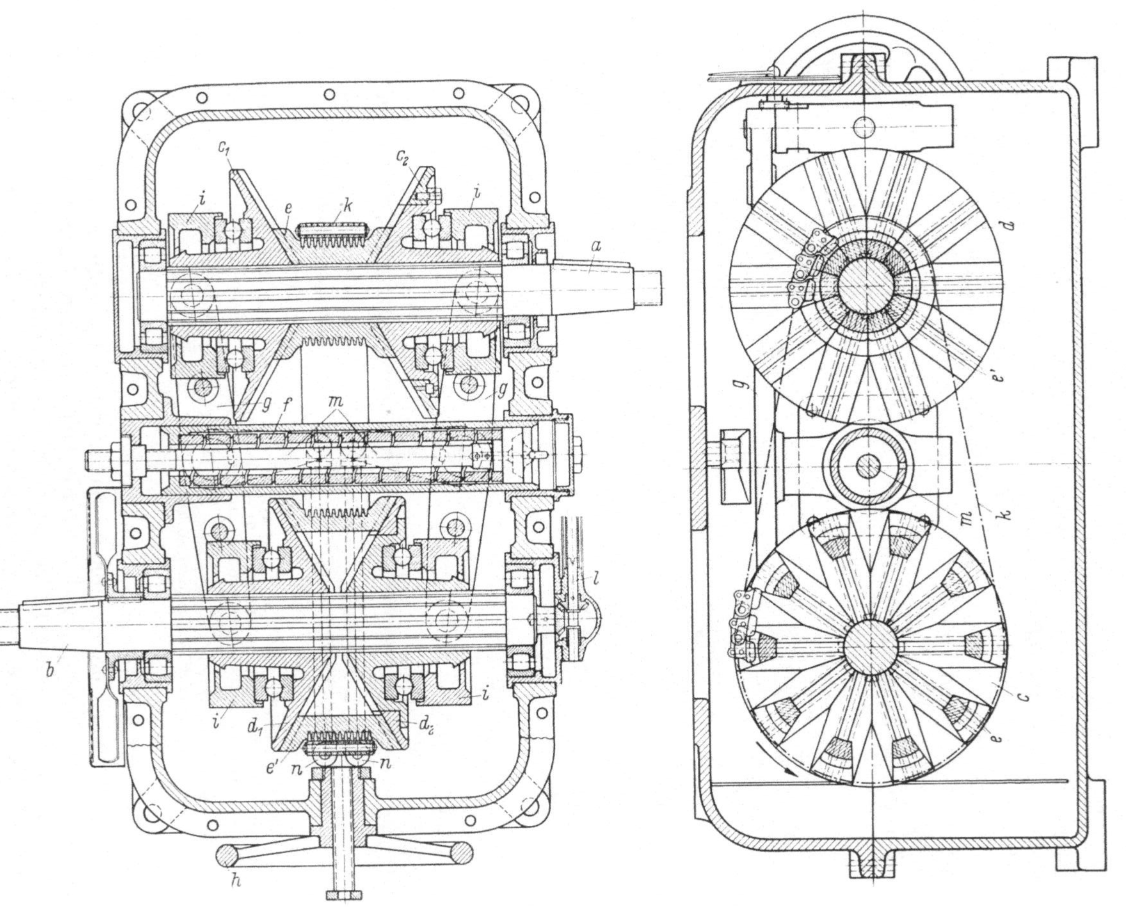

Abb. 186. GAUNITZ-Getriebe, Schnittzeichnungen

$a$ treibende Welle; $b$ getriebene Welle; $c_1$ und $c_2$ Kegelscheiben auf der treibenden Welle; $d_1$ und $d_2$ Kegelscheiben auf der getriebenen Welle; $e$ Brücken für Kettenauflauf; $g$ Verstellhebel; $f$ Druckfeder; $h$ Verstellhandrad; $i$ Verstellhülsen; $k$ Kraftübertragungskette; $l$ Abtriebswelle für Drehzahlanzeiger; $m$ Winkelhebel für Verstellung; $n$ Übertragungsrollen für Verstellung

nen. Entsprechende Gegenscheiben $d_1$ und $d_2$ befinden sich auch auf der getriebenen Welle $b$, deren zugehörige Verschiebemuffen $i$ mit Hilfe der Hebel $g$, die in der Mitte zwischen den beiden Wellen $a$ und $b$ drehbar gelagert sind und die nach innen je einen gestrichelt gezeichneten Hebelarm $m$ tragen, dessen Enden über das mit Druckrollen versehene Gestänge $n$ von dem Handrad $h$ zur Verschiebung der Kegelscheiben verstellt werden. Alle Kegelscheiben sind an ihren konischen Innenflächen mit radial verlaufenden Schlitzen versehen, die schwalbenschwanz- oder T-förmigen Querschnitt besitzen. Diese Schlitze bilden die Führung für die formentsprechenden Enden der brückenartigen Stege $e$, die durch Zusammen- oder Auseinanderrücken der Kegelscheiben radial verstellbar sind. Bei am weitesten auseinandergeschobenen Kegelrädern bilden die auf den kleinsten Laufdurchmesser verschobenen Stege $e$ einen geschlossenen Ring. Gegen ein Herausschleudern durch Fliehkräfte sind die einzelnen Stege durch die Reibung in ihren Führungen und zusätzlich durch besondere Einsatzringe in den Kegelscheiben $c_2$ und $d_2$ gesichert.

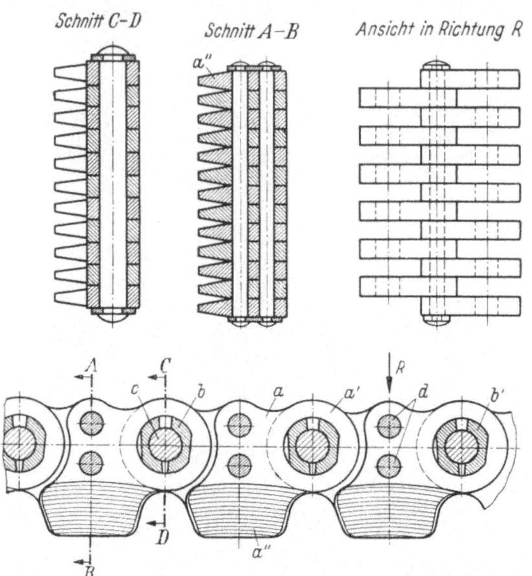



Abb. 187. Spezialkette für GAUNITZ-Getriebe. $a$ Kettenlaschen; $a'$ Augen der Kettenlaschen; $a''$ keilförmige Kammansätze an den Kettenlaschen; $b$ Lagerschalen; $b'$ ebene Sehnenflächen an den Lagerschalen und in den Bohrungen der Augen von den Kettenlaschen; $c$ Gelenkbolzen; $d$ Verbindungsanker

Die Stege $e$ sind an ihren Außenflächen mit parallel nebeneinander liegenden keilförmigen Rillen versehen, deren Flanken eben oder leicht gewölbt ausgebildet sein können. Zur Erzeugung der erforderlichen axialen Anpreßkräfte dient die im Inneren einer Hülse angeordnete Druckfeder $f$, die die Drehpunkte der Verstellhebel $g$ verschiebt und die notwendige Pressung hervorruft. Auf der rechten Seite der Abtriebswelle $b$ ist der Abtrieb für eine Tachometerwelle über Kegelräder ersichtlich.

Das bei diesem Getriebe angewendete Umschlingungsmittel $k$ ist eine Mehrfachlaschenkette nach Abb. 187. Die einzelnen Glieder dieser Kette bestehen aus den Laschen $a$, die mit ihren Gelenkaugen $a'$ abwechselnd nach der einen und nach der anderen Seite gerichtet und durch die beiden Ankerbolzen $d$ starr miteinander verbunden sind. Die keilförmigen Kammflächen $a''$ der Kettenglieder sind unmittelbar aus den einzelnen Laschen herausgearbeitet und keilen sich in die entsprechenden Rillen der Stege *e*. Die Gelenkaugen *a'* sind kreisrund und weisen auf der dem nächsten Kettenglied zugewendeten Seite in ihrer Bohrung je eine ebene Sehnenfläche *b'* auf. Die Laschen einer Gliedgruppe sind durch eine durchgehende Lagerschale *b* miteinander verbunden, wobei auch diese Lagerschale entsprechende ebene Sehnenflächen besitzt, so daß sie sich relativ zu den Laschen nicht verdrehen kann. Im Innern der Lagerschalen befinden sich die Verbindungsbolzen, die frei schwimmend in den Lagerschalen eingebaut sind, so daß sie sich frei rundherum drehen können.

Wie schon vorher erwähnt, befindet sich dieses Getriebe wie übrigens auch das nachfolgend beschriebene bisher nicht auf dem Markt, sondern beide Bauarten werden z. Z. noch erprobt, so daß über Lebensdauer, Wirkungsgrade und Bewährung keine Aussagen gemacht werden können.

## 7.07 Kladek-Getriebe [1]

Abb. 188 zeigt in schematischer Darstellung die Wirkungsweise einer Getriebebauart, die aus dem Rahmen aller bisher beschriebenen Getriebe herausfällt, Bei dieser Ausführung handelt es sich wie bei dem P. I. V.-

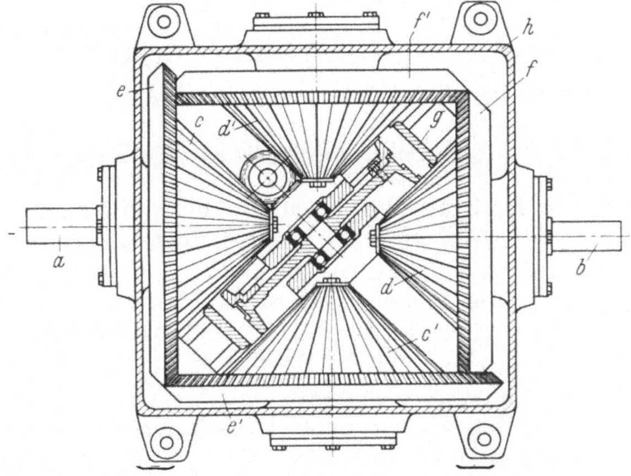


Abb. 188. Kladeck-Getriebe, schematische Darstellung. *a* treibende Welle; *b* getriebene Welle; *c* und *c'* treibende Kegelräder; *d* und *d'* getriebene Kegelräder; *e* und *e'* Kegelradverbindung zwischen den treibenden Kegelrädern; *f* und *f'* Kegelradverbindung zwischen den getriebenen Kegelrädern; *g* diagonal verschiebbares Zwischenrad mit beidseitiger Lamellenverzahnung; *h* Gehäuse

Getriebe System A (mit Lamellenverzahnungskette) um ein formschlüssiges Getriebe, jedoch nicht um ein Umschlingungsgetriebe.

Auf der treibenden Welle *a* sitzt ein mit einer Spezialverzahnung versehenes Kegelrad *c*. Auf dem unteren feststehenden Lagerbolzen läuft ein gleiches Kegelrad *c'* mit, das über die Hilfskegelräder normaler Ausführung *e* und *e'* mit gleicher Drehzahl angetrieben wird und so

---

[1] Hersteller: Wehinger & Co., Wien.

angeordnet ist, daß je ein Zahn des Kegelrades $c$ mit einer Zahnlücke des Kegelrades $c'$ zusammenfällt. Auf der getriebenen Welle $b$ ist ein genau gleiches Kegelradsystem bestehend aus den beiden getriebenen Kegelrädern $d$ und $d'$ sowie den beiden Verbindungskegelrädern $f$ und $f'$ angeordnet. Zwischen den differentialartig angeordneten spezialverzahnten Kegelrädern $c$ und $d'$ einerseits und $c'$ und $d$ andererseits ist ein schräg verschiebbares Zwischenrad $g$ angebracht. Dieses Zwischenrad ist geteilt und trägt, ähnlich wie bei dem P. I. V.-Getriebe System A (vgl. S. 116) an seinem Umfang verteilt eine Vielzahl von Stahllamellen, die beidseitig in axialer Stirnrichtung den Kegelrädern zugewendet eine Art plastischer Verzahnung bilden, wobei die Kegelradpaare so angeordnet sind, daß jeweils einer Zahnlücke auf der einen Seite immer ein Zahn auf der gegenüberliegenden Seite entspricht. Das Zwischenrad $g$ wird über Zahnstange und Ritzel von Hand diagonal verschoben. Kegelräder und Lamellen sind gehärtet, und das Getriebe läuft im Ölbad. Nach Angaben liegt die maximale Umfangsgeschwindigkeit der Kegelräder bei ungefähr 50 m/sek. Versuchsgetriebe sind bis zu einer übertragbaren Leistung von 50 PS gebaut und sollen nach Angaben der Herstellerfirma mit gutem Wirkungsgrad zufriedenstellende Ergebnisse gezeigt haben.

# 8. Theorie der Umschlingungsgetriebe mit keilförmigen Umlaufflächen

Allen vorbeschriebenen Umschlingungsgetrieben gemeinsam ist die Erfahrung, daß an einer Reibstelle nur eine geringe Kraft übertragen werden kann. Ein Reibgetriebe, besonders ein Umschlingungsgetriebe, ist also um so leistungsfähiger, je mehr Kraftübertragungsstellen parallel arbeiten. Die Parallelschaltung soll tunlichst so erfolgen, daß an allen Übertragungsstellen die gleiche Geschwindigkeit herrscht, weil sonst zwangsweise ein Relativschlupf auftritt, und das Getriebe mit einem unerwünschten Leistungsverlust belastet wird. Das Problem, alle Übertragungsstellen auf gleiche Geschwindigkeit, also auf gleiche Übersetzung einzustellen und zu halten, ist beim Umschlingungsgetriebe mit keilförmigen Umlaufflächen eigenen Gesetzen unterworfen. Jedes Stück eines Keilriemens oder jedes Glied einer umschlingenden Kette keilt sich zwischen den Doppelkegelscheiben so weit ein, wie es dem dort herrschenden Riemen- oder Kettenzug entspricht, und überträgt eine dieser Einkeilung entsprechende Umfangskraft. Dieses Kraftübertragungssystem ist unabhängig von der Wirkung äußerer Einstellorgane; eine Entwicklung von Verlustleistung zwischen den Kraftübertragungsstellen — etwa derart, daß ein Glied im Umschlingungsbogen voreilt, ein anderes gleichzeitig zurückbleibt —, ist nicht möglich. Um die physikalischen Vorgänge eines solchen Umschlingungsgetriebes zu erkennen, wurden Versuchsergebnisse mit der mathematisch theoretischen Rechnung nach EYTELWEIN[1] verglichen, was zu beträchtlichen Widersprü-

---

[1] EYTELWEIN, J. A.: Handbuch der Statik fester Körper, Bd. II, S. 21—23.

chen führte. Als Ursache der Abweichungen wurde von DITTRICH[1] der *spiralige* Umlauf von Zuggliedern auf Kegelscheiben erkannt. Diese charakteristische Eigenschaft keilförmiger Umschlingungsgetriebe wird durch Abb. 189 (zum besseren Verständnis übertrieben dargestellt) erläutert.

Der spiralige Lauf entsteht dadurch, daß mit dem Anwachsen der Zugkraft im Umschlingungsbogen von $Z_g$ bis $Z_z$ auch die Einkeilung zunimmt, daß also der Laufradius beim Durchlaufen des Umschlingungsbogens abnimmt. Zwei Punkte *1* der Kegelscheibe und *1'* des umschlingenden Zugbandes, die zu Beginn des Umschlingungsbogens (bei $\psi = 0°$) zusammenfallen, haben sich am Ende des Umschlingungsbogens (in der Abb. 189 also bei $\psi = 180°$) um ein gewisses Maß voneinander entfernt. Der Punkt *1'* auf dem Zugband beschreibt dabei auf der Kegelscheibe eine Bahn, wie sie auf der Abb. 189 eingezeichnet ist. Diese Gleitbewegung des Übertragungsmittels auf der Kegelscheibe stellt den Schlupf des Getriebes dar, wobei die Richtung der Reibungskraft der Bewegungsrichtung entgegengesetzt ist. Die Reibungskraft ist zu Beginn (bei $\psi = 0°$) radial gerichtet und wird im Verlaufe des

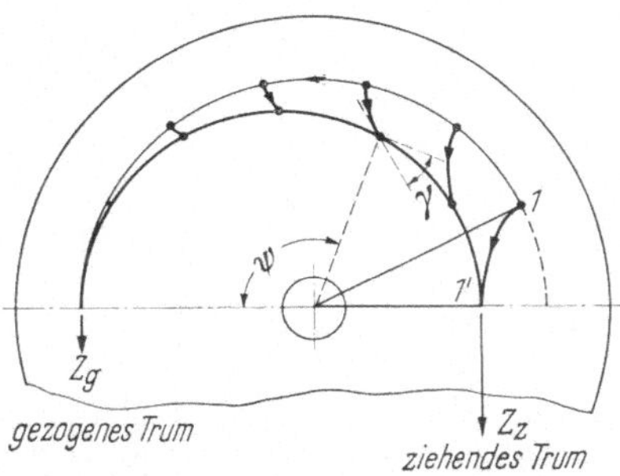


Abb. 189. Spiraliger Lauf eines Keilrillen-Getriebes (nach O. DITTRICH: Theorie des Umschlingungstriebes mit keilförmigen Reibscheibenflanken). $Z_g$ Zugkraft im gezogenen Trumm; $Z_z$ Zugkraft im ziehenden Trumm

Umschlingungsbogens mehr und mehr in Umfangsrichtung, von dieser um den Winkel $\gamma$ abweichend, umgelenkt. Zur Übertragung der Umfangskräfte stehen nur die in Umfangsrichtung verlaufenden Komponenten der Reibungskräfte zur Verfügung, während die radial verlaufenden Kraftkomponenten für die Leistungsübertragung wertlos sind, da sie kein Drehmoment aufnehmen oder erzeugen.

Man erkennt also, daß bei Umschlingungsgetrieben mit Keilrillenscheiben die Energieübertragung nicht durch das vom Flachriemengetriebe her bekannte EYTELWEINsche Gesetz errechnet werden kann, weil dieses voraussetzt, daß die Reibungskräfte auf der Scheibe ausschließlich in Umfangsrichtung übertragen werden. Nach EYTELWEIN würde sich als Verhältnis der jeweiligen Zugkräfte in dem Übertragungsmittel ergeben:

$$\frac{Z}{Z_g} = e^{\frac{\mu}{\sin \nu} \cdot \psi} .$$

Für einen Reibungskoeffizienten von $\mu = 0{,}06$ (Stahl auf Stahl) und für einen Keilwinkel von $2\nu = 13°$ sind die entsprechenden rechnerischen Werte von dem Verhältnis der Zugkräfte $\frac{Z}{Z_g}$ in Abhängigkeit vom

---

[1] DITTRICH, O.: Theorie des Umschlingungstriebes mit keilförmigen Reibscheibenflanken, Diss. 1953, TH Karlsruhe.

9*

Umschlingungswinkel $\psi$ in Abb. 190 Kurve $a$ aufgetragen. Diese Werte stimmen jedoch nicht mit der Wirklichkeit überein, sondern die Zugkräfte verhalten sich zueinander, wie in der Kurve $b$ dargestellt (nach DITTRICH). Abb. 190 zeigt also, daß bei einem keilförmigen Getriebe die Energieübertragung nicht so wirkungsvoll sein kann, wie man das nach EYTELWEIN erwarten sollte; der Anstieg der Zugkraft in einem Umschlingungsbogen von $\psi = 180°$ beträgt etwa nur die Hälfte der nach EYTELWEIN errechneten Werte.

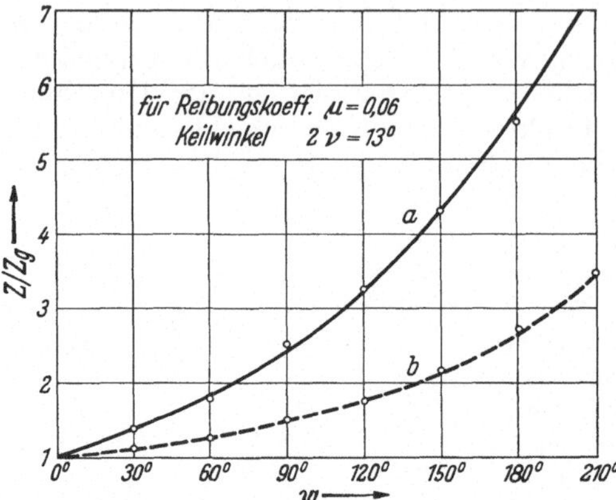


Abb. 190. Anstieg der Zugkraft im Umschlingungsbogen (nach EYTELWEIN und DITTRICH)

Außer der Zugkraft im Übertragungsmittel interessiert für die Konstruktion eines stufenlos verstellbaren Umschlingungsgetriebes vor allem die Kraft, mit der die Kegelscheiben durch die Einkeilung auseinandergespreizt werden, bzw. die Reaktionskraft, d. h. die Kraft, mit der die Kegelscheiben von außen aneinander bzw. an das Übertragungsmittel gepreßt werden müssen, damit das Getriebe die gewünschten Nutzkräfte durch Reibung übertragen kann. Hierfür liefern die Untersuchungen von DITTRICH[1] auf Grund von Versuchen ein Diagramm, das alle wichtigen Werte als dimensionslose Größen abzulesen gestattet. Abb. 191 zeigt als Beispiel für ein Übersetzungsverhältnis von 1:1 bei einem Keilwinkel von $2\nu = 12°$ das Verhältnis der Zugkraft im ziehenden zu der im gezogenen Trumm $Z_z/Z_g$ in Abhängigkeit von dem Reibungskoeffizienten $\mu$, das vom ziehenden zum

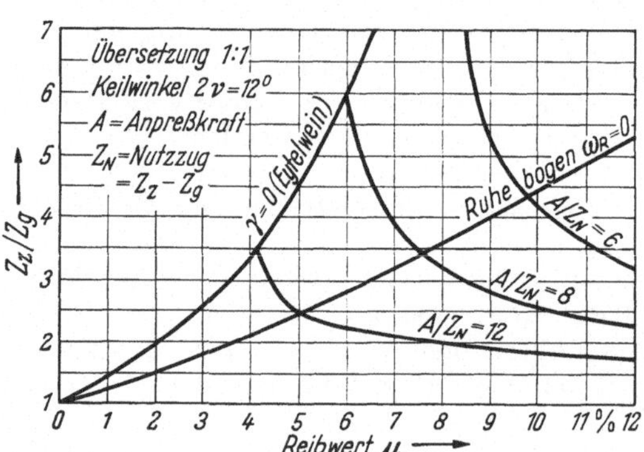


Abb. 191. Getriebe-Kennwerte (nach DITTRICH)

gezogenen Trumm längs einer charakteristischen Linie ansteigt, für die der Ruhebogen gerade verschwindet ($\omega_R = 0$). Das Übertragungsmittel befindet sich also am Beginn der Umschlingung relativ zu den Kegelscheiben gerade noch in Ruhe. Längs dieser Linie erfolgt bei keilförmigen

---

[1] Siehe Anm. 1 S. 131.

Umschlingungsgetrieben die günstigste Energieübertragung. Unterhalb dieser Linie steigt die Einkeilung und damit die Belastung der Reibkörper durch Pressung unnötig hoch an. In Abb. 192 ist dieser Zustand schematisch und übertrieben dargestellt. Der Ruhebogen, auf dem keine Gleitbewegung, aber auch keine Kraftübertragung stattfindet, nimmt einen Teil des gesamten Umschlingungswinkels (auch hier $\psi = 180°$ angenommen) in Anspruch; nur auf dem verbleibenden Teil des Umschlingungswinkels (Funktionsbogen) findet die Kraftübertragung statt. Oberhalb der vorgenannten Linie in Abb. 191 beginnt das Übertragungsmittel schon bei Beginn der Umschlingung zu schlüpfen, wodurch unnötige Verluste und verstärkter Verschleiß

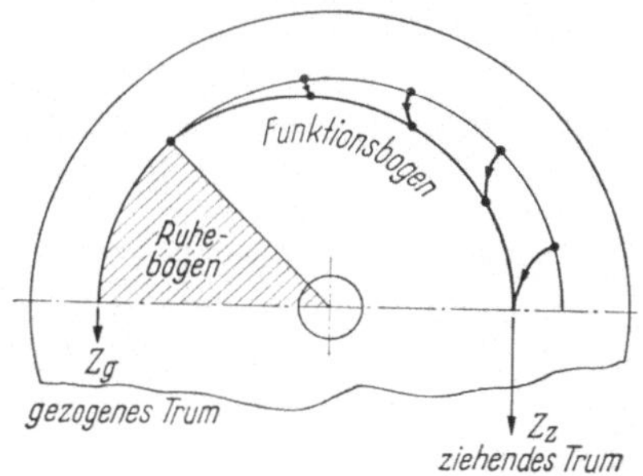


Abb. 192. Ruhebogen und spiraliger Lauf bei Keilrillengetrieben (nach DITTRICH)

hervorgerufen werden. An der oberen Grenzlinie ($\gamma = 0$) ist der Schlupf schließlich so groß, daß trotz des spiraligen Laufes nach innen alle Reibungskräfte praktisch in Umfangsrichtung wirken und damit die EYTELWEINschen Gesetze Gültigkeit erhalten.

Diese beiden Linien in Abb. 191 werden von einer Kurvenschar geschnitten, bei der für jede Kurve das Verhältnis von Anpreßkraft $A$ zum Nutzzug $Z_N$ durch einen bestimmten Wert festgelegt ist. Soll also beispielsweise ein Getriebe bei einem Reibungskoeffizienten von 0,05 für verschwindenden Ruhebogen ausgelegt werden, muß die axiale Anpreßkraft zwölfmal so groß gemacht werden wie der Nutzzug, den das Getriebe übertragen soll. Wenn sich der Reibungskoeffizient nicht ändert, ist dieses Verhältnis zwischen Anpreßkraft und Nutzzug immer beizubehalten, um das Getriebe unter günstigsten Bedingungen arbeiten zu lassen. Es folgt aus dieser Erkenntnis, daß die Vorrichtung zur Erzeugung der axialen Anpreßkräfte so ausgeführt wird, daß sie ständig dem Nutzzug proportionale Anpreßkräfte hervorruft (vgl. hierzu S. 124 und Abb. 181).

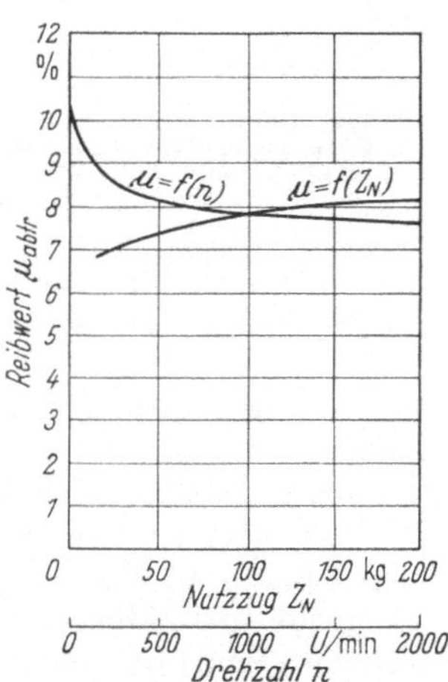


Abb. 193. Reibwerte bei einem P.I.V.-Getriebe System RS in Abhängigkeit von Nutzzug und Antriebsdrehzahl

Abb. 191 läßt erkennen, daß Voraussetzung für richtige Auslegung und beste Ausnutzung stufenlos verstellbarer Umschlingungsgetriebe genaue Kenntnis der tatsächlichen Reibungskoeffizienten ist. Für Umschlingungsgetriebe mit Reibketten (z. B. der Ringrollenkette nach Abb. 175) wurden die Reibungskoeffizienten während des Betriebes durch Messungen mit Hilfe von Dynamometern bestimmt. Abb. 193 zeigt den ermittelten Verlauf dieser Reibungskoeffizienten an einem belastet laufenden Getriebe. Man erkennt, daß der Reibungskoeffizient von der Belastung des Getriebes und von den Drehzahlen nur wenig beeinflußt wird. In Abb. 194 dagegen ist zu erkennen, daß er sich mit dem Übersetzungsverhältnis des Getriebes stark verändert, und zwar so, daß er bei einer Übersetzung ins Schnelle stark verkleinert wird.

Aus den theoretischen Erkenntnissen einerseits und aus den empirisch festgestellten Änderungen der Reibungskoeffizienten andererseits ist zu folgern, daß

a) die Anpreßkräfte zwischen Kegelscheiben und Übertragungsmittel dem Drehmoment proportional sein sollen,

b) das Verhältnis von Anpreßkräften zu Nutzzügen so hoch zu sein hat, daß der Ruhebogen gerade verschwindet und

c) die Anpreßkräfte so veränderlich sein müssen, daß entsprechend dem Diagramm nach Abb. 194 Änderungen entsprechend den Übersetzungsverhältnissen, die jeweils eingestellt werden, vorgenommen werden.

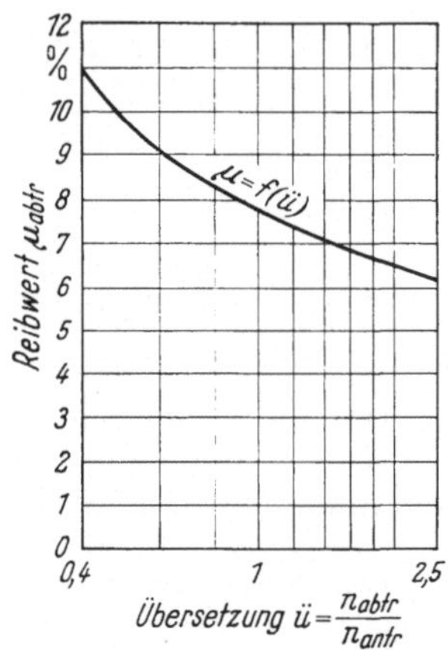

Abb. 194. Reibwerte bei einem P. I. V.-Getriebe System RS in Abhängigkeit vom eingestellten Übersetzungsverhältnis

Alle diese Forderungen werden durch Anpreßvorrichtungen nach Abb. 181 weitgehend erfüllt, wenn die Kurvenbahnen der Kugeln mit einem veränderlichen Steigungswinkel den vorbeschriebenen Gesetzen folgend ausgeführt werden. Außerdem sind zweckmäßig die Kurvenbahnen auf der An- und Abtriebsseite verschieden zu gestalten, da die Spreizkräfte für die Kegelscheiben an der Antriebsseite immer größer sind als auf der Abtriebsseite, auch dann, wenn das eingestellte Übersetzungsverhältnis 1:1 beträgt. Eine theoretische Erklärung für diese Erscheinung wurde in dem Ergebnis der Untersuchungen von DITTRICH[1] gegeben. Bei einem so konstruierten Getriebe sind dann allerdings An- und Abtriebswelle nicht mehr beliebig vertauschbar.

Nach Untersuchungen von NIEMANN[2] über Reibradgetriebe ist von allen bekannten Materialpaarungen der Lauf von Stahl auf Stahl trotz des verhältnismäßig niedrigen Reibungskoeffizienten am günstigsten, weil diese Paarung geringste Abmessungen, geringste Verluste und größte Lebensdauer gewährleistet, allerdings besonders große Anpreßkräfte erfordert. Aufgabe einer geschickten konstruktiven Ausführung ist es, diese Anpreßkräfte so aufzubringen und abzustützen, daß nur geringe Verluste bewirkt werden.

---

[1] Siehe Anm. 1, S. 131.
[2] NIEMANN, G.: Reibradgetriebe. Konstruktion 5. Jg. (1953) S. 34 ff.

# 9. Schaltwerksgetriebe

Unter den mechanischen Getrieben, die der stufenlosen Drehzahlveränderung dienen, nehmen die Schaltwerksgetriebe eine Sonderstellung ein, denn bei ihnen wird die gleichförmige Drehung der Antriebswelle zunächst in die Schwingbewegung einer Zwischenwelle (oder von mehreren Zwischenwellen) umgeformt, bevor sie durch gerichtete, also in nur einer Drehrichtung wirkende Schalter in die veränderliche Drehbewegung der Abtriebswelle umgewandelt wird. Zum Zwecke der Änderung des Übersetzungsverhältnisses wird bei allen Schaltwerksgetrieben der pendelnde Schwingungsausschlag der Zwischenwelle oder -wellen beeinflußt. Um Drehzahlen der getriebenen Wellen mit gleichbleibenden Winkelgeschwindigkeiten zu erhalten, sind entweder Schwungmassen oder Überlagerungen versetzt angeordneter Schaltwerkssysteme erforderlich. Die vorgenannten *Freilaufschalter* werden sowohl form- als auch kraftschlüssig ausgeführt und wirken jeweils zur Zeit ihrer größten Hub-, Pendel- oder Ausschlagsgeschwindigkeit auf die Abtriebswelle und erteilen dieser eine mehr oder weniger um einen Mittelwert schwankende einseitige Winkelgeschwindigkeit, also Drehung.

Die Tatsache, daß bislang Schaltwerksgetriebe nicht die praktische Bedeutung anderer stufenlos verstellbarer mechanischer Getriebe erlangt haben, mag insbesondere durch die konstruktiven und betrieblichen Schwierigkeiten für die Hubverstellung des pulsierenden Abtriebes, der damit bedingten Vielfachanordnung von Pendelgliedern und Schaltwerken und der außerdem nicht immer befriedigenden Gleichlaufeigenschaften bedingt sein. Die Vielfachanordnung von Pendelgliedern und Schaltwerken bedingt außerdem immer in der Frequenz der Gliedzahlen eine gewisse und schwer zu beseitigende Resonanzgefahr.

Nachstehend soll eine Reihe von in der Praxis bewährten sowie einiger weiterer besonders interessanter Versuchausführungen von Schaltwerksgetrieben besprochen und beschrieben werden.

## 9.01  Jahnel-Regelgetriebe[1]

Fußend auf den Patenten der früheren Vasanta-Maschinenfabrik, Dresden, deren Rechte und Erfahrungen nach dem zweiten Weltkrieg von der jetzigen Herstellerfirma übernommen wurden, ist ein Getriebe entwickelt worden, dessen grundsätzliche Wirkungsweise der Abb. 195 zu entnehmen ist.

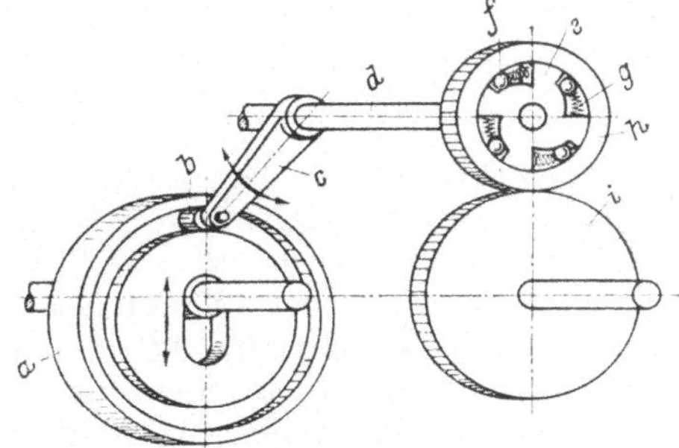

Abb. 195. Schematische Darstellung der Wirkungsweise des JAHNEL-Getriebes. *a* Radial verstellbare Scheibe auf Antriebswelle; *b* Rolle; *c* Schwingenhebel; *d* Hilfswelle; *e* kreuzförmige Scheibe; *f* zylindrische Walzen; *g* Druckfedern; *h* Zahnkranz; *i* Antriebszahnrad

---

[1] Hersteller: Zahnräderfabrik Bochum, A. Jahnel, Bochum.

Es handelt sich dabei um ein Gesperrewerk zur *stufenlosen Drehzahländerung.* Auf der treibenden Welle sitzt eine quer zur Achse verschiebbare Scheibe *a,* die an ihrer Stirnseite eine kreisrunde Ringnut trägt.
In diese Ringnut greift eine Rolle *b* ein, die auf dem Hebel *c* angeordnet
ist, welcher sich um die Hilfswelle *d* schwingend bewegen kann. Unter
der Voraussetzung, daß die Scheibe *a* zentrisch zur Antriebswelle eingestellt wird, macht der Schwingenhebel *c* keine Winkelbewegung; eine
exzentrische Verschiebung der
Scheibe *a* dagegen bewirkt eine
pendelnde Bewegung des Hebels *c,*
die sich auf die Hilfswelle *d* überträgt. Diese steht in Verbindung
mit einem Freilaufwerk, das im
wesentlichen aus einer kreuzförmigen Scheibe *e,* einem darum
liegenden Zahnradring *h* und mehreren am Umfang verteilten zylindrischen Walzen *f* besteht, die mit
Hilfe kleiner Spiralfedern *g* innerhalb der kommaförmigen Hohl

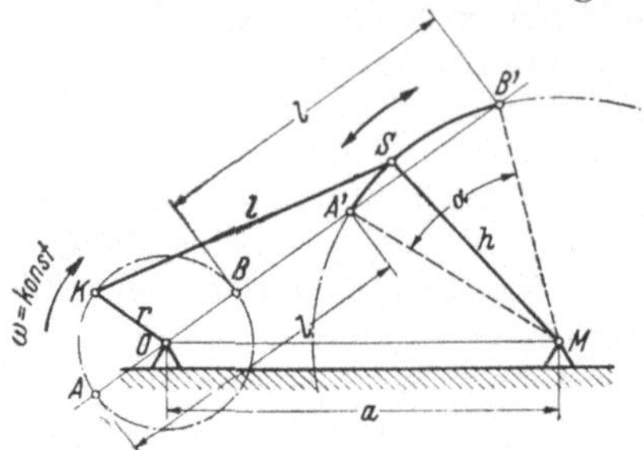

Abb. 196. Schema der Kinematik
beim Jahnel-Getriebe

räume zwischen Kreuzkörper *e* und Ring *h* in Richtung der geringeren
Breite verschoben werden. Durch diese Einrichtung wird erreicht, daß
eine unterbrochene einseitige Mitnahme des Zahnradringes *h* durch
die pendelnd bewegte Hilfswelle *d* erfolgt. Diese stoßartige Bewegung wird auf das
wieder zentral liegende Abtriebszahnrad *i* und damit
auch auf die Abtriebswelle
selber in Form einzelner Bewegungsstöße übertragen.

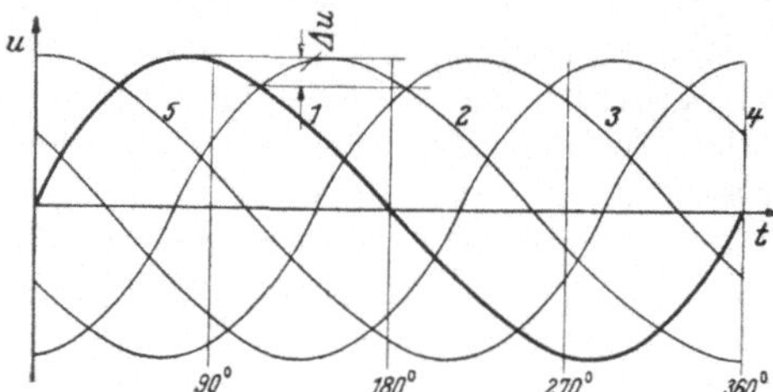

Abb. 197. Zustandekommen der Geschwindigkeits
Überlagerung beim Jahnel-Getriebe

Das Jahnel-Regelgetriebe
ist ein Koppelgetriebe, dessen
kinematische Grundform in
Abb. 196 dargestellt ist.

Die Kurbel *OK* mit dem Radius *r* dreht sich mit konstanter Winkelgeschwindigkeit beispielsweise in Rechtsrichtung um ihren Mittelpunkt
*O.* Über die Übertragungsstange *KS* mit der Länge *l* wird diese Bewegung
auf den Schwingenhebel *SM* mit der Länge *h* übertragen, so daß dieser
um den Schwingenmittelpunkt *M* eine pendelnde Drehbewegung mit
dem Winkel $\alpha$ ausführt. Steht die Kurbel im unteren Totpunkt *A,*
nimmt der Schwingenhebel die Stellung *A′—M* ein. Der Kurbelstellung
des oberen Totpunktes *B* entspricht die Schwingenhebelstellung *B′—M.*
Ermittelt man zeichnerisch oder rechnerisch die jeweiligen Geschwindigkeiten *u* am freien Ende des Schwingenhebels *h,* erhält man ein sinusähnliches Gesetz, das in der Kurve Nr. 1 der Abb. 197 zum Ausdruck
gebracht ist. Da insgesamt 5 Übertragungssysteme vorhanden sind, die
je um einen Winkel von $^1/_5$ des Umfanges oder von 72° versetzt sind, muß

die gleiche Geschwindigkeitskurve fünfmal um diesen Winkel versetzt aufgetragen werden. Das Freilaufelement des Getriebes gestattet demnach einen Abfall der Umfangsgeschwindigkeit nur bis zum Schnittpunkt von zwei der gezeichneten Kurven; es ist also ein Geschwindigkeitsabfall von $\varDelta u$ möglich. Durch geschickte Wahl der Gliedlängen $r$, $l$ und $h$ kann man den Verlauf der sinuiden Geschwindigkeitskurven so gestalten, daß der Geschwindigkeitsunterschied $\varDelta u$ nur ungefähr 7% der größten

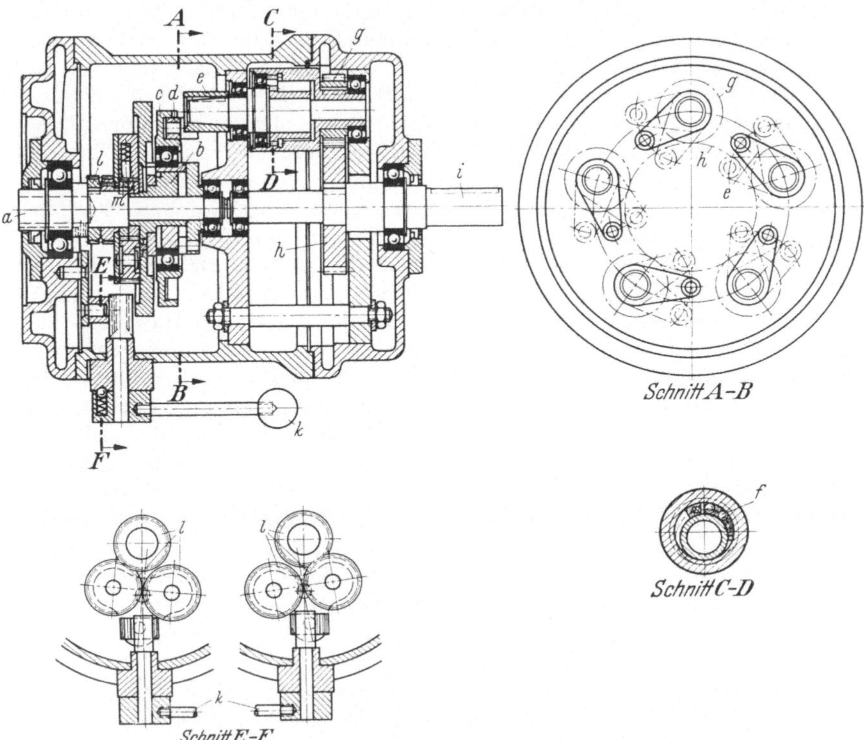

Abb. 198. Aufbau und Wirkungsweise des JAHNEL-Getriebes. $a$ treibende Welle; $b$ Exzenter auf der treibenden Welle, verdrehbar; $c$ Scheibe mit Stirnkreisnut; $d$ Führungsrollen; $e$ pendelnde Schwinghebel; $f$ Freilaufgesperre; $g$ äußere Abtriebsräder; $h$ zentrales Abtriebsrad; $i$ getriebene Welle; $k$ Hand-Verstellhebel; $l$ Verstellräder in den Schwingen; $m$ Verstellgetriebe für Exzenter $b$

Umfangsgeschwindigkeit wird. Unter Berücksichtigung der Massenträgheit bedeutet das sodann, daß für viele Verwendungszwecke die Winkelgeschwindigkeit der abgetriebenen Welle als ausreichend gleichmäßig anzusprechen ist.

Die tatsächliche Wirkungsweise des JAHNEL-Regelgetriebes sei an Hand der Zeichnungen von Abb. 198 beschrieben:

Auf der gleichförmig umlaufenden Antriebswelle $a$ befindet sich ein Exzenter $b$ und auf diesem eine Scheibe mit exzentrischer Bohrung $c$, die an ihrer rechten Stirnseite konzentrisch zu ihrer Umfangskontur eine kreisrunde Stirnnute aufweist. Durch Verdrehen des inneren Exzenters $b$

kann in einem Grenzfall erreicht werden, daß die Stirnnutenscheibe $c$ ohne jede Exzentrizität zur Achse umläuft. Im anderen Grenzfalle wird diese Scheibe mit der Summe aus ihrer eigenen und der Exzentrizität des inneren Exzenters bewegt. Diese veränderliche Exzentrizität wird durch den Handhebel $k$, die auf einer Schwinge angeordneten Räder $l$ und durch ein Planetengetriebe $m$ verstellt. Die Verstellung kann dabei sowohl bei laufendem Getriebe als auch im Stillstand vorgenommen werden. In der Stirnnute der Scheibe $c$ laufen die Führungsrollen $d$, die an den Schwinghebeln $e$ befestigt sind. Diese Schwinghebel führen bei einer eingestellten Exzentrizität der Scheibe $c$ einen pendelnden Winkelausschlag aus, der über die Freilaufgesperre $f$ auf die äußeren Abtriebsräder $g$ im Sinne gleichgerichteter Drehimpulse übertragen wird. Die gleichsinnige Drehbewegung der äußeren Abtriebsräder $g$ wird über das zentrale Abtriebsrad $h$ auf die getriebene Welle $i$ übertragen. Da insgesamt fünf gleichartige Systeme, bestehend aus Führungsrollen, Schwinghebeln, Freilaufgesperren und äußeren Abtriebsrädern in gleichen Abständen um die Abtriebswelle herum angeordnet sind, erhält das Zentralrad $h$ und damit die Abtriebswelle dauernd sich überlagernde Drehimpulse (vgl. Abb. 197), so daß — verstärkt durch die Trägheit der umlaufenden Massen — ausreichend gleichförmige Drehbewegung für die meisten Anwendungszwecke hervorgerufen wird. Wenn das Exzenter $b$ so eingestellt ist, daß die Nutenscheibe $c$ keine Exzentrizität zur Achse besitzt, so machen die Schwinghebel $e$ keine Bewegung; die Abtriebswelle steht also still. Bei der größtmöglichen Exzentrizität der Nutenscheibe $c$ wird die maximale Drehzahl der Abtriebswelle erzeugt. Bei Abtriebsdrehzahlen unter 100 U/min kann jedoch nicht mehr die volle Nennleistung des Getriebes übertragen werden. An- und abgetriebene Wellen sind gleichachsig.

Alle exzentrisch verstellten Teile werden durch entsprechende Gegengewichte selbsttätig ausgewuchtet, wodurch ruhiger und erschütterungsfreier Lauf herbeigeführt wird. Diese Getriebebauart, von der Abb. 199

Abb. 199. JAHNEL-Getriebe, Außenansicht eines Plexiglas-Modells mit Einsichtmöglichkeit in die Innenanordnung

in photographischer Wiedergabe eines durchsichtigen Plexiglasmodelles
einen Einblick in die innere Anordnung gewährt, wird in fünf verschiedenen Größen mit übertragbaren Leistungen von 1,5···30 PS ausgeführt,
wobei bei einer Eingangsdrehzahl von 1500 U/min Abtriebsdrehzahlen
von wahlweise 0—300, 0—600 und bei den Größen bis 15 PS auch
0—1000 U/min erzeugt werden. Der Wirkungsgrad der JAHNEL-Getriebe
liegt je nach der Drehzahleinstellung zwischen 84 und 88%, und zwar
erreicht er bei niedrigen Abtriebsdrehzahlen die Bestwerte und fällt bis
zur Höchstdrehzahl der Abtriebswelle ungefähr linear auf ungefähr 84%
ab, was durch die dabei auftretenden größeren dynamischen Verluste
bedingt ist.

## 9.02 Morse-Getriebe[1]

Auch bei dieser Ausführung handelt es sich um ein stoßweise arbei-
tendes Getriebe, das insbesondere für den Antrieb von Baumaschinen,
speziell von Betonmischmaschinen, entwickelt wurde. Abb. 200 gibt das
Schema der Kinematik dieses Getriebes wieder, während Abb. 201 die
Ausführung erkennen läßt. Nach Abb. 200 wird die Abtriebsdrehzahl

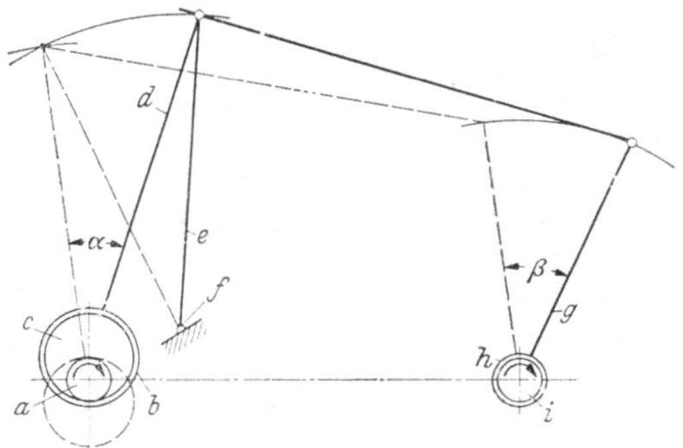


Abb. 200. Schema der Kinematik von dem Schaltwerks-Getriebe nach Abb. 201.
*a* Antriebswelle; *b* Lager; *c* Exzenter; *d* Antriebsstange; *e* Regelstange; *f* verstellbarer Drehpunkt; *g* Abtriebsstange; *h* Freilaufkupplung; *i* Abtriebswelle;
α und β Schwenkwinkel

dadurch verändert, daß der Drehpunkt der Regelstangen *e* verstellt
wird. Die Drehpunkte *f* aller Regelstangen liegen auf einem Ringkörper
*k*, der durch Handrad über eine Schnecke verdreht wird und an seinem
äußeren Umfang teilweise mit einer Schneckenradverzahnung versehen
ist. Die Freilaufkupplungen *h* auf der abgetriebenen Welle *i* verhindern
eine Rückdrehmöglichkeit dieser Welle. Wenn die Antriebswelle *a* mit
gleichförmiger Winkelgeschwindigkeit umläuft, so führt die Antriebsstange *d*, an deren gelenkiger Verbindung mit der Regelstange *e* eine
Rolle sitzt, die von der Nockenbahn *l* geführt wird, Schwingbewegungen
aus, die sich über die Freilaufkupplungen *h* und die Zahnräder *g* auf die

---

[1] Hersteller: Morse Chain Co., Detroit/Mich. (USA). Nähere Angaben über dieses
Getriebe vgl. Machine Design Bd. 27 (1955) Nr. 4, S. 168—199.

Abtriebswelle $i$ übertragen. Durch die Verstellung der Drehpunkte $f$ werden die Schwenkhebel $\alpha$ und $\beta$ verändert. Die höchste Antriebsdrehzahl für diese Getriebebauart liegt bei 250 U/min, wobei dann die Abtriebsdrehzahlen von $1 \cdots 55$ U/min verändert werden können. Die größte Abtriebsdrehmoment beträgt 28 kgm. Als Wirkungsgrade werden von der Herstellerfirma Werte von 95% bei Vollast angegeben, die sich auch bei Veränderung der Abtriebsdrehzahlen nur wenig ändern sollen.

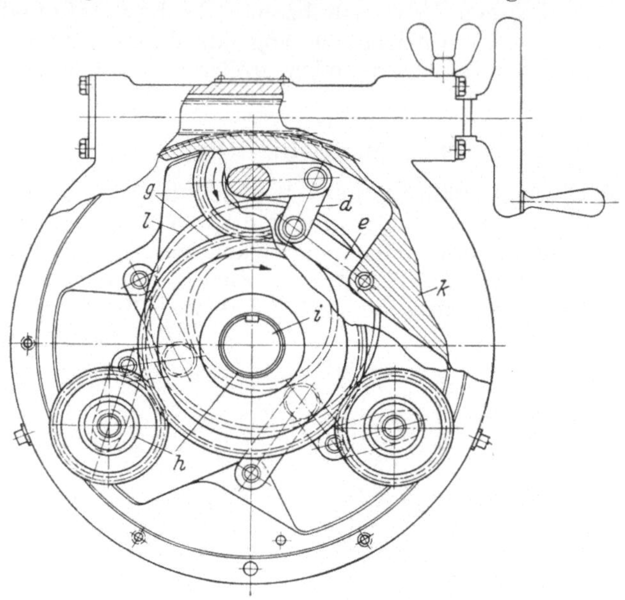

Abb. 201. Morse-Getriebe. $d$ Antriebsstange; $e$ Regelstange; $h$ Freilaufkupplungen; $i$ Abtriebswelle; $k$ Platte mit den Drehpunkten der Regelstangen $e$; $l$ Nockenlaufbahn

## 9.03 Metzger-Getriebe [1]

Konstruktiv andere Wege werden bei dem Getriebe nach Abb. 202 beschritten.

Ein angeflanschter Elektromotor treibt mit gleichbleibender Winkelgeschwindigkeit über die Antriebswelle $a$ vier Kurvenkörper $b_1$ bis $b_4$ an, die je um 90° versetzt und axial paarweise symmetrisch angeordnet sind. Alle vier Kurvenkörper besitzen axial stufenlos veränderliche Umfangskonturen. Über diesen Kurvenkörpern liegen die schmalen Laufrollen $c_1$ bis $c_4$, die den vier Schalthebeln $d_1$ bis $d_4$ bei Drehung der Kurvenkörper $b$ pendelnde Schwingbewegungen erteilen. Zwischen den Schalthebeln $d$ und der Abtriebswelle $e$ sind Freilaufkupplungen (s. Schnitt $C—C$) angeordnet, die die pendelnde Drehbewegung der Schalthebel $d$ in einseitig wirkende Kraftimpulse umwandeln. Die Größe der Pendelaus-

---

[1] Hersteller: Zahnräderfabrik Zuffenhausen, Gebr. Metzger AG., Stuttgart-Zuffenhausen.

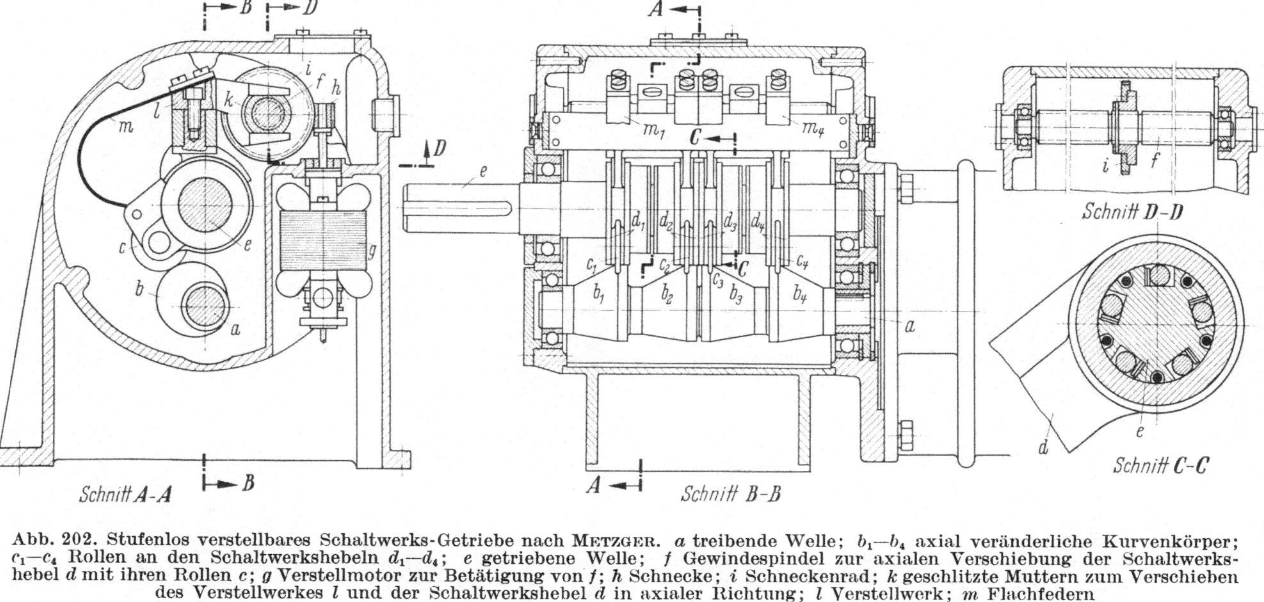



Abb. 202. Stufenlos verstellbares Schaltwerks-Getriebe nach METZGER. $a$ treibende Welle; $b_1$—$b_4$ axial veränderliche Kurvenkörper; $c_1$—$c_4$ Rollen an den Schaltwerkshebeln $d_1$—$d_4$; $e$ getriebene Welle; $f$ Gewindespindel zur axialen Verschiebung der Schaltwerkshebel $d$ mit ihren Rollen $c$; $g$ Verstellmotor zur Betätigung von $f$; $h$ Schnecke; $i$ Schneckenrad; $k$ geschlitzte Muttern zum Verschieben des Verstellwerkes $l$ und der Schaltwerkshebel $d$ in axialer Richtung; $l$ Verstellwerk; $m$ Flachfedern

schläge der Schalthebel $d$ ist von ihrer jeweiligen axialen Einstellung abhängig. Das Weg-Zeit-Gesetz der Kurvenkörper soll eine gleichförmige Geschwindigkeit über eine hinreichend lange Schaltzeit gewährleisten, so daß die vier phasenverschoben arbeitenden Schaltwerke eine ausreichende Überdeckung ergeben.

Zum Verstellen des Übersetzungsverhältnisses ist ein kleiner Hilfsmotor $g$ mit doppelter Wicklung für beide Drehrichtungen eingebaut, der über die Schnecke $h$ und das Schneckenrad $i$ die Gewindespindel $l$ verdreht. Diese Verstellspindel $l$ trägt zwei geschlitzte Muttern $k$, in die die Schaltgabeln der Verstellwerke eingreifen. Durch die Flachfedern $m$ werden die Rollen $c$ über die Schwinghebel $d$ gegen die Kurvenkörper $b$ gepreßt.

Diese Getriebe sind zunächst zur Übertragung von Leistungen bis 12 PS bei einer Antriebsdrehzahl von rund 1500 U/min vorgesehen und befinden sich noch im Stadium der Erprobung. Über die erzielbaren Wirkungsgrade konnten keine Angaben gemacht werden.

### 9.04 Zero-Max-Getriebe[1]

Bei dem Zero-Max-Getriebe nach Abb. 207 werden zur stufenlosen Änderung der Abtriebsdrehzahlen vier oder mehr (vgl. Abb. 206) Schaltwerksysteme, wie an Hand der Abb. 203—205 beschrieben, verwendet. Jedes der einzelnen Schaltwerksysteme arbeitet, wie am besten aus der Zeichnung Abb. 204 zu entnehmen: Auf der treibenden Welle $a$ befindet sich eine exzentrische Scheibe $b$, um die eine Pleuelstange $d$ angeordnet ist. Das untere Auge dieser Pleuelstange würde demnach, wenn es frei nach unten hängen würde, eine hin- und hergehende Hubbewegung mit der doppelten Exzentrizität als Hubgröße ausführen. Da jedoch dieses Auge $B$ durch den Verstellhebel $e$, der sich um den

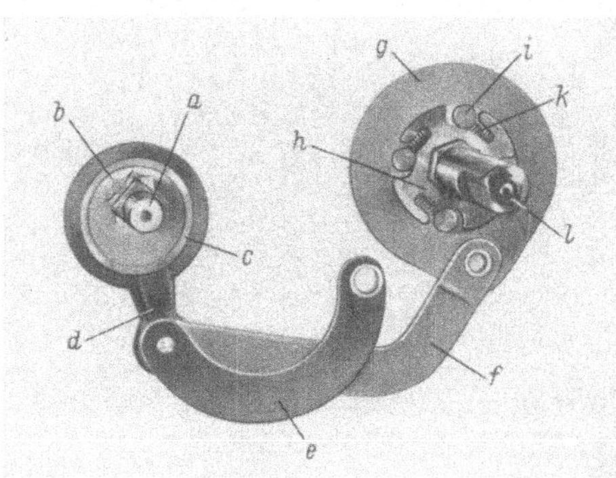

Abb. 203. Einzel-Schaltwerksystem beim Zero-Max-Getriebe. $a$ treibende Welle; $b$ Exzenterscheibe; $c$ Gleitlagerring; $d$ Pleuelstange; $e$ Verstellhebel; $f$ Übertragungshebel; $g$ Pendelring; $h$ Kupplungsscheibe; $i$ Mitnehmerrollen; $k$ Andrückfedern; $l$ Abtriebswelle

feststehenden Punkt $A$ pendelnd bewegt, gehalten wird, muß sich der Punkt $B$ auf einem Kreisbogen mit dem Radius $AB$ bewegen, also bei der Endeinstellung des Punktes $A$ in $A_1$ auf einem Kreisbogen mit dem Radius $A_1 B_1$ um $A_1$. Wird nun der Drehpunkt des Hebels $e$ aus seiner links dargestellten Grenzlage $A_1$ nach der rechts dargestellten Grenzlage $A_2$ verstellt, so ist der Punkt $B$ gezwungen, sich auf einem

---

[1] Hersteller: Revco Inc., Minneapolis/Minn. (USA).

Kreisbogen mit dem gleichen Radius, aber mit dem Mittelpunkt $A_2$ zu bewegen. An dem Verbindungspunkt $B$ zwischen Pleuelstange $c$ und Verstellhebel $e$ ist nun außerdem noch ein dritter Hebel, der Über-

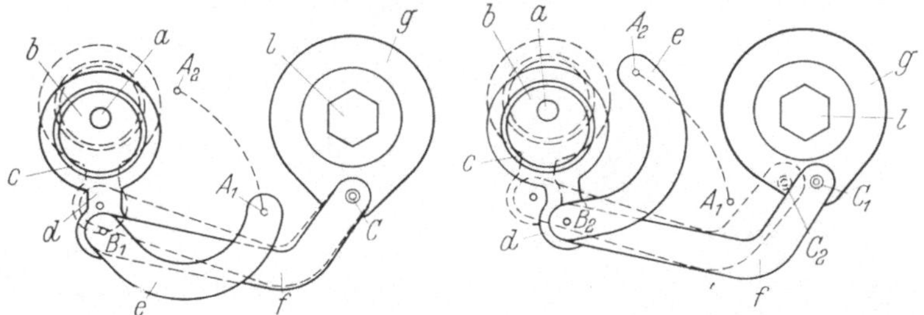

Abb. 204. Schematische Darstellung des Verstellvorganges beim Zero-Max-Getriebe (Bezugszeichen s. Abb. 203). $A_1$ und $A_2$ Grenzlagen für Verstellweg von dem Verstellhebel $c$; $B$ Grenzlagen des linken Auges vom Übertragungshebel $f$; $C$ Grenzlagen des rechten Auges vom Übertragungshebel

tragungshebel $f$, angelenkt. Das rechte Auge dieses Hebels $C$ verändert seine Lage in der links dargestellten Einstellung nicht, der Pendelring $g$ steht also still, während in der rechts dargestellten Einstellung bei einer Umdrehung von $a$ der Punkt $C$ sich von $C_1$ nach $C_2$ und wieder zurück bewegt und dabei dem Pendelring $g$ eine Pendelbewegung mit maximalem Winkelausschlag erteilt.

Zwischen dem Pendelring $g$ und der getriebenen Welle $l$ ist auch bei dieser Getriebeausführung eine Art Freilaufkupplung eingebaut, die aus den Mitnehmerrollen $i$, den Andrückfedern $k$ und einer zweckmäßig gestalteten Kupplungsscheibe $h$ besteht (s. Abb. 203).

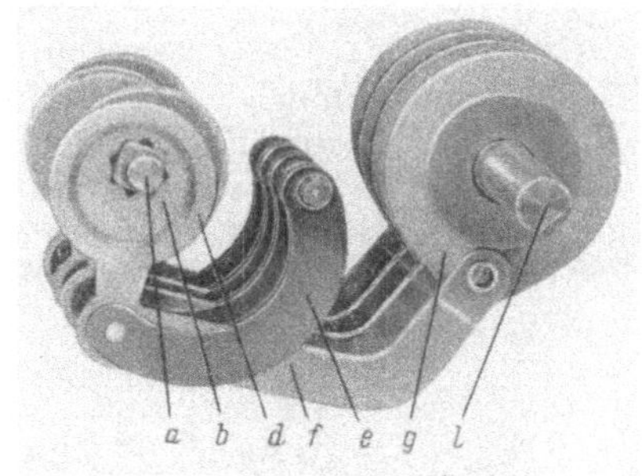

Abb. 205. Vierfach-Schaltwerksystem eines Zero-Max-Getriebes (Bezugszeichen s. Abb. 203)

Abb. 205 und 206 lassen erkennen, daß, um einen möglichst guten Gleichlauf der Abtriebswelle zu erreichen, nicht nur ein solches Schaltwerksystem,

Abb. 206. Verschiedene Schaltwerksysteme des Zero-Max-Getriebes

sondern je nach der Bauart mehrere Schaltwerksysteme wirken, die dann natürlich gegeneinander versetzt angeordnet sind. Die Drehzahlen der treibenden Welle sollen bei diesem Getriebe möglichst zwischen 400 und

2000 U/min liegen, für die abgetriebenen Wellen können alsdann Drehzahlen von Null bis zu $^1/_4$ der Antriebsdrehzahl erreicht werden. Besondere Bauarten dieses Getriebes gestatten außerdem auch eine Umkehr der Drehrichtung.

Abb. 207. Zero-Max-Getriebe, Außenansichten

Die Zero-Max-Getriebe werden für Übertragung einer maximalen Leistung von $^1/_3$ PS bei jeweils konstantem Drehmoment ohne und mit angebautem Motor (Abb. 207) sowie auch mit vor- oder nachgeschalteten Zahnrad- oder Riemengetrieben geliefert.

### 9.05 Gusa-Getriebe[1]

Bei dem Gusa-Getriebe, dessen Wirkungsweise in Abb. 208 schematisch dargestellt ist, sind um 120° versetzt drei Schaltwerksysteme auf der treibenden Welle $a$ angeordnet. Hierbei ist die treibende Welle als Kurbelwelle ausgebildet, die drei Kröpfungen besitzt. Auf jeder Kröpfung sitzt eine Pleuelstange $b$, die in die Bohrung der Verlängerungshülse $c$ eingreift, deren rechtes Ende geschlitzt und an den Hebel des Mitnehmerringes $f$

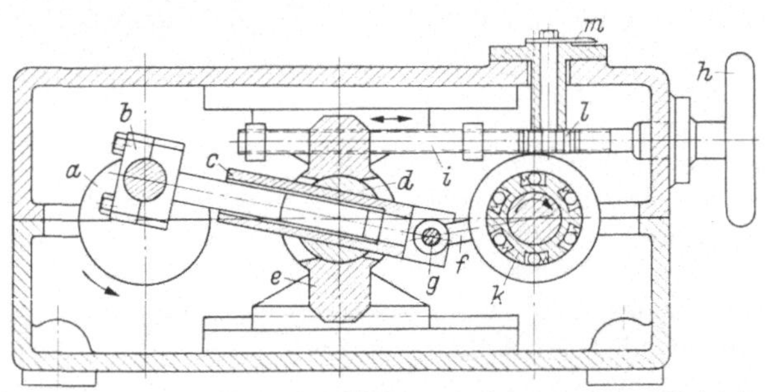

Abb. 208. Schematische Darstellung der Wirkungsweise vom Gusa-Getriebe. $a$ treibende Welle; $b$ Pleuelstange; $c$ Pleuelhülse; $d$ schwenkbarer Gelenkzylinder; $e$ Kreuzkopf; $f$ Mitnehmerring und Hebel; $g$ Gelenkbolzen; $h$ Handrad; $i$ Gewindespindel; $k$ Freilauf-Kupplung; $l$ Ritzel; $m$ Drehzahlanzeiger

angelenkt ist. Zwischen diesem Mitnehmerring und der Abtriebswelle ist — ähnlich wie den vorbeschriebenen Bauarten — eine einseitig wirkende Freilaufkupplung angebracht, durch die der Abtriebswelle um 120° verlagerte Antriebsimpulse erteilt werden. Die Verstellung der Abtriebsdrehzahl erfolgt durch Drehen des Handrades $h$ (was naturgemäß auch durch einen Hilfsmotor erfolgen kann), wodurch die

---

[1] Hersteller: H. Gensheimer & Söhne, Altleiningen/Pfalz.

Gewindespindel $i$ gedreht und der Kreuzkopf $e$ auf seiner Gleitbahn
verschoben wird. Durch diese Verschiebebewegung ändert sich die Lage
des Drehpunktes der schwenkbaren Gelenkzylinder $d$ und damit bei
konstantem Hub der Kurbelwelle $a$ der Ausschlagwinkel für den Hebel
vom Außenring der Freilaufkupplung $f$, also auch die Abtriebsdrehzahl.
Bei dieser Anordnung werden $200\cdots215°$ der Kurbelwellenumdrehung
für die Energieübertragung ausgenutzt, während $145\cdots160°$ für den
Rücklauf eingesetzt werden. Die Anordnung von drei Schaltwerk-
systemen mit einer Versetzung von $120°$ bringt einen für viele Anwendungszwecke ausreichenden Gleichlauf der Abtriebswelle hervor.

Dieses Getriebe wird in fünf verschiedenen Größen für Leistungen
von $1\cdots10$ PS gebaut. Die Drehzahl der treibenden Welle beträgt bei
allen Größen rd. 1500 U/min. Bei den kleineren Getrieben kann von
einer Abtriebsdrehzahl von Null bis 110 U/min mit gleichbleibendem
Drehmoment und darüber hinaus bis 150 U/min mit gleichbleibender
Leistung gefahren werden. Die größeren Getriebe ab 3 PS gestatten,
bei Abtriebsdrehzahlen von Null bis 150 U/min mit gleichbleibendem
Drehmoment und darüberhinaus bis 300 U/min mit gleichbleibender
Leistung zu fahren. Der Wirkungsgrad der Gusa-Getriebe liegt dabei
nach Angaben der Herstellerfirma durchweg über 80%.

## 9.06 Cavallo-Schaltwerksgetriebe [1]

Abb. 209 zeigt in schematischer Darstellung die Wirkungsweise
einer Getriebebauart, die sich von den zuvor besprochenen weitgehend
unterscheidet.

Der Motor $m$ treibt mit gleichbleibender Drehzahl das Zahnrad $a$
an. Von diesem wird ebenfalls mit gleicher Drehzahl das Zahnrad $b$ und
die Scheibe $d$ angetrieben, deren gemeinsame Verbindungsstelle in einem

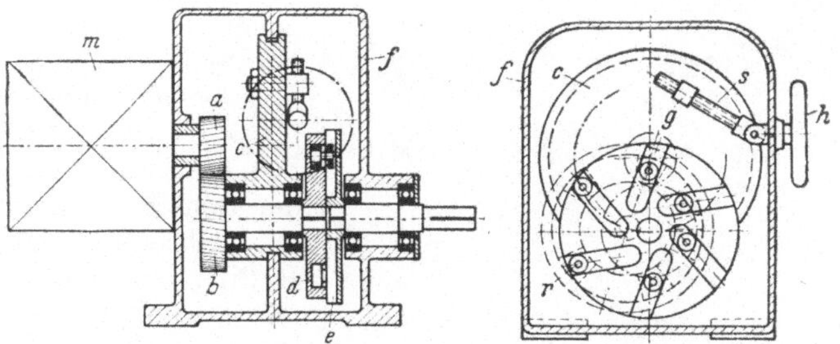

Abb. 209. Cavallo-Getriebe System A. $a$ Zahnrad auf Antriebswelle; $b$ Zahnrad auf
Zwischenwelle; $c$ Tragkörper für Zwischenwelle; $d$ Exzenterscheibe; $e$ Nutenscheibe;
$f$ Gehäuse; $g$ Verschiebemutter; $h$ Handrad; $m$ Motor; $s$ Gewindespindel

zentrisch zur Motorenwelle angeordneten Tragkörper $c$ gelagert ist.
Dieser Tragkörper ist durch das Handrad $h$ über die Gewindespindel $s$
schwenkbar; durch sein Schwenken wird also die gemeinsame Welle des

---

[1] Hersteller: Friedr. Cavallo, Berlin-Neukölln.

Zahnrades $b$ und der Scheibe $d$ um die Motorenwelle herum verdreht. Gegenüber der Scheibe $d$ ist auf der Abtriebswelle eine zweite Scheibe $e$ unverrückbar gelagert, wobei die Exzentrizität dieser zweiten Scheibe $e$ gegenüber der Motorenwelle gleich dem Achsabstand der Zahnräder $a$ und $b$ ausgeführt ist. Ist der Tragkörper $c$ in eine Lage gebracht, so daß

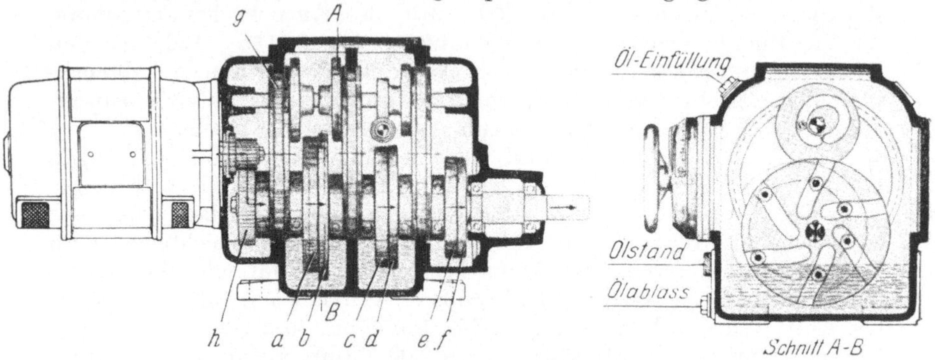


Abb. 210. Cavallo-Schaltwerksgetriebe mit 3 Elementen. $a$ Exzenterscheibe 1; $b$ Nutenscheibe 1; $c$ Exzenterscheibe 2; $d$ Nutenscheibe 2; $e$ Exzenterscheibe 3; $f$ Nutenscheibe 3; $g$ Tragkörper; $h$ Zahnrad auf Zwischenwelle

die Wellen der Scheiben $d$ und $e$ miteinander fluchten, wirkt das Getriebe als direkte Kupplung. In diesem Falle erhält die Abtriebswelle ihre niedrigste Drehzahl und damit ihr größtes Drehmoment. Die Verstellung erfolgt durch Verschiebung der Achsmitte der Scheibe $d$ gegenüber der Scheibe $e$. Die Scheibe $e$ besitzt sechs auf der Stirnseite eingefräste Nuten,

Abb. 211. Ansicht: Nuten- und Exzenterscheibe des Cavallo-Getriebes nach Abb. 209

in die die Übertragungsrollen eingreifen, deren Bolzen mit Hilfe von Kulissensteinen in der Kreisnut der Scheibe $d$ gelagert sind (Abb. 211). Bei exzentrischer Verstellung der Scheibe $d$ treiben die Rollen $r$ in der Ringnut der Scheibe $d$ am kleinen Radius der Scheibe $e$ laufend diese an, während sie am großen Radius laufend voreilend mitgeschleppt werden. Bei exzentrischer Verstellung wird also die Drehzahl der Scheibe $e$ und damit der Abtriebswelle größer. Der Verstellbereich des in Abb. 209 gezeigten Getriebes ist nur gering; er kann das Verhältnis $1:2$ nicht überschreiten. Um bei dieser Getriebeausführung größere Verstellbereiche zu erhalten, kann man aber eine Vielzahl gleichartiger Elemente, wie in Abb. 210 gezeigt, hintereinander schalten. Bei dem Getriebe dieser Abbildung sind beispielsweise drei gleichartige Getriebegruppen hintereinandergeschaltet, wobei wegen der mit vergrößertem Übersetzungsverhältnis sinkenden Drehmomente die einzelnen Getriebelemente in der Reihenfolge ihrer Nacheinanderschaltung immer kleiner ausgeführt werden können. Mit einem Getriebe dieser Art kann bereits ein Verstellverhältnis von 1:8 erreicht werden. Die Ausführung der zueinander gehörigen Treibscheibenpaare geht deutlich aus der Abb. 211 hervor. Die Abbildung läßt erkennen, daß jedes Treibscheibenpaar aus einer Ringnutscheibe und einer Kurvennutscheibe besteht. Beide Scheiben werden aus gehärtetem Stahl hergestellt. In der Ringnut werden die Gesperre mit den Übertragungsrollen, ebenfalls aus gehärtetem Stahl, geführt. Diese stellen in reiner Linienanlage den Kraftschluß zwischen Ringnutscheibe und Kurvennutscheibe her. Hierbei erfolgt keine Relativbewegung zwischen den kraftübertragenden Elementen, was geringen Verschleiß bedingt, insbesondere auch, da das ganze Getriebe im Ölbad läuft. Der Wirkungsgrad dieses Getriebes soll nach Angabe des Herstellers zwischen 85 und 95% liegen.

## 9.07 Spontan-Getriebe[1]

Bei der nachstehend beschriebenen Getriebebauart handelt es sich um eine Ausführung, die speziell zum Antriebe von Kraftfahrzeugen entwickelt wurde. Das Prinzip der Wirkungsweise dieses Getriebes ist in Abb. 212 dargestellt: An den Kurbelzapfen $l$ der Getriebehauptwelle $a$ einerseits und mit Bolzen, also drehbar, am Motorschwungrad $h$ andererseits sind zwei Pendelgewichte $i$ angelenkt. Diese beiden Pendelgewichte werden bei sich drehendem Motorschwungrad $h$ mitgenommen. Setzt die Getriebehauptwelle $a$ nur einen geringen Widerstand entgegen, so wird die Fliehkraft der Pendelgewichte $i$ die Hauptwelle $a$ mitnehmen, und die Antriebswelle für die Hinterachse (das ist in diesem Falle gewissermaßen die abgetriebene Welle) $b$ wird über die Rollen $g$ angetrieben, d. h. der Wagen fährt *im direkten Gang.* Vergrößert sich jedoch der Widerstand der Getriebehauptwelle $a$ (z. B. der Wagen befährt eine Steigung), so ist das durch die Fliehkraft der Pendelgewichte $i$ erzeugte Drehmoment nicht mehr groß genug, um die Welle $a$ mit gleicher Drehzahl mitzunehmen. Die Pendel-

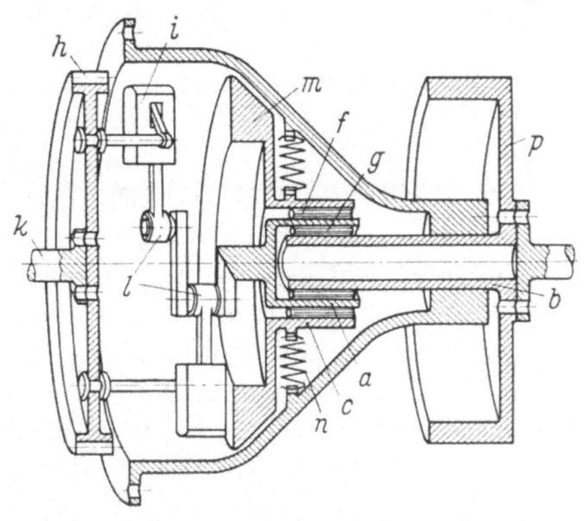

Abb. 212. Spontan-Getriebe, schematische Darstellung der Wirkungsweise. $a$ Getriebe-Hauptwelle; $b$ Antriebswelle für die Hinterachse; $c$ Reaktionswelle; $d$ Anpreßfedern für $f$; $e$ Rollenkäfig; $f$ Reaktionsrollen; $g$ Antriebsrollen; $h$ Schwungrad des Antriebsmotors; $i$ Pendelgewichte; $k$ Kurbelwelle des Antriebsmotors; $l$ Kurbelzapfen auf Getriebe-Hauptwelle $a$; $m$ Pendelschwungrad; $n$ Haltefedern; $p$ Getriebeschwungrad mit Bremstrommel

---

[1] Hersteller: Svenska Turbinfabriks Aktiebolaget Ljungström, Finspong bei Stockholm, Schweden.

gewichte beginnen infolgedessen, sich auf den Kurbelzapfen $l$ zu drehen. Die Welle $a$ wird dann also nicht mehr gleichförmig mitgenommen, sondern sie erhält bei jeder halben Umdrehung der Pendelgewichte entgegengesetzte Drehimpulse.

Abb. 213 zeigt einen Teil des Querschnittes durch die nun in Tätigkeit tretenden Rollenkupplungen, welche die in entgegengesetzter Richtung auftretenden Drehimpulse voneinander trennen. Die Hauptwelle $a$ erhält die von den Pendelgewichten $i$ herkommenden Stöße. Die innere Hülse $b$ steht in fester Verbindung mit der Antriebswelle für die Hinterachse, während die äußere Hülse $c$ fest mit dem Pendelschwungrad $m$ vereint ist und außerdem durch die Federn $n$ mit dem stillstehenden Gehäuse in Verbindung steht. Zwischen diesen Hülsen befinden sich zwei Reihen von Rollen $f$ und $g$. Die Oberfläche der Hülse $b$ und die Innenflächen der Hülse $c$ tragen geneigte Führungsflächen zur Anlage

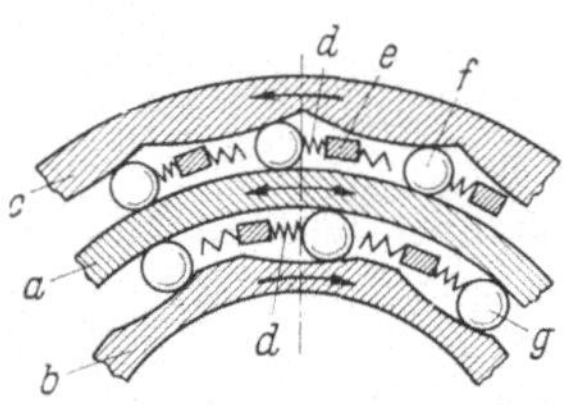

Abb. 213. Teilschnitt durch die Rollenverbindung beim Spontangetriebe. (Bezugszeichen s. Abb. 212)

für die Rollen $f$ bzw. $g$, so daß jeweils Mitnahme in der einen und Freilauf in der anderen Drehrichtung erfolgt. Läuft der Wagen beispielsweise bergauf, so werden die Drehimpulse in der einen Richtung durch Angreifen der Rollen $g$ zwischen den Hülsen $a$ und $b$ übertragen, während die entgegengesetzt gerichteten Impulse durch die Rollen $f$ zwischen den Hülsen $a$ und $c$ an das Pendelschwungrad $m$ gelangen und dort von den Federn $n$ aufgefangen werden. Diese Freilaufwirkung tritt nur dann ein, wenn die Welle $b$ der Kurbelwelle des Motors gegenüber einen zu großen Widerstand entgegensetzt. Beim Bergabfahren beispielsweise eilt die Welle $b$ der Kurbelwelle des Motors $k$ voraus, wobei dann der Freilauf der Rollenkupplungen in entgegengesetztem Sinne wirksam wird. Wird beim Bergauffahren der Wagen angehalten, so kann er nicht von selbst rückwärts rollen, denn beide Rollenkupplungen übertragen das vorhandene Drehmoment der Welle $b$ durch die Federn $b$ auf das Getriebegehäuse.

Rückwärtsfahrt ist ebenfalls möglich, denn die Hülsen $b$ und $c$ besitzen in beiden Richtungen geneigte Laufflächen. Die Rollen $f$ und $g$ werden in Käfigen geführt, die durch Einwirkung des Fahrers mit Hilfe eines Fußhebels gedreht werden können.

Ein mit diesem Getriebe ausgerüsteter Wagen besitzt nur einen einzigen Fußhebel, der Kupplung, Beschleuniger und Bremse bedient. Bei Stillstand betätigt er die Bremse. Nachdem der Motor in üblicher Weise angelassen worden ist, drückt der Fahrer diesen Fußhebel nieder, wodurch zunächst die Bremsen gelöst, dann der Motor beschleunigt und der Wagen zum langsamen Anfahren gebracht werden. Ein Anziehen dieses Hebels über seine Ruhelage hinaus bewirkt dieselben Vorgänge in Rückwärtsrichtung.

In Schweden laufende Kraftfahrzeuge mit diesem Getriebe sollen sich bewährt haben.

## 9.08 Schwingmomentgetriebe[1]

Die nachfolgend beschriebenen Getriebe arbeiten unter einer ähnlichen Gesetzmäßigkeit wie die Flüssigkeits- (FÖTTINGER-) Getriebe, verwenden jedoch an Stelle einer Flüssigkeit als Energieübertragungsmittel abwechselnd beschleunigte und verzögerte rotierende Schwungmassen.

Die grundsätzliche Arbeitsweise dieser Schwingmomentgetriebe ist:

Zwischen treibender und getriebener Welle besteht in keinem Augenblick ein starre Verbindung, beide sind vielmehr durch schwenkbare Hebel oder Zahnräder miteinander verbunden, auf denen rotierende Körper befestigt sind, deren Flieh- oder Beschleunigungskräfte die Energieübertragung von der treibenden an die getriebene Welle bewirken. Entsprechende Ausführungen des Getriebes gestatten sowohl selbsttätige als auch zwangsläufige Drehzahländerung der getriebenen Welle, wobei deren Drehzahl sich von Null bis zur Drehzahl der treibenden Welle ändern kann; das Getriebe wirkt also als Drehzahlminderer.

Bei Verwendung als selbsttätiges Drehzahlmindergetriebe wird bei wachsendem Drehmoment an der getriebenen Welle ähnlich wie bei einem FÖTTINGER-Getriebe die Drehzahl der getriebenen Welle selbsttätig und stufenlos vermindert, so daß das Produkt aus Drehzahl und Drehmoment annähernd konstant, also die übertragene Leistung ebenfalls ungefähr unverändert bleibt. Eine Überschreitung des größtzulässigen Drehmomentes bewirkt automatisch Leerlauf des Getriebes. Bei sinkender Drehzahl der getriebenen Welle wird mit Hilfe des nachfolgend beschriebenen Differentials die Drehzahl der Fliehkraftkörper, also deren Fliehkraft, vergrößert, wodurch auch entsprechend größere Umfangskräfte an die getriebene Welle übertragen werden. Bei festgehaltener getriebener Welle läuft das Getriebe selbständig leer, gibt also keine Energie an die getriebene Welle ab; die treibende Kraftmaschine hat hierbei nur die Reibungsverluste im Getriebe zu decken.

Außerdem kann bei dem Getriebe bei entsprechender Forderung auch von Hand oder durch einen besonderen Verstellmotor wie bei anderen stufenlos verstellbaren Getrieben hinsichtlich der Drehzahlminderung an der getriebenen Welle zwischen Null und der Drehzahl der treibenden Welle willkürlich die gewünschte Übersetzungseinstellung vorgenommen werden. Dies erfolgt dann durch eine Verstellung der Schwerpunktsachsen der Fliehkraftkörper gegenüber den zugehörigen Zahnrädern.

**9.081 Selbsttätiges Schwingmomentgetriebe mit Leistungsverzweigung.** Abb. 214 a u. b zeigt eine selbsttätig wirkende Ausführungsform dieses Schwingmomentgetriebes, bei dem sich das Übersetzungsverhältnis selbsttätig in Abhängigkeit von dem Drehmoment an der getriebenen Welle einstellt.

Die treibende Welle $a$ wird mit gleichbleibender Drehzahl (z. B. durch einen Elektromotor) angetrieben. Sie trägt die beiden Achsschenkel $b$ und $b'$, um die die Kegelräder des Differentials $c$ und $c'$ drehbar angeord-

---

[1] Hersteller: M. Reymer, Milano.

net sind. Diese bewegen einerseits das Kegelrad $d$, das fest auf der getriebenen Welle $z$ aufgekeilt ist, andererseits das Kegelrad $e$, das über den trommelförmigen Körper $f$ mit den beiden Scheiben $g$ und $g'$ in starrer Verbindung steht. Diese beiden Scheiben sind durch die beiden Bolzen $h$ und $h'$ miteinander zu einer Art Käfig verbunden, der also eine von den Verhältnissen des Differentials abhängige Drehung (z. B. in der Richtung $X$ im Schnitt $A$—$A$) um die Hauptachse des Getriebes ausführt. Um die mitumlaufenden Bolzen $h$ und $h'$ sind die beiden Schwinghebel $i$

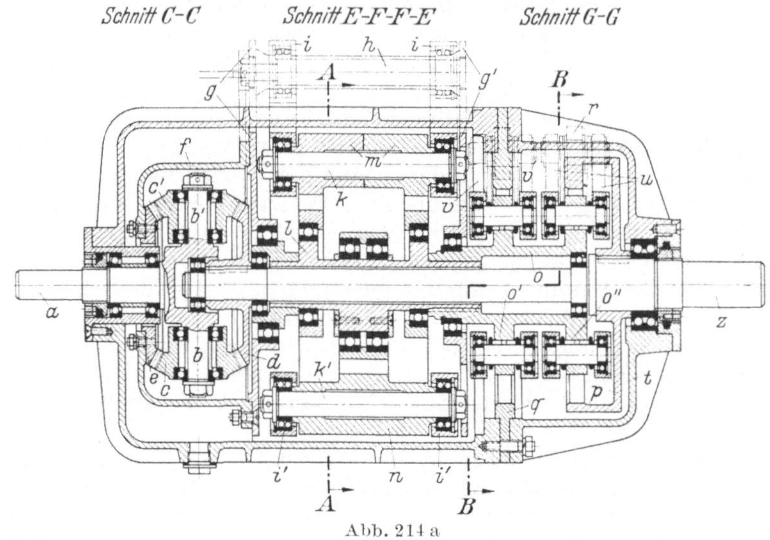


Abb. 214 a

und $i'$ drehbar angeordnet, die an ihren anderen Enden die über den Bolzen $k$ und $k'$ drehbar gelagerten Fliehkraftkörper $m$ und $n$ tragen. Im Schnitt $E$—$F$—$F$—$E$ sind die Teile $h$, $g$ und $i$ in der strichpunktierten (oberen) Lage dargestellt.

Die scheibenförmigen Ansätze der Fliehkraftkörper $m$ und $n$ sind mittels vier Wälzlagern über den zugehörigen vier Exzentern des als Hohlwelle ausgebildeten Schwingstückes $l$ gelagert. Von diesen vier Exzentern des Schwingstückes sind die beiden äußeren (im Schnitt $E$—$F$—$F$—$E$ sowie im Schnitt $A$—$A$ gerade oben stehend dargestellt) gegenüber den beiden dazwischen in der Mitte liegenden (in den gleichen Darstellungen gerade unten liegend) um 180° versetzt, wobei die Exzentrizität jeder Exzentergruppe gleich dem Radius des kleinen Kreises $x$ in Schnitt $A$—$A$ ist. Die Summe der Exzentrizitäten beider Exzentergruppen ist also gleich dem Durchmesser dieses kleinen Kreises $x$.

Die Bewegung der Bolzen $h$ und $h'$ in der Pfeilrichtung $X$ bewirkt mit Hilfe der Schwinghebel $i$ und $i'$ sowie der Bolzen $k$ und $k'$, daß sich die Fliehkraftkörper $m$ und $n$ in der Laufbahn und Pfeilrichtung $Y$ um die Achsen der zugehörigen Exzenter des Schwingstückes $l$ drehen.

Die Wirkungsweise des Getriebes wird zweckmäßig in zwei Arbeitsphasen erläutert.

In der ersten Arbeitsphase wirken die Zentrifugalkräfte der Fliehkraftkörper $m$ und $n$ in Richtung der Pfeile $Z$. Dabei durchlaufen die Bolzen $k$ die rechte Hälfte der oberen Laufbahn $Y$ oder die Bolzen $k'$ die linke Hälfte der unteren Laufbahn $Y$. Es werden hierbei also auf die Achse des Schwingstückes $l$ Umfangskräfte im Drehsinn $X$ ausgeübt. Das Schwinghebelstück $l$ ist durch Nut und Feder starr mit dem Arm-

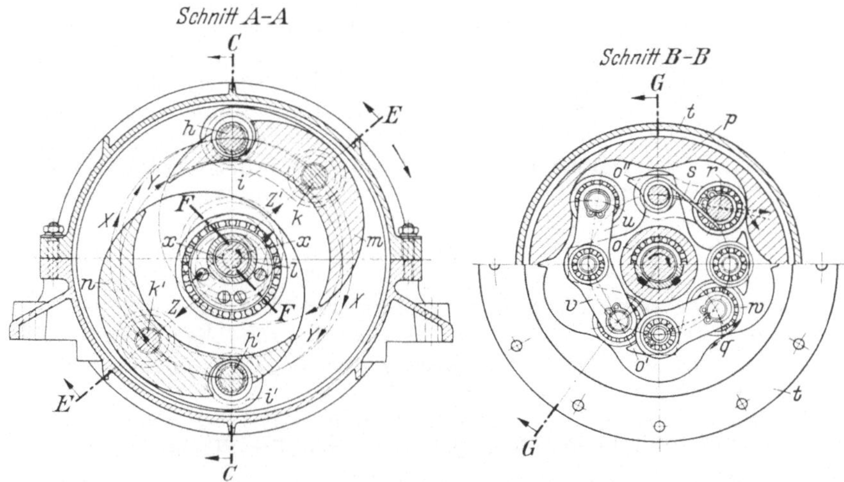

Abb. 214 b

Abb. 214 a u. b. Selbsttätiges Schwingmoment-Getriebe mit Leistungsverzweigung. $a$ treibende Welle; $b$ und $b'$ Achsschenkel auf $a$; $c$ und $c'$ umlaufende Differential-Kegelräder; $d$ zentrales Kegelrad auf der getriebenen Welle $z$; $e$ zentrales Kegelrad am Trommelkörper $f$; $g$ und $g'$ Drehscheiben; $h$ und $h'$ Verbindungsbolzen zwischen den Schwinghebeln $i$ und $i'$; $k$ und $k'$ Haltebolzen für die Fliehkraftkörper; $l$ Schwingkörper; $m$ und $n$ Fliehkraftkörper; $o$ Armträger; $o'$ und $o''$ kreuzförmige Arme; $p$ Hohltrommel; $q$ gewellte Innenbahn; $r$ und $w$ Rollen; $t$ Gehäuse; $u$ und $v$ schwenkbare Hebel; $z$ getriebene Welle

trägerkörper $o$ verbunden, an dem zwei Gruppen von je vier kreuzförmig ausgebildeten Armen $o'$ und $o''$ sitzen. An die Arme $o'$ sind mittels schwenkbar gelagerter Hebel $v$ die Rollen $w$ und an den Armen $o''$ in gleicher Weise über die Hebel $u$ die Rollen $r$ angelenkt. Die vier Rollen $r$ werden durch die vier Federn $s$ gegen die gewellte Innenfläche der Trommel $p$ gedrückt, die durch Nut und Feder mit der getriebenen Welle $z$ fest verbunden ist, während die vier Rollen $w$ auf gleiche Weise gegen die gewellte Innenfläche $q$ gedrückt werden, die mit dem Getriebegehäuse in starrer Verbindung, also immer still steht. Bei Beginn der ersten Arbeitsphase ist das Schwingstück $l$ zusammen mit dem Armträgerkörper $o$ gegenüber dem Gehäuse $t$, bzw. der gewellten Innenfläche $q$, durch die Rollen $w$ blockiert. Es steht also still. Während der ersten Arbeitsphase werden nun die Schwingteile $l$ und $o$ durch die in der Drehrichtung $X$ wirkenden Kräfte stetig beschleunigt, bis die Umfangsgeschwindigkeit der Arme $o''$ bzw. der Rollen $r$ gleich oder etwas größer wird als diejenige der innen gewellten Trommelfläche $p$, die mit der Drehzahl der getriebenen Welle $z$ umläuft.

Dem Schnitt $B—B$ (obere Hälfte) der Abb. 214 ist zu entnehmen, daß während der Bewegung der Arme $o''$ in Pfeilrichtng $X$ relativ zur Trommelfläche $p$ die Berührungslinie zwischen den Rollen $r$ und der gewellten Fläche $p$ ihre Lage ändert, bis die Druckrichtung von $r$ gegen $p$ fast oder völlig mit der Mittelinie der Hebel $u$ zusammenfällt. In diesem Augenblick werden nunmehr jedoch die Rollen $r$ gegenüber der Trommelfläche $p$ blockiert und die Rollen $r$ übertragen ihre Umfangskräfte auf die Trommel $p$, also auf die getriebene Welle $z$. Federn $s$ mit nur geringer Spannung genügen, um zu verhindern, daß die Hebel $u$ nach innen ausweichen können.

Bei Vorhandensein von vier Armen $o''$ und entsprechend vier Hebeln $u$ sowie vier Rollen $r$ besitzt die Innenfläche der Trommel $p$ fünf Wellen (Anzahl der Wellen und Arme muß verschieden und durch keinen gemeinsamen Faktor teilbar sein!). Bei dieser Anordnung des ausgeführten Getriebes können die Rollen $r$ in der Drehrichtung $X$ nur den kleinen Winkel von

$$\beta = \frac{360}{4 \cdot 5} = 18°$$

durchlaufen, bevor sie die Trommel $p$ blockieren. Die Masse der Schwingteile ($l$, $o$, $u$ und $v$, $r$ und $w$) sowohl als auch der vorstehende Ausschlagwinkel sind möglichst klein zu halten, damit in ihnen möglichst wenig kinetische Energie aufgespeichert wird.

Aus Schnitt $G—G$ sowie aus der unteren Hälfte des Schnitts $B—B$ ist zu ersehen, daß die ebenfalls gleichartig gewellte Fläche $q$ zusammen mit den Armen $o'$, den Hebeln $v$ und den Rollen $w$ ein zweites Freilaufsystem bilden. Die gewellte Fläche $q$ ist mit dem Gehäuse $t$ fest verbunden, sie steht also immer still. Während der Drehung der Schwingteile in Richtung $X$ laufen die Rollen $w$ unter Erzeugung fortgesetzter Schwenkbewegungen der Hebel $v$ an der Fläche $q$ ab und übertragen an die Fläche $q$ Kräfte, die fortgesetzt ihre Größe und Richtung ändern. Die Summe der Drehmomente, die hierdurch erzeugt werden, ist Null. Die Anordnung und das Trägheitsmoment von den Hebeln $v$ und $u$ sowie von den Rollen $r$ und $w$ ist so gewählt, daß bei ihrer Drehung in Leerlaufrichtung die von ihnen auf die gewellten Flächen $p$ und $q$ ausgeübten Umfangskräfte niemals die von den Fliehkaftkörpern $m$ und $n$ herrührenden Umfangskräfte übersteigen.

In der ersten Arbeitsphase wird wegen der Verminderung der Umfangsgeschwindigkeit der Fliehkraftkörper $m$ und $n$ über die Kegelräder $d$, $c$ und $c'$ sowie $e$ eine kleine Energiemenge von der getriebenen Welle $z$ an die treibende Welle $a$ zurückübertragen, während die Zentrifugalkraft der Fliehkraftkörper $m$ und $n$ in der Richtung $Z$ (vgl. Schnitt $A—A$) die Übertragung einer großen Energiemenge auf die getriebene Welle $z$ bewirkt.

Zu Beginn der zweiten Arbeitsphase haben die Schwingteile ($l$, $o$, $u$ und $v$, $r$ und $w$) die gleiche Drehzahl wie die getriebene Welle $z$. In dieser Arbeitsphase durchlaufen die Bolzen $k$ die linke Hälfte der oberen Laufbahn $X$ bzw. die Bolzen $k'$ die rechte Hälfte der unteren Laufbahn $X$

(vgl. Schnitt $A$—$A$!). Es werden nunmehr auf die Achse des Schwingstückes $l$ Kräfte in entgegengesetzter Richtung des Pfeiles $Z$, also in der Richtung des Pfeiles $Z'$ ausgeübt. Infolgedessen werden die Schwingteile stetig verzögert, bis die Umfangsgeschwindigkeit der Rollen $r$ und $w$ um die Achse der getriebenen Welle $z$ gleich Null wird und bis diese Rollen ihre Drehrichtung aus der Richtung $X$ umzukehren beginnen. Aus der vorstehenden Erklärung der Freilaufsysteme folgt, daß die Schwingteile sich nunmehr wiederum nur um einen Winkel von $18°$ zurückdrehen können, wobei sich die Rollen $w$ mit nur geringer Relativgeschwindigkeit an der gewellten Fläche $q$ bewegen. Sobald die Druckrichtung der Rollen $w$ auf die Fläche $q$ fast oder völlig in die Richtung der Mittellinie der Hebel $v$ fällt, werden die Rollen $w$ gegenüber der feststehenden Fläche $q$ blockiert, damit also auch sämtliche Schwingteile.

Der obere Teil des Schnitts $B$—$B$ (Abb. 214) zeigt, daß gleichzeitig mit den vorbeschriebenen Vorgängen die Rollen $r$ unter fortgesetzter Schwenkbewegung der Hebel $u$ an der gewellten Trommelfläche $p$ ablaufen, während sich diese Rollen $r$ selber in entgegengesetzter Richtung drehen. Die Rollen $r$ übertragen hierbei Kräfte wechselnder Größe und Richtung an die Trommel $p$ des ersten Freilaufsystems. Die Summe der von diesen Kräften herrührenden Drehmomente auf die Trommel $p$, also auch auf die getriebene Welle $z$, ist gleich Null. Es herrscht demnach Leerlauf zwischen den Schwingteilen und der getriebenen Welle.

In der zweiten Arbeitsphase wird eine Teilmenge von Energie der treibenden Welle (Kraftmaschinen) über das Kegelrad $d$ umittelbar auf die getriebene Welle übertragen, während die über das Kegelrad $e$ geleitete Energiemenge dazu dient, die Umfangsgeschwindigkeit der Fliehkraftkörper $m$ und $n$ zu vergrößern, indem deren Abstand von der Hauptachse des Getriebes vergrößert wird, und zwar ohne daß Energie der getriebenen Welle zurückgenommen wird, da die Zentrifugalkräfte der Fliehkraftkörper jetzt gegenüber dem feststehenden Gehäuse abgefangen werden. Dieser Vorgang vollzieht sich bei selbsttätiger Blockierung des zweiten Freilaufsystems (an $q$) und bei Leerlauf des ersten (mit $p$).

Beide Arbeitsphasen, also die Gesamtwirkung des *Schwingmomentgetriebes*, vollziehen sich bei annähernd gleichförmiger Drehung der getriebenen Welle, solange genügend große bewegte Massen mit dieser in Verbindung stehen und für den Ausgleich der Ungleichförmigkeit sorgen.

Die Vorteile dieses Getriebes[1] sollen nach Angabe der Herstellerfirma wesentlich in folgenden Punkten liegen:

1. Keine Bauteile mit Reibungsverschleiß,
2. sehr geringe Geräuschbildung,
3. erschütterungsfreier Lauf,
4. nur rollende Reibung,
5. geringer Verbrauch an Schmiermitteln,
6. geringe Wartungskosten,
7. geringe Abmessungen und niedriges Gewicht,
8. guter Wirkungsgrad[1],
9. gute Betriebssicherheit.

---

[1] Angaben über Wirkungsgradverlauf waren leider nicht zu beschaffen.

Das Getriebe in der vorbeschriebenen Bauart ist für die Verwendung für Kraftfahrzeuge, Lokomotiven, Panzerwagen, Schiffe usw. gedacht, also äquivalent zu den besonders in USA bereits vielfach verwendeten Spielarten des Föttinger-Getriebes.

**9.082  Selbsttätiges Schwingmomentgetriebe ohne Leistungsverzweigung.** Abb. 215 a u. b zeigt in verschiedenen Schnitten eine grundsätzlich nach dem gleichen Prinzip arbeitende Ausführungsform des *Schwingmomentgetriebes* ohne Differential für Leistungsverzweigung.

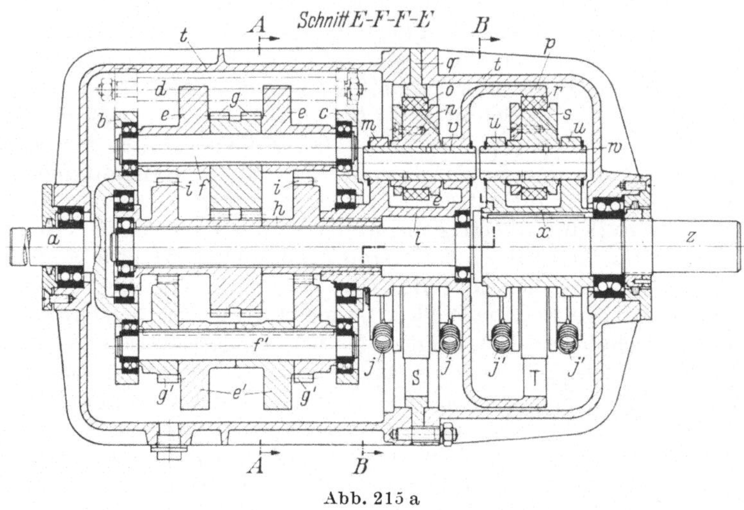


Abb. 215 a

Die mit gleichbleibender Drehzahl umlaufende treibende Welle $a$ trägt flanschartig die Scheibe $b$, die mit einer zweiten Scheibe $c$ durch eine Anzahl von Bolzen $d$ zu einem Kräfig verbunden ist, der auf Kugellagern frei drehbar umläuft, sich also mit der Drehzahl der treibenden Welle, beispielsweise in der Drehrichtung $X$ dreht. In den Scheiben $b$ und $c$ sind in weiteren Kugellagern die Wellen $f$ und $f'$ frei drehbar gelagert. Auf der Welle $f$ sind innen die beiden Zahnräder $g$ und außen die beiden Ausgleich- bzw. Fliehkraftkörper $e$ in exzentrischer Lage verkeilt. Entsprechend trägt die Welle $f'$ innen die beiden Ausgleich- bzw. Fliehkraftkörper $e'$ und außen die beiden Zahnräder $g'$. Das Schwingstück $h$ ist über der getriebenen Welle $z$, jedoch mittels Kugellagern unabhängig von dieser sowie auch von den Scheiben $b$ und $c$, gelagert und mittels Kerbverzahnung mit dem Verbindungskörper $l$ fest verbunden. Das Schwingstück $h$ wird nachfolgend zusammen mit dem Verbindungskörper $l$ als *Schwingstelle* bezeichnet. Das Schwingstück $h$ trägt, ebenfalls exzentrisch angeordnet, außen die beiden Zahnräder $i$, die mit den Zahnrädern $g'$ auf der Welle $f'$ in Eingriff stehen, und innen die beiden Zahnräder $k$, die ihrerseits mit den Zahnrädern $g$ auf der Welle $f$ zusammenwirken.

Während des Umlaufes der Hilfswelle $f$ um die Achse $z$ von oben nach unten, also auf der rechten Seite des Schnitts $A—A$, wird durch den Eingriff der exzentrisch angeordneten Zahnräder $g$ und $k$ bei gleichbleibender Drehzahl der treibenden Welle $a$, also auch des Käfigs $b—c$, die Winkelgeschwindigkeit der Zahnräder $g$, und damit auch der Welle $f$ selber sowie der Ausgleichskörper $e$, vergrößert. Die Massenträgheit dieser drei Bauteile setzt der Winkelbeschleunigung Kräfte entgegen, die auf die Zahnräder $k$ im Drehsinn $X$ wirken. Da die Zahnräder $k$ fest

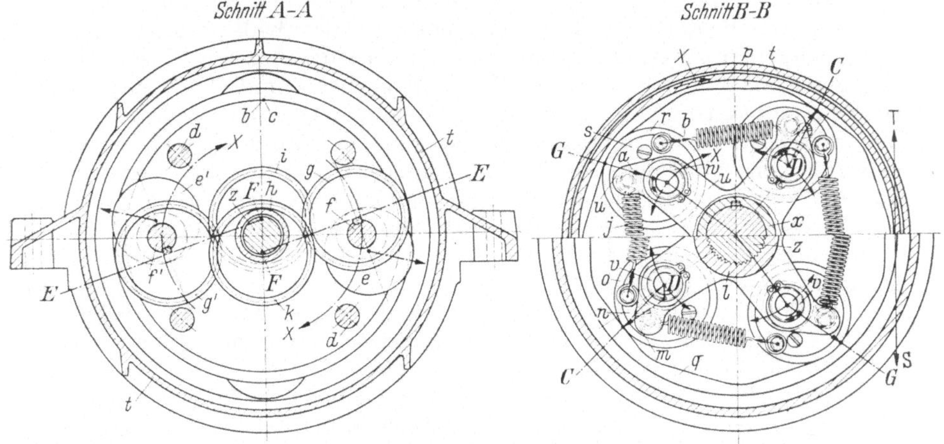


**Abb. 215 b**

Abb. 215 a u. b. Selbsttätiges Schwingmoment-Getriebe ohne Leistungsverzweigung; $b$ und $c$ Flansch-Scheiben; $d$ Verbindungsbolzen für $b$ und $c$; $e$ und $e'$ Fliehkraftkörper; $f$ und $f'$ in $b$ und $c$ umlaufende Wellen; $g$ und $g'$ Planetenräder; $h$ Schwingkörper; $i$ und $k$ Schwing-Zahnräder; $j$ Federn; $l$ Verbindungskörper; $m$ Schwinghebel für System S; $o$ Rollen für System S; $p$ Hohltrommel für System T; $q$ feststehende Zwischenscheibe mit gewellter Innenbahn; $r$ Rollen für System T; $s$ Fliehkraftkörper für System T; $v$ und $w$ Achsen in den Schwinghebeln $m$ und $n$; $u$ Schwinghebel für System T; $z$ getriebene Welle

mit den Schwingteilen $h$ und $l$ verbunden sind, werden auch diese im gleichen Drehsinn bewegt.

Gleichzeitig mit dem Umlauf der Welle $f$ auf der rechten Hälfte des Schnitts $A—A$ von oben nach unten bewegt sich die Welle $f'$ auf der linken Hälfte von unten noch oben, ebenfalls im Drehsinn des Pfeiles $X$. Hierbei wird den Schwingteilen über die Zahnräder $g'$ und $i$ eine Bewegung im gleichen Drehsinn aufgezwungen. Die Anordnung mehrerer Zahnräder und Ausgleichkörper erfolgt aus Gründen des Massenausgleichs.

Bei Bewegung der Welle $f$ auf der linken Hälfte des Schnitts $A—A$ von unten nach oben und gleichzeitig der Welle $f'$ auf der rechten Hälfte von oben nach unten verkleinert sich der Eingriffsabstand der Zahnräder $k$ fortgesetzt, während hingegen der Eingriffsabstand der Zahnräder $g$ größer wird. Die Winkelgeschwindigkeit der drei Bauteile $e$, $f$ und $g$ wird bei nach wie vor gleichbleibender Drehzahl der treibenden Welle und des

Käfigs also wieder kleiner. Die Massenträgheit der vorstehenden drei Bauteile setzt der Verzögerung ebenfalls Kräfte entgegen, die nunmehr auf die Zahnräder $k$ im entgegengesetzten Drehsinn von $X$ wirken. Eine gleichgerichtete Wirkung üben in dieser Arbeitsphase auch die Zahnräder $g'$ auf die Zahnräder $i$ aus.

In beiden vorstehend beschriebenen Arbeitsphasen werden also auf die Schwingteile $h$ und $l$ Umfangskräfte ausgeübt, die ständig ihre Richtung wechseln, und zwar so, daß die Summe aller durch diese Umfangskräfte ausgeübten Drehmomente gleich Null ist.

Wenn die Massen der verbundenen Bauteile $e$ und $g$ bezüglich der Welle $f$ sowie die der Bauteile $e'$ und $g'$ bezüglich der Welle $f'$ ausgeglichen sind, nehmen nur Trägheitskräfte an der Arbeitsweise teil. Wenn dagegen die Massen der nunmehr Fliehkraftkörper $e$ und $e'$ überwiegen, so nehmen auch freie Zentrifugalkräfte an der Arbeitsweise teil und wirken in gleicher Richtung wie die Trägheitskräfte. Durch Verstellung der gegenseitigen Winkellage der Fliehkraftkörper $e$ und $e'$ einerseits gegenüber den zugehörigen Zahnrädern $g$ und $g'$ andererseits kann die Größe des übertragenen Drehmomentes, also damit auch des wirksamen Drehzahlverhältnisses zwischen treibender und getriebener Welle willkürlich geändert werden (s. Abb. 216).

Um Energie von der treibenden Welle $a$ auf die getriebene Welle $z$ zu übertragen, ist zwischen den Schwingteilen $h$ und $l$ einerseits und der getriebenen Welle $z$ andererseits das *Treibfreilaufsystem* $T$ angeordnet. Dieses bewirkt, daß die Schwingteile die getriebene Welle zwangsläufig dann mitnehmen, wenn sie sich in der Drehrichtung $X$ bewegen, dagegen freigeben, wenn sie sich in entgegengesetzter Richtung drehen. Die Schwingteile führen eine pendelnde Drehbewegung aus. Die getriebene Welle soll gleichsinnig in einer Drehrichtung angetrieben werden. Deshalb ist zwischen den Schwingteilen und dem feststehenden Getriebegehäuse $t$ das zweite *Stützfreilaufsystem* $S$ vorgesehen, welches bewirkt, daß die Schwingteile sich bei beginnendem Rücklauf gegen das feststehende Gehäuse abstützen, dagegen bei Drehung in Richtung $X$ gegenüber dem Gehäuse leerlaufen.

Die Ausbildung der Freilaufsysteme ist zwar bei dieser Getriebeausführung nach Abb. 215 etwas abweichend von der in Abb. 214 dargestellten und an Hand dieser Abbildung bereits beschriebenen Bauart, die Wirkungsweise ist jedoch grundsätzlich dieselbe, so daß auf eine nochmalige eingehende Beschreibung verzichtet wird.

Auch bei dem in Abb. 215 gezeigten *Schwingmomentgetriebe* werden bei steigendem Drehmoment an der getriebenen Welle auf die umlaufenden *Satellitenkörper* größere Kräfte ausgeübt, so daß diese in der Zeiteinheit eine größere Anzahl von Schwenkbewegungen ausführen müssen, wodurch sich das Untersetzungsverhältnis von treibender auf getriebene Welle selbsttätig stufenlos verändert.

**9.083 Willkürlich verstellbares Schwingmomentgetriebe.** Wie bereits im letzten Abschnitt erwähnt, kann durch Verstellung der Winkellage zwischen Ausgleichskörpern $e$ und Zahnrädern $g$ das Untersetzungsverhältnis willkürlich verstellt werden. In Abb. 216 wird eine Getriebe-

ausführung gezeigt, die auf diese Weise eine wahlweise Einstellung von
Hand für die gewünschte Drehzahl der getriebenen Welle innerhalb des
möglichen Verstellbereichs gestattet. In seinen kinematischen Grund-
elementen entspricht dieses Getriebe völlig demjenigen nach Abb. 215,
es wurden deshalb auch für die übereinstimmenden Bauteile dieselben
Indizes benutzt. In Abb. 216 ist von den beiden Freilaufsystemen nur der

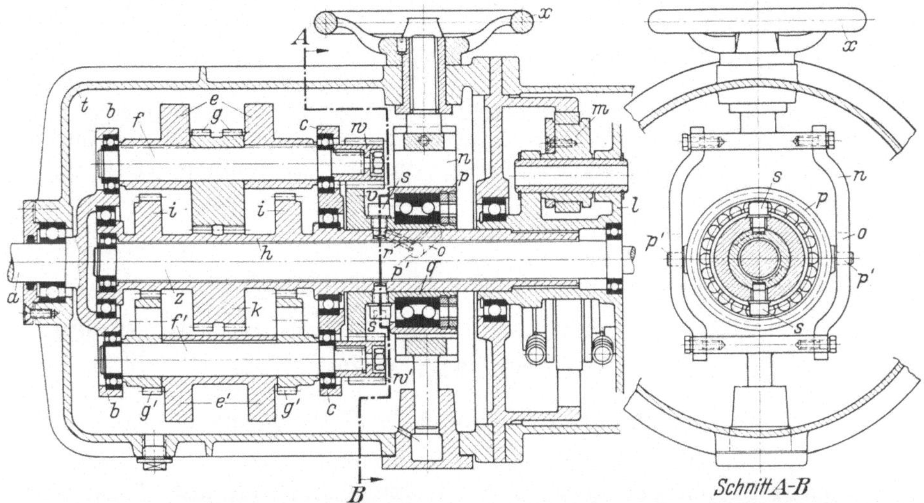


Abb. 216. Willkürlich stufenlos verstellbares Schwingmoment-Getriebe. *a* treibende Welle;
*b* und *c* Flansch-Scheiben; *d* Verbindungsbolzen für *b* und *c*; *e* und *e'* Fliehkraftkörper;
*f* und *f'* in *b* und *c* umlaufende Wellen; *g* und *g'* Planetenräder; *h* Schwingkörper; *i* und
*k* Schwingzahnräder; *l* Verbindungskörper; *m* Fliehkraftkörper; *n* Rahmen; *o* Schlitze im
Rahmen *n*; *p* Verschiebehülse; *p'* Bolzen in Verschiebehülse *p*; *q* Innenhülse; *r* Schrägschlitz; *s* Mitnehmerbolzen; *t* Gehäuse; *v* zentrales Zahnrad; *w* und *w'* Planetenräder;
*x* Verstellhandrad; *z* getriebene Welle

*Stützfreilauf* wiedergegeben, während rechts von diesem die Längsschnitt-
darstellung abgebrochen wurde.

Der nicht mehr mitgezeichnete zweite Freilauf sowie die übrigen
rechts fehlenden Teile entsprechen der Zeichnung nach Abb. 215.

Die Drehung des Handrades *x* bewirkt über eine Gewindespindel
eine senkrechte Verschiebung des Rahmenkörpers *n*, der in seinen beiden
vor und hinter der Getriebeachse liegenden senkrecht verlaufenden
Flachteilen schräge Schlitz e*o* aufweist. Mit Hilfe dieser schrägen Schlitze, in die die beiden Bolzen *p'* hineinragen, die sich an der Schiebehülse *p*
befinden, erhält diese Hülse *p* eine axiale Verschiebebewegung, ohne sich
mitzudrehen. Durch ein doppelseitig wirksames Radiaxlager wird die
innere Hülse *q*, welche die pendelnde Drehbewegung des Schwingstückes
*h* mitmacht, in axialer Richtung mitgenommen. Die innere Hülse *q*
stellt eine mit dem zentralen Zahnrad *v* festverbundene Nabe dar; in sie
sind von außen zwei Zapfenschrauben fest eingeschraubt, deren Zapfen
in zwei in das Schwingstück *h* eingefräste schraubenförmige Nuten eingreifen, so daß das Zahnrad *v* eine Teildrehung ausführt, die sich auf

die beiden Zahnräder $w$ und $w'$ überträgt. Die Durchmesser der Zahnräder $v$ einerseits und $w$ und $w'$ andererseits sind so gewählt, daß letztere bei der größtmöglichen axialen Verschiebung der Hülse $q$ bzw. des Zahnrades $v$ eine Drehung von 180° ausführen. Die Breite der Zahnräder $w$ und $w'$ ist so groß gewählt, daß das Zahnrad $v$ seine axiale Verschiebebewegung ausführen kann, ohne daß es außer Eingriff mit den Zahnrädern $w$ und $w'$ kommt. Die Zahnräder $w$ und $w'$ sind mittels Nut und Feder auf die Wellen $f$ und $f'$ aufgekeilt, drehen also diese beiden Wellen mit und damit auch die Fliehkraftkörper $e$ und $e'$ relativ zu den bei dieser Ausführungsform lose auf ihren zugehörigen Wellen laufenden Zahnradpaaren $g$ und $g'$.

Durch diese von der Ausführung nach Abb. 215 abweichende Bauform wirkt das Getriebe nunmehr wie jedes andere hinsichtlich seines Übersetzungsverhältnisses willkürlich stufenlos verstellbare Getriebe.

# 10. Steigerungsmöglichkeiten für übertragbare Leistung und erzielbaren Verstellbereich bei stufenlosen Getrieben (Differentialgetriebe)

## 10.01 Allgemeine rechnerische Betrachtungen

Bei den meisten zuvor beschriebenen stufenlos verstellbaren mechanischen Getrieben sind übertragbare Leistung und erzielbarer Verstellbereich beschränkt. Durch Verbindung von nachgeschalteten Differentialgetrieben mit den eigentlich stufenlos verstellbaren Getrieben lassen sich jedoch beide Grenzen weitgehend verschieben und kann insbesondere erreicht werden, daß die Abtriebsdrehzahlen sogar über Null hinweggehend in beiden Drehrichtungen von Null aus bis zu den jeweiligen Höchstwerten gesteigert werden.

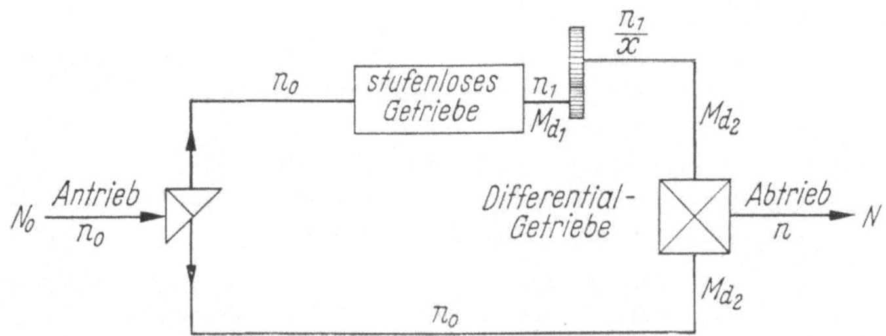


Abb. 217. Grundsätzliche Anordnung eines stufenlos verstellbaren Getriebes mit Leistungs-Verzweigung, schematische Darstellung

Die grundsätzliche Anordnung einer Kombination zur Vergrößerung der übertragbaren Leistung ist aus der schematischen Schaltungsanordnung nach Abb. 217 zu ersehen. Für die Berechnung ergeben sich nach dieser Schaltung folgende Gesetzmäßigkeiten:

Die Drehzahl der abgetriebenen Welle ist hierbei:

$$n = \frac{n_0 + \dfrac{n_1}{x}}{2} \quad (\text{U/min}).$$

Das Drehmoment an der Abtriebswelle beträgt:

$$M_d = 2 \cdot M_{d2} = 2 \cdot x \cdot M_{d1} \quad (\text{cm kg}),$$

wenn $x$ das Übersetzungsverhältnis des Zahnradgetriebes hinter dem stufenlosen Getriebe darstellt.

Für die Leistung an der Abtriebswelle erhält man:

$$N = \frac{n \cdot M_d}{71\,620} = \frac{\dfrac{n_0 + \dfrac{n_1}{x}}{2} \cdot 2 \cdot x \cdot M_{d1}}{71\,620}$$

oder

$$N = \frac{x \cdot n_0 + n_1}{71\,620} \cdot M_{d1} \quad (\text{PS}).$$

Sie ist als um

$$\varDelta N = \frac{x \cdot n_0 \cdot M_{d1}}{71\,620} \quad (\text{PS})$$

größer als der Leistungsanteil, der vom stufenlosen Getriebe übertragen wird. Hingegen sinkt bei dieser Anordnung der stufenlose Verstellbereich zwischen treibender und getriebener Welle auf:

$$n_{\max} - n_{\min} = \frac{n_0 + \dfrac{n_{1\,\max}}{x}}{2} - \frac{n_0 + \dfrac{n_{1\,\min}}{x}}{2},$$

also

$$n_{\max} - n_{\min} = \frac{1}{2\,x}\,(n_{1\,\max} - n_{1\,\min}) \quad (\text{U/min})$$

oder auf den $\dfrac{1}{2\,x}$ fachen Wert gegenüber dem Verstellbereich des eigentlichen stufenlosen Getriebes. Die Vergrößerung der übertragbaren Leistung muß also mit einer Verkleinerung des Verstellbereiches erkauft werden.

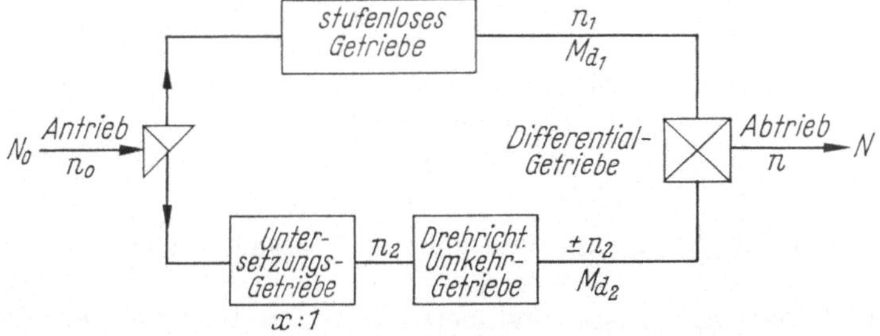


Abb. 218. Grundsätzliche Anordnung eines stufenlos verstellbaren Getriebes mit Leistungsverzweigung und Differential, dessen Abtriebsdrehzahlen über Null hinweg umgekehrt werden können

Wenn die Abtriebsdrehzahlen verhältnismäßig niedrig sind und wenn andererseits besonders große Verstellmöglichkeit evtl. sogar über Null hinweg in die entgegengesetzte Drehrichtung verlangt wird, so kann die in Abb. 218 schematisch dargestellte Getriebeschaltung zur Anwendung kommen. Hierbei steigt der Verstellbereich der Gesamtanordnung gegenüber dem des eigentlich stufenlosen Getriebes erheblich an, was nunmehr jedoch auf Kosten eines sinkenden übertragbaren Drehmomentes bzw. einer sinkenden übertragbaren Leistung erkauft wird. Für diese Schaltung gelten folgende Gesetze:

Die Drehzahl der Abtriebswelle beträgt:

$$n = \frac{n_1 - n_2}{2} \quad \text{(U/min)}.$$

Da $n_1$ sich entsprechend der Einstellung des stufenlosen Getriebes von $n_{1\,max}$ bis $n_{1\,min}$ verändern kann, erhält man als Grenzen der Abtriebsdrehzahlen:

$$n_{min} = \frac{n_{1\,min} - n_2}{2}$$

und

$$n_{max} = \frac{n_{1\,max} - n_2}{2}$$

oder als Differenz

$$n_{max} - n_{min} = \frac{n_{1\,max} - n_{1\,min}}{2} \quad \text{(U/min)}.$$

Der Verstellbereich ist also unabhängig von der Größe der Drehzahl $n_2$, dagegen lassen sich die Grenzen von $n_{min}$ und $n_{max}$ je nach der Wahl von $n_2$ beliebig verschieben. Liegt $n_2$ zwischen den Grenzen von $n_{1\,min}$ und $n_{1\,max}$, so erhält man für ein bestimmtes $n_1$ die Abtriebsdrehzahl Null.

Die übertragbare Leistung errechnet sich wie folgt:

$$N = \frac{n \cdot M_d}{71\,620},$$

$$N = \frac{\frac{n_1 - n_2}{2} \cdot 2 \cdot M_{d1}}{71\,620},$$

$$N = \frac{(n_1 - n_2) \cdot M_{d1}}{71\,620} \quad \text{(PS)}.$$

Die übertragbare Gesamtleistung vermindert sich also bei dieser Schaltung um den Betrag des gleichbleibenden Anteils

$$\frac{n_2 \cdot M_{d1}}{71\,620}$$

gegenüber der Leistung, die von dem stufenlosen Getriebe übertragen wird.

Wählt man $n_2 = n_{1\,min}$ und betrachtet den Grenzfall $n_1 = n_{1\,max}$ so wird

$$N = \frac{(n_{1\,max} - n_{1\,min}) \cdot M_{d1}}{71\,620} \quad \text{(PS)},$$

d. h. die Leistung des stufenlos verstellbaren Getriebes vermindert sich um den minimalen Betrag

$$\frac{n_{1\,min} \cdot M_{d1}}{71\,620}.$$

Im anderen Grenzfall, wenn $n_1 = n_{1\,min}$ wird, ist die Leistung $N$ gleich Null.

Wählt man hingegen $n_2 = n_{I\,max}$ und betrachtet den Grenzfall $n_1 = n_{1\,min}$, so wird

$$N = \frac{(n_{1\,min} - n_{1\,max}) \cdot M_{d1}}{71\,620} \quad \text{(PS)},$$

d. h. die Leistung des stufenlosen Getriebes vermindert sich um den maximalen Betrag

$$\frac{n_{1\,max} \cdot M_{d1}}{71\,620}.$$

Für den Grenzfall $n_1 = n_{1\,max}$ wird die übertragbare Leistung $N$ wiederum Null.

## 10.02 Heynau-Differentialgetriebe [1]

Abb. 219 zeigt als Ausführungsbeispiel den grundsätzlichen Aufbau eines HEYNAU-Differentialgetriebes, dessen Außenansicht bei geöffnetem Planetengetriebe Abb. 220 wiedergibt. Der Motor treibt mit gleichbleibender Drehzahl die Welle $a$ und das zentral liegende Zahnrad $d$ an. Von der Motorenwelle wird über das stufenlos regelbare Getriebe ein zweites Zahnrad $b$ angetrieben, dessen Drehzahl im Rahmen des zur Verfügung stehenden Verstellbereiches stufenlos veränderlich ist. Das erstgenannte Zahnrad $a$ kämmt mit zwei Planetenrädern $c$, die auf Bolzen gelagert sind, die ihrerseits an dem Flansch der Abtriebswelle $f$ befestigt werden. Diese beiden Planetenräder $c$ laufen in der Innenverzahnung eines sowohl außen als auch innen verzahnten Ringes $e$, der von außen durch das Zahnrad $b$ angetrieben wird. Dreht sich das Zahnrad $a$ mit gleichbleibender Drehzahl in der gezeichneten Pfeilrichtung und wird gleichzeitig das Zahnrad $b$ in der ebenfalls durch Pfeil eingetragenen Drehrichtung so schnell gedreht, daß die Umfangs-

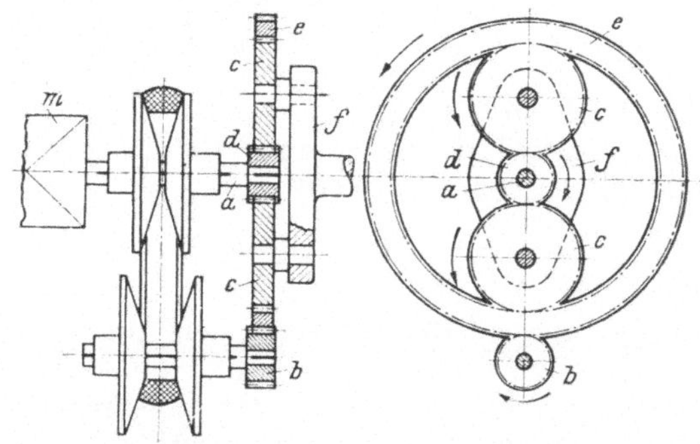

Abb. 219. Schematische Darstellung eines HEYNAU-Differentialgetriebes. $a$ Antriebswelle; $b$ Zahnrad auf Hilfswelle; $c$ Planetenräder; $d$ Zahnrad auf Antriebswelle; $e$ Doppelseitiger Zahnkranz; $f$ Flanschkörper auf Abtriebswelle; $m$ Motor

Abb. 220. Differential-Getriebe unter Anwendung des HEYNAU-Getriebes

---

[1] Hersteller: Hans Heynau, München.

11 Simonis, Getriebe, 2. Aufl.

geschwindigkeit des Zahnrades $a$ gleich der des Ringes $e$ an dem inneren Teilkreis wird, so wälzen sich die Planetenräder $c$ in den umlaufenden Ring $e$ ab, ohne daß der sie tragende Flanschkörper $f$ und damit die Abtriebswelle sich bewegt. Ändert man die Drehzahl des Zahnrades $b$ und damit die Umlaufgeschwindigkeit des Ringes $e$, so erreicht man für die abgetriebene Welle und deren Flansch $f$ eine Drehung, deren Richtung davon abhängig ist, ob die Umfangsgeschwindigkeit des Ringes $e$ größer oder kleiner als die Umfangsgeschwindigkeit des Zahnrades $a$ wird.

Die Drehzahl der abgetriebenen Welle $n_f$ (Flansch $f$) kann nach folgenden Überlegungen errechnet werden:

$$n_a = \text{konst.,} \quad n_b = \text{veränderlich.}$$

Entsprechend der im Abschn. 2.07 zu Abb. 9 abgeleiteten Beziehung ist bei Benutzung eines Getriebes mit Doppelkegeln die Drehzahl des Ritzels $b$ nach folgendem Gesetz von dem axialen Verschiebeweg $x$ des Kegels abhängig, wenn die Kegelneigung $x'$ beträgt:

$$n_b = n_a \frac{r_0 + (1 - x)\,\mathrm{tg}\,\alpha}{r_0 + x\,\mathrm{tg}\,\alpha}\,.$$

Die Drehzahl der Abtriebswelle dieses Differentialgetriebes $n_f$ kann nach SWAMP[1] als die Summe oder Differenz aus den Teildrehzahlen $n_f'$ und $n_f''$ ausgedrückt werden:

$$n_f = n_f' - n_f''.$$

Hierin ist $n_f'$ die Drehzahl für $n_c = 0$ (also stillstehend gedachter Zahnring $e$) und $n_f''$ die Drehzahl der Abtriebswelle für $n_a = 0$. Dabei ist Voraussetzung, daß der Ring $e$ sich entgegengesetzt zum Ritzel $a$ dreht. Bezeichnet man die Zähnezahlen sinngemäß mit $z_a$, $z_b$, $z_{ea}$ und $z_{ei}$ (Ring $e$ außen bzw. innen), so erhält man:

$$n_f' = n_a \frac{z_a}{z_{ei} + z_a} \quad \text{und} \quad n_f'' = n \frac{z_e}{z_{ei} + z_a}$$

für $n_e = 0$:

| Teilbewegung | $n_f'$ | $n_a$ | $n_c$ | $n_e$ |
|---|---|---|---|---|
| I | $+1$ | $+1$ | $-$ | $+1$ |
| II | $0$ | $+\dfrac{z_{ei}\,z_c}{z_c\,z_a}$ | $-\dfrac{z_{ei}}{z_c}$ | $-1$ |
| Summe: | $+1$ | $1 + \dfrac{z_{ei}}{z_a}$ | $-\dfrac{z_{ei}}{z_c}$ | $0$ |

also:

$$n_f' : n_a = 1 : 1 + \frac{z_{ei}}{z_a}$$

oder

$$n_f' = n_a \frac{z_a}{z_a + z_{ei}}\,,$$

---

[1] Vgl. SCHLESINGER in Werkstattstechnik, Jg. 1910, S. 271ff.

für $n_a = 0$

| Teilbewegung | $n_f''$ | $n_a$ | $n_c$ | $n_e$ |
|---|---|---|---|---|
| I | $+1$ | $+1$ | $-$ | $+1$ |
| II | $0$ | $-1$ | $+\dfrac{z_a}{z_c}$ | $+\dfrac{z_a\,z_c}{z_a\,z_c}$ |
| Summe: | $+1$ | $0$ | $+\dfrac{z_a}{z_e}$ | $1+\dfrac{z_a}{z_{ei}}$ |

also:

$$n_f'' : n = 1 : 1 + \frac{z_a}{z_{ei}}$$

oder

$$n_f'' = n_e \, \frac{z_{ei}}{z_{ei} + z_a}$$

und damit für die Drehzahl $n_f$ die Differenz aus beiden Teilwerten

$$n_f = n_a \, \frac{z_{ei}}{z_{ei} + z_a} - n_e \, \frac{z_{ei}}{z_{ei} + z_a} .$$

Die Drehzahl $n_e$ ist

$$n_e = n_b \, \frac{z_b}{z_{ea}} .$$

Setzt man nun für $n_b$ die vorher angegebene Gleichung ein, so erhält man:

$$n_f = n_a \, \frac{z_b}{z_{ea}} \, \frac{r_0 + (1 - x)\,\mathrm{tg}\,x}{r_0 + x\,\mathrm{tg}\,x} .$$

Durch Einsetzen dieses Ausdruckes in die Gleichung für $n_f$ ergibt sich deren endgültige Form:

$$n_f = \frac{n_a}{z_{ei} + z_a} \left( z_a - \frac{z_{ei} z_b}{z_{ea}} \cdot \frac{r_0 + (1 - x)\,\mathrm{tg}\,x}{r_0 + x\,\mathrm{tg}\,x} \right) .$$

Da für ein bestimmtes Getriebe $n_a$, $r_0$, $\mathrm{tg}\,\alpha$ und die Zähnezahlen sämtlicher Zahnräder als konstant anzusehen sind, kann man die Gleichung grundsätzlich für $n_f = f(x)$ auch in der nachstehenden Form schreiben:

$$n = a - \frac{b - c\,x}{d + e\,x} .$$

Dies ist die Gleichung einer Hyperbel, deren charakteristischer Verlauf die Kurve für $n_f = f(x)$ in Abb. 221 darstellt. Man ersieht, daß die Abtriebsdrehzahl $n_f$ für eine

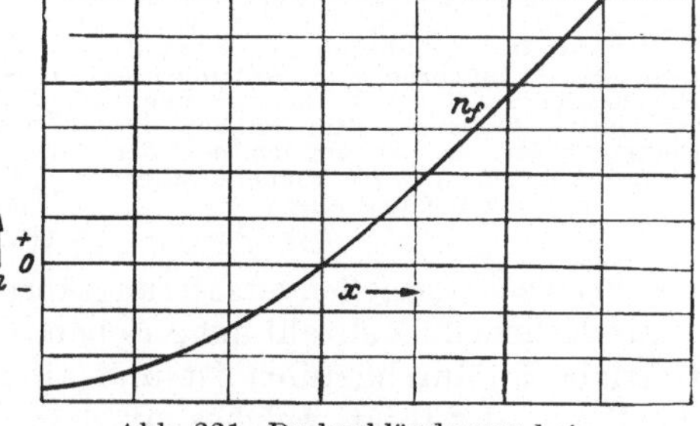

Abb. 221. Drehzahländerung bei Differentialgetrieben

bestimmte Stellung $x$ gleich Null wird. Dieser Stillstand der Abtriebswelle wird immer dann erreicht, wenn das Übersetzungsverhältnis eines

11*

stufenlosen Getriebes 1 : 1 ist. Der Anstieg der Kurve erfolgt in einer Drehrichtung nach hyperbolischem, in der anderen Drehrichtung dagegen nach parabolischem Gesetz. Da für Drehmaschinen hyperbolischer Anstieg der Drehzahl wünschenswert ist, kann für diese Maschinen zweckmäßig nur ein Ast der Kurve benutzt werden, womit die Verwendung eines Differentialgetriebes zu Umkehrzwecken für Drehbänke unzweckmäßig erscheint.

Im Anschluß an diese allgemeinen Betrachtungen sollen noch einige weitere Beispiele von Getriebeausführungen besprochen werden, die nach den dargelegten Gesichtspunkten unter Benutzung von Differentialgetrieben gebaut sind.

## 10.03 P. I. V.- Getriebe Bauart AG und RSG[1]

Getriebe der Bauart AG nach Abb. 222 und 223 sind eine Kombination von einem Grundgetriebe System A (vgl. Abschn. 7.02, S. 114) und einem nachgeschalteten Planetengetriebe auf der Abtriebsseite. Sie dienen zur Erweiterung des verstellbaren Drehzahlbereiches bis herab zur Drehzahl Null (Nullgetriebe) oder für einen bestimmten Drehzahlbereich in beiden Drehrichtungen mit Drehzahlumkehr bei Null ($\pm$-Getriebe). Der grundsätzliche Aufbau dieser Getriebeart ist schematisch in Abb. 222 dargestellt, während Abb. 223 die Außenansicht eines solchen Getriebes wiedergibt, das übrigens nur mit waagerecht liegenden Wellen eingebaut werden darf.

Ähnlich wie bei der vorbeschriebenen Ausführung ist die treibende Welle $a$ durch das stufenlos verstellbare Getriebe hindurchgeführt; sie trägt auf ihrem rechten Wellenende das Stirnrad $f$, das mit dem Stirnrad $g$ zusammen arbeitet, das seinerseits einen Teil der umlaufenden Trommel $g$ bildet. Von der treibenden Welle wird über die in Abschn. 7.02

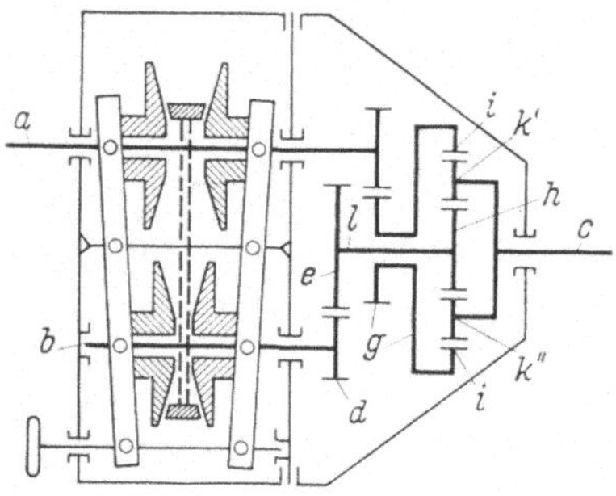

Abb. 222. Aufbau-Schema eines P. I. V.-Differential-Getriebes Bauart AG, mit abtriebsseitig angeordneten Planetenrädern. $a$ treibende Welle; $b$ Ausgangswelle des stufenlosen Getriebes; $c$ Abtriebswelle; $d$ Stirnrad auf Welle $b$; $e$ Stirnrad auf der Zwischenwelle $l$; $f$ Stirnrad auf der durch das P. I. V.-Getriebe hindurchgeführten treibenden Welle $a$; $g$ Stirnrad in Verbindung mit Umlauftrommel; $h$ Innenrad zum Antrieb der Planetenräder auf der Welle $b$; $i$ innenverzahntes Außenrad zum Antrieb der Planetenräder, fest verbunden mit der Trommel $g$; $k'$ und $k''$ Planetenräder; $l$ Zwischenwelle

beschriebene Lamellenverzahnungskette die Welle $b$ mit einer stufenlos veränderlichen Drehzahl angetrieben, die ebenfalls durch das stufenlose Getriebe hindurchgeführt ist und an ihrem rechten freien Wellenende das Stirnrad $d$ trägt, welches mit dem Zahnrad $e$ zusammenarbeitet und damit die Zwischenwelle $l$ mit dem Innenzahnrad $h$ für das Planetengetriebe antreibt. Die Trommel $g$ besitzt auf ihrer rechten Seite einen

---

[1] Hersteller: P. I. V.-Antrieb Werner Reimers K. G., Bad Homburg v. d. H.

Innenzahnkranz $i$. Zwischen diesem einerseits und dem innen liegenden Zahnrad $h$ andererseits sind die umlaufenden Planetenräder $k'$ und $k''$ (es können natürlich weitere Planetenräder außerhalb der Zeichenebene vorgesehen werden) angeordnet, die an einer Trägerscheibe gelagert sind, die in direkter Verbindung mit der Abtriebswelle $c$ steht. Wie bereits in Abschn. 10.01 ausgeführt wurde, kann auch mit diesem Getriebe keine konstante Leistung, sondern nur ein mit abnehmender Drehzahl

Abb. 223. P. I. V.-Differential-Getriebe Bauart AG, Außenansicht

etwa auf das Doppelte ansteigendes Drehmoment übertragen werden. Der Verstellbereich dieser Getriebebauart beträgt als Nullgetriebe $0\cdots 1000$ U/min und als $\pm$-Getriebe $+250\cdots -250$ U/min.

Durch Vorschalten eines ähnlichen Planetengetriebes vor das stufenlos verstellbare Getriebe wird der Verstellbereich für die Abtriebswelle zusammengedrängt bzw. verkleinert. Man erhält dann Feinverstellgetriebe mit besonders großer Verstellgenauigkeit von $0,08\%$ gegenüber einer normalen Verstellgenauigkeit von $1\cdots 2\%$.

Infolge der mit diesen Bauarten verbundenen Leistungsverzweigung kann mit solchen Antrieben je nach Verstellbereich bis zum 5fachen der Leistung des Grundgetriebes übertragen werden.

## 10.04 Arter-Getriebe Bauart SRD[1]

Abb. 224 gibt einen Längsschnitt durch das Getriebe nach Abb. 225 wieder. Die Schnittzeichnung, die in ihrer grundsätzlichen Anordnung dem stufenlosen Getriebe nach Abb. 81 entspricht, läßt erkennen, daß die treibende Welle $n$ vermittels einer Kupplung mit der im Innern der Hülse $o$ unabhängig von ihr umlaufenden Innenwelle $p$ verbunden ist, die innerhalb des rechten Getriebeanbaues das Stirnrad $r$ trägt. Die getriebene Globoidscheibe $b$ hingegen ist bei dieser Bauart auf der Hülse $o$ verkeilt und treibt diese mit veränderlicher Drehzahl an. Diese Hülse ist auf

---

[1] Hersteller: Arter & Co., Männedorf, Schweiz.

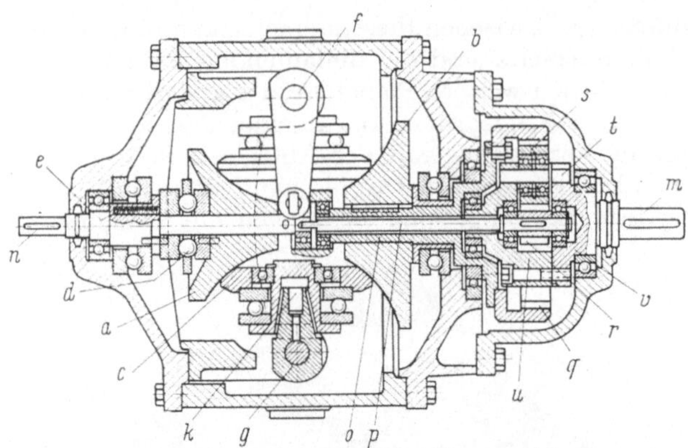

Abb. 224. Arter-Differentialgetriebe Bauart SRD (Bezugszeichen s. auch Abb. 81). *m* Abtriebswelle; *n* Antriebswelle; *o* Lagerhülse für *b*; *p* innere Verbindungswelle; *q* Trommel mit Innenverzahnung; *r* Ritzel auf Welle *p*; *s* Planetenräder; *t* Lagerbolzen für Planetenräder; *u* linker Lagerflansch für *t*; *v* rechter Lagerflansch für *t* mit Abtriebswelle *m* fest verbunden

ihrer rechten Seite flanschartig ausgebildet und fest mit der Trommel $q$ verbunden, deren rechte Seite innen verzahnt ist. Zwischen diesen Innenzähnen und dem Zahnrad $r$ sind die Planetenräder $s$ angeordnet, deren Lagerbolzen $t$ in dem Flansch $v$ und in dem Flansch $u$ gelagert

Abb. 225. Außenansicht des Getriebes nach Abb. 224

sind. Die beiden Flansche $u$ und $v$ sind durch Schrauben fest miteinander verbunden und im Gehäuse bzw. in der Trommel $q$ drehbar gelagert; sie stehen in fester Verbindung mit der Abtriebswelle $m$.

Bei dieser Ausführung können die Abtriebsdrehzahlen unter Voraussetzung einer Antriebsdrehzahl von 1400 U/min stufenlos von 0 bis 1700 U/min verstellt werden, wobei nach den vorausgegangenen Ausführungen allerdings die Leistung stark veränderlich ist.

## 10.05  P. I. V.- Getriebe Bauart GRS. J, als Spindelkasten einer Drehmaschine

Für andere Anwendungsgebiete ist es möglich, die übertragbare Leistung oder den Verstellbereich durch besondere Maßnahmen zu erhöhen. Abb. 226 und 227 zeigen eine Getriebekombination mit der Typenbezeichnung GRS. J mit Leistungsverzweigung und mit erweitertem Verstellbereich. Durch das dem stufenlosen Getriebe vorgeschaltete Planetengetriebe wird die Gesamtleistung so verzweigt, daß immer nur ein Teil von der Kette des stufenlosen Getriebes übertragen werden muß, während der andere Teil der Leistung über die mit der Abtriebswelle direkt oder unter Zwischenschaltung von Zahnradvorgelegen gekuppelte zweite Welle des stufenlosen Getriebes übertragen wird. Auf diese Weise wird es möglich, mehr als die doppelte Leistung des Grundgetriebes zu übertragen. Dabei geht allerdings der Verstellbereich auf $1 : \sqrt{i}$ zurück, wenn $1 : i$ der Verstellbereich des Grundgetriebes ist. Durch mehrfaches Aneinanderreihen dieses Verstellbereiches, so daß der Verstellbereich des Grundgetriebes ein oder mehrere Male in beiden Richtungen durchfahren

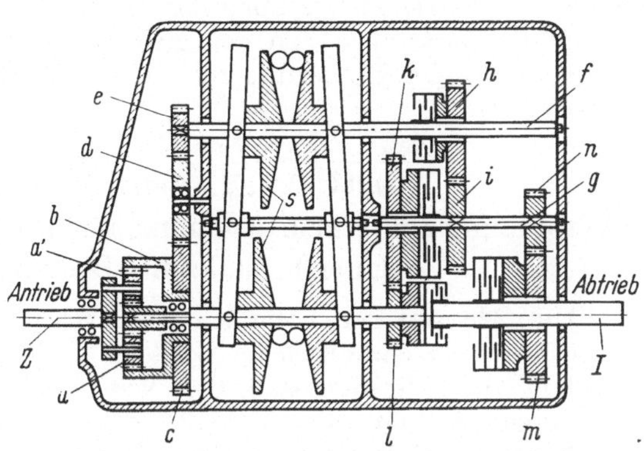


Abb. 226. P. I. V.-Drehmaschinenantrieb mit Leistungsverzweigung und erweitertem Verstellbereich Bauart GRS. J, schematische Darstellung. $a$ und $a'$ Planetenräder; $b$ innenverzahnte Trommel; $c$, $d$ und $e$ Antriebszahnräder für die obere Welle des P. I. V.-Getriebes $f$; $g$ Zwischenwelle; $h$ bis $n$ Kupplungs-Zahnräder; $Z$ Antriebswelle; $I$ Abtriebswelle (Drehspindei)

wird und nach jedem Durchregeln die An- und Abtriebswelle des stufenlosen Getriebes vertauscht und eine Zahnraduntersetzung im Verhältnis $1 : i$ in Synchronlauf über Schaltkupplungen zwischen die Abtriebswelle

Abb. 227. Außenansicht des in Abb. 226 schematisch dargestellten Antriebs mit abgenommenen Deckeln

und die jeweilige Ausgangswelle des stufenlosen Getriebes eingefügt wird, erreicht man mit $x$ zusätzlichen Zahnradstufen einen stufenlos durchfahbaren Gesamtverstellbereich von $1 : \sqrt{i^{(x+1)}}$.

Dabei ist die übertragbare Leistung über den gesamten Verstellbereich konstant. Getriebe dieser Ausführungsart eignen sich besonders für den Antrieb von mittleren und größeren Drehmaschinen sowie von Plan- und Karussell-Drehmaschinen mit großem Drehzahlbereich in Verbindung mit einer von der gleichen Herstellerfirma[1] entwickelten vollautomatischen Steuerung zum Konstanthalten der Schnittgeschwindigkeit.

<h3 style="text-align:center">10.06  P. I. V.- Getriebe Bauart RS,[2]<br>in Verbindung mit einem Kupplungsschaltgetriebe im Spindelkasten einer Produktions-Drehmaschine</h3>

Abb. 228 gibt den Längsschnitt durch den Spindelkasten einer Produktionsdrehmaschine[3] wieder, bei dem durch eine sinnvolle Kombination zwischen einem stufenlosen P. I. V.-Getriebe System RS und einem Kupplungsschaltgetriebe ebenfalls ein erweiterter Verstellbereich von $1:25$ bei zweimaligem Durchfahren des Grundverstellbereiches von $10:5$ ohne Unterbrechung des Energieflusses erreicht wird.

Vom Motor wird die dreifache Keilriemenscheibe $a$ auf der Welle I angetrieben, die unter Verwendung eines normalen Drehstrommotors beispielsweise eine gleichbleibende Drehzahl von 1200 U/min erhält. Das auf der Welle I verkeilte Zahnrad $b$ treibt gleichzeitig und ständig die beiden Zahnräder $c$ und $d$ an, die mittels (hier elektromagnetischer) Kupplungen $k_1$ und $k_2$ abwechselnd mit den zugehörigen Wellen II und III verbunden werden können. Zwischen den Wellen ist ein stufenloses P. I. V.-Rollkettengetriebe mit normalem Verstellbereich $7:1$ angeordnet. Das Zahnrad $h$ auf dem rechten Ende der Welle III steht dauernd im Eingriff mit dem Zahnrad $k$ auf Welle IV, wie das Zahnrad $g$ rechts auf Welle II auch ständig das Zahnrad $i$ antreibt. Beide Zahnräder, $i$ und $k$, sind lose auf der Welle IV, können mit dieser aber mit Hilfe der Kupplungen $k_3$ und $k_4$ verbunden werden. Durch eine elektrische Blockierungsschaltung wird erreicht, daß von den vier Kupplungen immer nur $k_1$ und $k_4$ einerseits, und $k_2$ und $k_3$ andererseits gemeinsam betätigt werden können, und zwar entweder sind $k_1$ und $k_4$ gemeinsam ein- und gleichzeitig $k_2$ und $k_3$ gemeinsam ausgekuppelt, oder umgekehrt. Die Welle IV trägt, fest aufgekeilt, das Zahnrad $z$, das über ein entsprechendes Gegenrad (nicht mitgezeichnet) die Arbeitsspindel antreibt. Welle IV und mit ihr die Arbeitsspindel können durch die Lamellenbremse $k_5$ bei bis einschließlich zu den Zahnrädern $i$ und $k$ weiterlaufendem Getriebe schnell stillgesetzt werden.

Bei Funktion dieser Getriebeanordnung sind folgende zwei Phasen zu unterscheiden:

1. Kupplungen $k_1$ und $k_4$ sind eingekuppelt, Kupplungen $k_2$ und $k_3$ sind ausgekuppelt:

---

[1] Vgl. Abschn. 11.04.
[2] Hersteller: P. I. V.-Antrieb Werner Reimers KG, Bad Homburg v. d. H.
[3] Hersteller: Ferdinand C. Weipert, Heilbronn.

Es wird also die Welle III mit der Drehzahl des Zahnrades $c$ (610 U/ min) angetrieben. Bei kleinstmöglichem Untersetzungsverhältnis des P. I. V.-Rollkettengetriebes (also entgegengesetzte Stellung der Kegelscheibenpaare $e$ und $f$ sowie der Kette wie in Abb. 228 dargestellt) erhält die Welle II ihre kleinstmögliche Drehzahl (230 U/min). Durch das

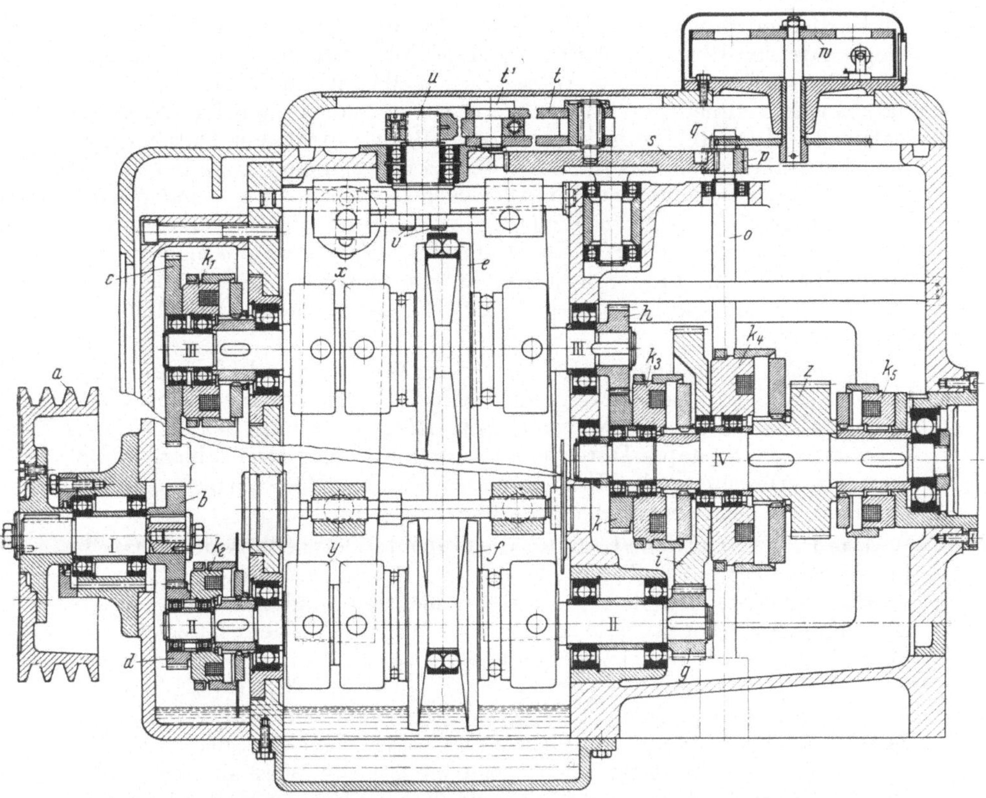



Abb. 228. Getriebeschema für den Spindelantrieb einer Produktions-Drehmaschine. I Antriebswelle; II und III Wellen des P. I. V.-Getriebes; IV Abtriebswelle; $a$ Kreilriemenscheibe für Antrieb; $b$ Antriebszahnrad für $c$ und $d$; $c$ Antriebszahnrad für Welle III; $d$ Antriebszahnrad für Welle II; $e$ und $f$ Kegelscheiben; $g$ Zahnrad auf Welle II; $h$ Zahnrad auf Welle III; $i$ und $k$ Zahnräder auf Welle IV; $o$ Steuerwelle; $p$ und $q$ Ritzel auf $o$; $r$ Antrieb für $w$; $s$ Steuerrad; $t$ und $t'$ Steuerhebel; $u$ Steuerwelle; $v$ Verstellzapfen; $w$ Anzeige-Einrichtung; $x$ und $y$ Anpreßkupplungen; $z$ Abtriebszahnrad auf Welle IV

stufenlose Getriebe (Energiefluß erfolgt von Welle III auf Welle II) kann die Drehzahl der Welle II (also auch das Zahnrad $g$) stufenlos bis zu ihrem Größtwert (1610 U/min) erhöht werden. Bei Durchfahren des stufenlosen Getriebes erfährt hierbei das Zahnrad $i$, also auch die Welle IV ($K_4$ ist ja eingekuppelt), eine stufenlose Drehzahlerhöhung von 60 bis zum Endwert von 420 U/min. Während des ganzen Verstellvorganges dieser ersten Phase wird das leer mitlaufende Zahnrad $k$ von dem Zahnrad $h$ auf Welle III her mit der gleichbleibenden Drehzahl von 420 U/min angetrieben. Bei der größten Drehzahl der Welle II innerhalb der ersten Phase laufen die Zahnräder $i$ und $k$ also synchron! Gleichzeitig führt das lose auf Welle II laufende Zahnrad $d$ die gleiche Drehzahl aus wie diese Welle selber.

2. Kupplungen $k_2$ und $k_3$ sind eingekuppelt, Kupplungen $k_1$ und $k_4$ sind ausgekuppelt:

In diesem Moment erfolgt das gleichzeitige Umschalten der Kupplungspaare von Phase 1 auf Phase 2 ohne Energieflußunterbrechung und ohne Ruck. Nun hört der Antrieb der Welle III durch das Zahnrad $c$ auf, es wird vielmehr jetzt die Welle II mit der konstanten Drehzahl des Zahnrades $d$ (1610 U/min) angetrieben. Bei nochmaligem Durchfahren des Verstellbereiches aus der in Abb. 228 gezeichneten Lage der Kette in die entgegengesetzte Stellung der Kegelscheibenpaare $e$ und $f$ wird nunmehr die Drehzahl der Welle III von 610 auf 4300 U/min erhöht. (Energiefluß nunmehr von Welle II auf III.) Das Zahnrad $h$ macht diese Drehzahlerhöhung mit. Da jetzt die Kupplung $k_3$ eingekuppelt ist, erhöht sich die Drehzahl der Welle IV entsprechend von 420 auf 2940 U/min.

In beiden Verstellphasen haben also die Wellen II und III ihre Funktion als treibende bzw. getriebene Welle des stufenlosen Getriebes gewissermaßen vertauscht, wodurch trotz Rückverstellung des Getriebes, d. h. entgegengesetztes Durchstellen, der Sinn einer Drehzahlerhöhung ohne Unterbrechung des Energieflusses und des Verstellvorganges bei gleichem Drehsinn der Abtriebswelle erhalten bleibt.

Das P. I. V.-Getriebe kann für die doppelte Durcheilung des Verstellbereiches von Hand und durch einen besonderen Verstellmotor verstellt werden. Die Steuerwelle $o$ führt dabei mehrere Umdrehungen aus; sie trägt an ihrem oberen Ende die Ritzel $q$ und $p$. Von dem Ritzel $q$ wird über ein Zahnrad die Anzeigetrommel $w$ so gedreht, daß diese etwas weniger als eine volle Umdrehung macht. Die auf ihrem zylindrischen Umfang aufgezeichneten, den zugehörigen Spindeldrehzahlen entsprechenden Zahlenwerte können durch ein Fenster im Gehäuse eindeutig abgelesen werden, daß nur der jeweils eingestellte Wert sichtbar wird. Gleichzeitig treibt das zweite Ritzel $p$ das Zahnrad $s$ so an, daß auch dieses nur eine Teildrehung von etwas weniger als 360° ausführt. Dieses Zahnrad $s$ trägt auf seiner oberen Stirnseite eine herzförmig verlaufende Stirnnut, in die der Steuerzapfen des Hebels $t$ eingreift, um die drehende in eine hin- und hergehende Bewegung zu verwandeln. Der Hebel $t$ wird also gezwungen, während einer Umdrehung des Zahnrades $s$ zwei Pendelausschläge auszuführen. Die Verstellzapfen $v$ bewirken die wechselweise Verstellung der Kegelscheibenpaare $e$ und $f$ in bekannter Weise. Auch hier ist das P. I. V.-Getriebe mit der auf S. 121 beschriebenen Andrückvorrichtung $x$ und $y$ versehen.

Die Elektromagnetkupplungen werden bei dieser Getriebeausführung von einer Schaltwalze betätigt, die zusammen mit der Verstellwelle des stufenlosen Getriebes von einem elektrischen Hilfsmotor aus angetrieben wird.

# 11. Selbsttätige Steuerungen von stufenlosen Getrieben zur Erfüllung eines geforderten bestimmten Arbeitsablaufes

Die Verstellung stufenloser Getriebe kann von Hand durch Hebel oder Handräder, jedoch auch elektrisch durch Hebel- oder Druckknopfschalter erfolgen. Außerdem ist bei Forderung bestimmter Arbeitsabläufe bzw. Gesetzmäßigkeiten von Drehzahländerungen eine Vielzahl von selbsttätigen Steuerungseinrichtungen entwickelt, die mechanisch, hydraulisch, pneumatisch oder elektrisch arbeiten und praktisch alle auftretenden Sonderforderungen erfüllen können.

Eine mechanisch arbeitende Automatik wird zweckmäßig dort vorgesehen, wo genügend große Verstellkräfte zur Verfügung stehen, während bei Vorhandensein von nur kleinen Verstellkräften besser elektrische, hydraulische oder pneumatische Verfahren zur Anwendung kommen, bei denen eine Kraftverstärkung durch Servowirkung möglich ist.

Der konstruktive Aufbau selbsttätiger Steuerungsanlagen richtet sich nach der Art des zu steuernden Vorganges, nach Art und Größe des verfügbaren Steuerimpulses und nach sonstigen Forderungen, die an eine derartige Anlage gestellt werden. Für automatische Drehzahlsteuerungen sind folgende Einrichtungen erforderlich:

a) Ein Fühl-, Abtast- oder Meßorgan, das in den Arbeitsablauf eingeschaltet wird, oder ein Einflußgerät (Steuerkurve, Schaltwerk o. dgl.), das den Arbeitsablauf steuert,

b) ein stufenlos verstellbares Getriebe, das die Steuerimpulse schnell und genau in entsprechende Drehzahländerungen umsetzt,

c) eine Rückmeldung der eingestellten Abtriebsdrehzahl des stufenlosen Getriebes und bei besonderen Genauigkeitsanforderungen,

d) ein Steuergerät zum Vergleich der Sollwerte oder der Einflußimpulse mit den zurückgemeldeten Ist-Drehzahlen.

## 11.01 Antrieb einer Wickelmaschine

Abb. 229 gibt schematisch die Wirkungsweise einer einfachen automatischen mechanischen Steuerung für den Antrieb einer Wickelmaschine, eines Umrollers oder einer Rollenschneidemaschine wieder, bei der die Wickelgeschwindigkeit konstant und unabhängig vom jeweiligen

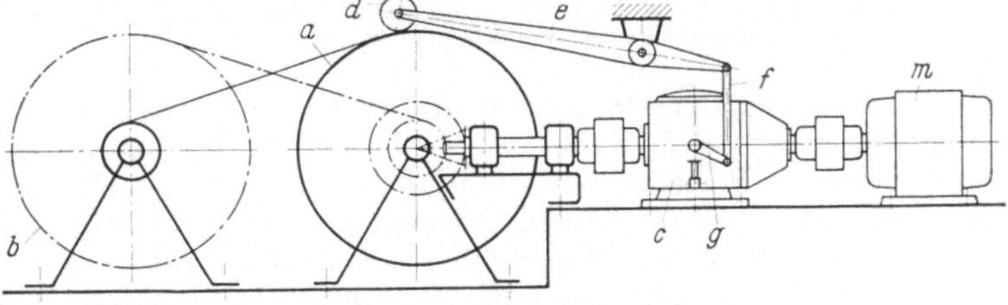

Abb. 229. Einfache automatische Steuereinrichtung zum Konstanthalten von Wickel- oder Schälgeschwindigkeiten. *a* Aufwickeltrommel; *b* Abwickeltrommel; *c* stufenloses Getriebe; *d* Fühlrolle; *e* Füllhebel; *f* Kuppelstange; *g* Verstellhebel für das stufenlose Getriebe; *m* Motor

Arbeitsdurchmesser ist. Die Aufwickeltrommel $a$ wird von dem Motor $m$ über ein zwischengeschaltetes stufenlos verstellbares P. I. V.-Getriebe angetrieben. Auf dem Außendurchmesser des Wickelgutes läuft eine an dem Hebel $e$ befestigte Fühlerrolle $d$, die über eine Kupplungsstange $f$ direkt und mechanisch auf den Verstellhebel $g$ des stufenlosen Getriebes derartig einwirkt, daß mit steigendem Aufwickeldurchmesser die Drehzahl der Trommel $a$ so abnimmt, daß die Wickelgeschwindigkeit konstant bleibt.

## 11.02 Automatische Steuerung für einen Wanderrostantrieb

Als weiteres Beispiel ist in Abb. 230 die automatische Steuerung für einen Wanderrostantrieb einer Kesselanlage in Abhängigkeit von der entnommenen Dampfmenge dargestellt. Hier erfolgt die Steuerung

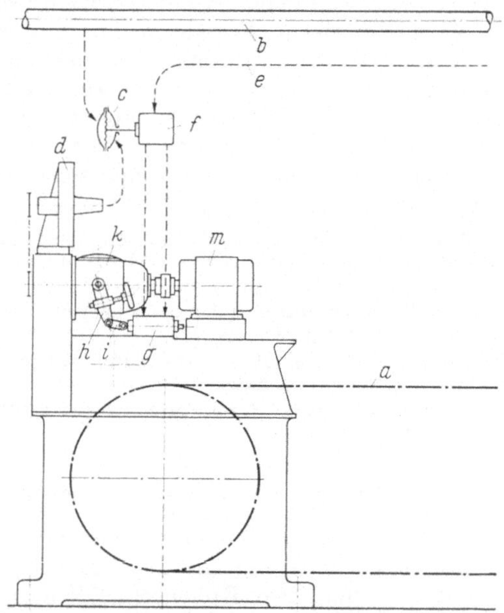


Abb. 230. Automatische Steuerung für stufenlos verstellbaren Antrieb eines Wanderrostes in Abhängigkeit von der Dampfentnahme. $a$ Wanderrost; $b$ Heißdampf-Hauptleitung; $c$ Meßdose; $d$ Meßgebläse; $e$ Drucköllleitung; $f$ Askania-Kraftschalter; $g$ Steuerzylinder; $h$ und $i$ Übertragungshebel; $m$ Motor

hydraulisch. Der Wanderrost $a$ wird unter Zwischenschaltung eines stufenlosen Getriebes (P. I. V.-Getriebes) $k$ angetrieben. Die abgegebene Dampfmenge in der Heißdampfhauptleitung $b$ wird mit Hilfe einer Meßdose $c$ gemessen, die auf einen Askania-Kraftschalter (Rückführschalter) $f$ einwirkt, der aus der Drucköllleitung $e$ veränderliche Ölmengen in den Steuerzylinder $g$ eindringen läßt. Von dem Kolben dieses Steuerzylinders wird über das Gestänge $h/i$ das stufenlose Getriebe so verstellt, daß die Geschwindigkeit des Wanderrostes der jeweiligen Dampfentnahme feinfühlig angepaßt werden kann.

## 11.03 Synchronverstellen bei einer Papiermaschine

Im Zuge der immer weiter entwickelten Anwendung automatischer Fertigung spielt der stufenlos verstellbare Antrieb von Fließbändern und ähnlichen Transportanlagen eine ständig wachsende Rolle. Der Antrieb solcher Einrichtungen soll möglichst feinfühlig und stufenlos den jeweiligen Notwendigkeiten der Arbeitsgeschwindigkeit oder der Taktfolge entsprechen. Dabei ergibt sich häufig die Notwendigkeit, mehrere örtlich voneinander entfernte Fließbänder oder anderer Transporteinrichtungen von mehreren Antriebsmotoren ausgehend synchron

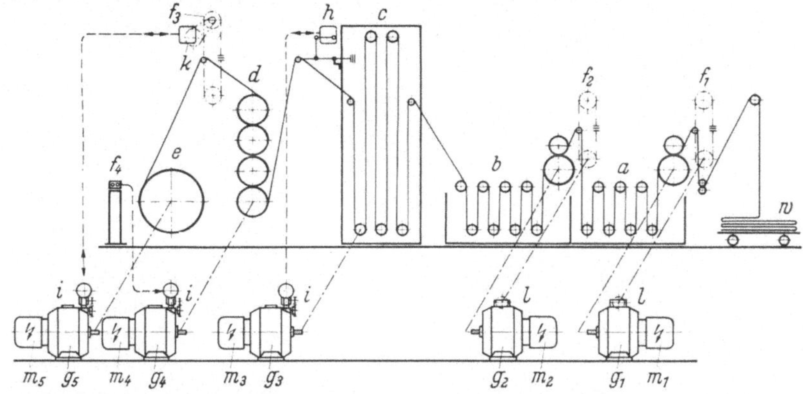


Abb. 231. Kontinuierliche Warengleichlaufregelung für eine Papiermaschine (Prinzipskizze). $a$ Naßpartie I; $b$ Naßpartie II; $c$ Trockenpartie; $d$ Kalander; $e$ Umroll- und Randbeschneidemaschine; $f_1$ und $f_2$ Rückführschalter für mechanische Betätigung der Getriebe $g_1$ und $g_2$; $f_3$ Rückführschalter; $f_4$ Fernbetätigung; $g_1$—$g_5$ stufenlose Getriebe; $h$ Hauptschalter; $i$ Verstellmotoren; $k$ Kompensatorwalze; $l$ mechanische Verstellorgane; $m_1$—$m_5$ Antriebsmotoren; $w$ Transportwagen zum Aufgeben der Ware (Werkbild P.I.V.-Antrieb)

verstellen zu müssen, ohne daß mechanisch kuppelnde Verbindungen zwischen den einzelnen Motoren oder Förderanlagen möglich oder sinnvoll sind. Abb. 231 zeigt als Beispiel den synchron stufenlos verstellbaren Antrieb einer Papiermaschine in einer Ausführung der P. I. V.-Antrieb KG., deren Hauptelemente ($a$ Naßpartie I, $b$ Naßpartie II, $c$ Trockenpartie, $d$ Kalander und $e$ Umroll- und Randbeschneidemaschine) von fünf getrennten Elektromotoren ($m_1$ bis $m_5$) aus synchron angetrieben werden sollen, wobei stufenlose Verstellung der Laufgeschwindigkeiten gefordert wird.

Das bandförmige Gut durchläuft hintereinander mehrere Maschinen, die alle Einzelantrieb haben und in deren Bereich das Gut Längenänderungen erfährt. Eine dieser Maschinen wird willkürlich mit einer stufenlos veränderlichen Laufgeschwindigkeit angetrieben (Kommandomaschine). Die weiteren Maschinen (Folgemaschinen) sollen sich automatisch der ihnen vorgeschriebenen Bandgeschwindigkeiten anpassen. Dabei darf der Bandzug weder zu hoch sein, noch darf das Band zu schlaff werden. Der zulässige Bandzug ist jedoch so klein, daß er zum Verstellen der stufenlosen Getriebe zwischen den einzelnen Antriebsmotoren und den zugehörigen Maschinenaggregaten der Folgemaschinen nicht herangezogen werden kann. Die Verstellung der stufenlosen (hier: P. I. V.) Getriebe erfolgt deshalb durch elektrische Verstellmotoren. Regelungen, bei denen stufenlose Getriebe mittels eines elektrischen Verstellmotors verstellt werden, sind instabil, wenn die gemessene Größe sich nicht sofort und gleichsinnig mit einer Veränderung der Abtriebsdrehzahl des stufenlosen Getriebes verändert. In solchen Fällen läßt sich eine Stabilisierung mit einem Rückführschalter $h$ erreichen.

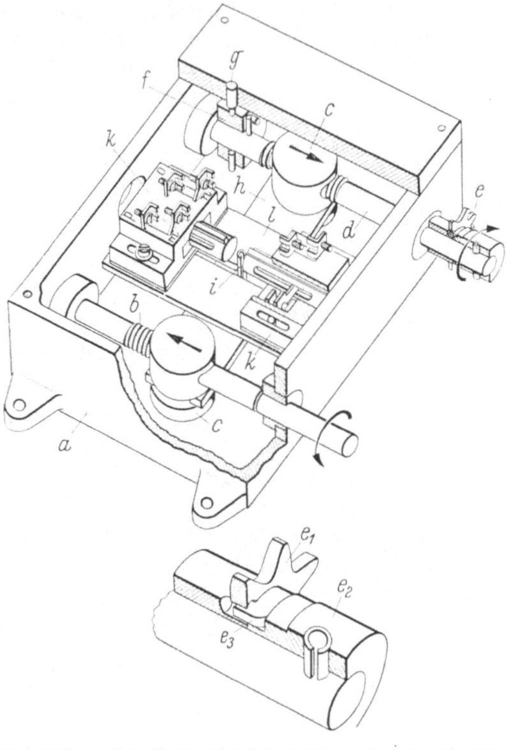

Die Bewegung der Kompensatorwalze $k$ wird auf eine Gewindespindel übertragen, die die Bewegung einer Mutter auf dieser Spindel hervorruft. Beginnt nun die Kompensatorwalze $k$ infolge Ungleichheit der Warengeschwindigkeiten zu wandern, so bewegt sich damit auch die Gewindemutter, und ein eingehängtes Joch führt eine Schwenkung aus, wodurch einer der beiden vorgesehenen Schalter (einer für Verlangsamung, der andere für Vergrößerung der Geschwindigkeit) freigegeben wird. Dieser schaltet den Verstellmotor im gewünschten Sinne ein, so daß das stufenlose Getriebe der Folgemaschine verstellt wird. Kommt die Kompensatorwalze zur Ruhe, so sorgt die Rückführung für die Beendigung des betreffenden Verstellvorganges. Dabei muß die Verstellgeschwindigkeit des Folgegetriebes größer sein als die des Kommandogetriebes. Die Kompensatorwalze bleibt in Ruhe, wenn auch in einer neuen Stellung. D. h. also, daß die Regelung stabil verläuft.

Abb. 232.    P. I. V.-Rückführschalter Modell Rf 12 (Prinzipskizze). $a$ Gehäuse; $b$ Istwert-Spindel; $c$ Gewindemutter; $d$ Rückführspindel; $e$ Kettenrad mit Rutschkupplung, bestehend aus $e_1$ Kettenrad, $e_2$ Mitnehmerring; $e_3$ federnder Reibring; $f$ Anschlagring; $g$ Blockierungsstift; $h$ Joch; $i$ Betätigungsstift; $k$ Anstoßschalter; $l$ Schalterbrücke; $m$ und $n$ Ruhekontakte; $o$ und $p$ Arbeitskontakte

Die Wirkungsweise des erwähnten Rückführschalter sei an Hand der Prinzipzeichnung Abb. 232 beschrieben:

Bei Veränderungen des Istwertes muß die Istwertspindel $b$ vom Meßgerät (hier von der Kompensatorwalze) verdreht werden. Dadurch verschiebt sich die Gewindemutter $c$ auf dieser Spindel und lenkt das eine Ende des Joches $h$ aus seiner Lage ab. Der in der Mitte des Joches sitzende Betätigungsstift $i$ gibt einen der beiden mit leichter Vorspannung angestellten Anstoßschalter $k$ frei, der über die Kontakte $m$ und $n$ und über ein Wendeschütz den Verstellmotor des stufenlosen Getriebes der Istwertänderung entsprechend einschaltet. Die Verstellspindel des Getriebes ist über einen Kettentrieb mit der Rückführspindel $d$ verbunden. Mit dem Verstellmotor setzen sich also auch die Rückführspindel $d$ und die auf ihr angebrachte Gewindemutter $c$ in Bewegung. Bei richtiger Wahl der Drehrichtungen wird dadurch das zweite Ende des Joches $h$ so bewegt, daß der Betätigungsstift $i$ den Anstoßschalter $k$ wieder betätigt. So wird mit der Istwertänderung zugleich auch die Verstellung des stufenlosen Getriebes beendet. Dem neuen Beharrungszustand entsprechen neue Stellungen des Joches $h$ im Rückführschalter und des angewendeten Meßgerätes.

Die Zuordnung von verschiedenen Meßgerätstellungen zu verschiedenen Beharrungszuständen wird durch den Anschlagring $f$ und die Blockierungsschraube $g$ auf einen Teil des gesamten Arbeitsbereiches beschränkt. Die Drehung der Rückführspindel ist um je eine volle Umdrehung in jeder Drehrichtung aus der Mittellage heraus begrenzt. Geht eine Istwertänderung darüber hinaus, so rutscht das Kettenrad $e_1$ gegen die Rückführspindel $d$, bis infolge der eintretenden Überregelung das Meßgerät die Mutter auf der Istwertspindel wieder in den mittleren Bereich zurückbringt. Diese Begrenzung der Rückführung läßt sich dadurch aufheben, daß man die Blockierungsschraube $g$ herausnimmt.

Die Anstoßschalter $k$ haben Ruhe- und Arbeitskontakte. Die Ruhekontakte $m$ und $n$ werden bei dem gewählten Beispiel für das normale Arbeiten des Rückführschalters verwendet. Die Arbeitskontakte $o$ und $p$ können für erforderliche Sicherungsmaßnahmen Anwendung finden.

## 11.04 Konstanthalten
### der Schnittgeschwindigkeit beim Drehen
### von Planflächen

Besonders bei Drehmaschinen erscheint das Ziel erstrebenswert, daß der Dreher nicht, wie bisher üblich, die gewünschte Drehzahl der Arbeitsspindel, sondern eine bestimmte Schnittgeschwindigkeit einstellt, die den optimalen Arbeitsbedingungen gemäß Werkzeug- und Werkstückstoff, Schneidenform, Kühlverhältnissen, Spanquerschnitten und Formen entsprechend zu wählen ist. Eine solche Drehmaschine muß mit einer Drehzahlsteuerung versehen sein, die die Schnittgeschwindigkeit unabhängig vom Drehdurchmesser gleichhält. Eine derartige Konstruktion gestattet erheblich einfachere Bedienung, Erhöhung der Sauberkeit und Präzision der bearbeiteten Schnittflächen und beachtliche Einsparungen an Haupt- sowie Nebenzeiten. Voraussetzung für eine solche Automatik ist die Verwendung eines Getriebes mit gleichbleibender übertragbarer Leistung über den ganzen Verstellbereich.

Eine im wesentlichen auf mechanischem Wege erzielte Lösung dieses Problems zeigt das in Abb. 233 dargestellte Getriebeschema[1] für selbsttätige Drehzahlsteuerung zum Konstanthalten der Schnittgeschwindigkeit bei einer Drehbank.

Spindeldrehzahl, Schnittgeschwindigkeit und Drehdurchmesser hängen nach dem Multiplikationsgesetz

$$v_s = D \cdot \pi \cdot n$$

zusammen. Durch Logarithmieren entsteht hieraus eine Summengleichung, nämlich:

$$\log \frac{v_s}{\pi} = \log D + \log n \,.$$

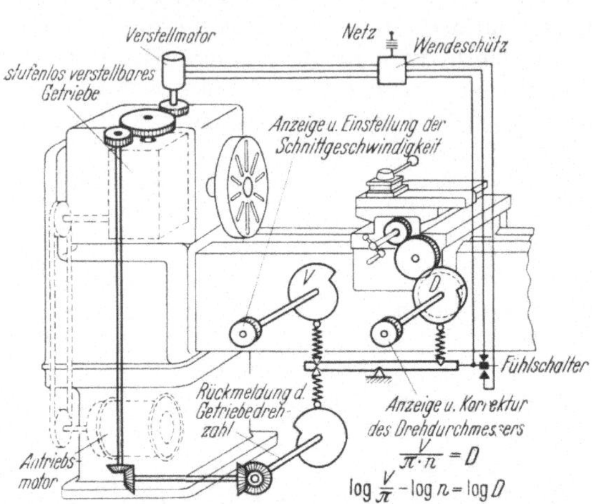


Abb. 233. Mechanische automatische Drehzahlsteuerung zum Konstanthalten der Schnittgeschwindigkeit bei einer Drehmaschine, schematische Prinzipskizze

Es werden deshalb zur Steuerung logarithmische Kurvenscheiben verwendet. Die schematische Darstellung zeigt, daß die einzelnen Größen der logarithmischen Summengleichung durch Federkräfte dargestellt und durch einen Waagebalken gegeneinander ausgewogen werden. Mit der Bewegung des Planzuges am Support wird die Kurvenscheibe $D$ für den Drehdurchmesser gedreht, die durch sie erzeugte Federkraft ist also dem Logarithmus des jeweiligen Drehdurchmessers proportional. Diese Kurvenscheibe kann von Hand (Abb. 234) in Verbindung mit einer Durchmesserskala verstellt werden, um einer Stellung des Plansupportes verschiedene Drehdurchmesser zuordnen, also die Steuerung für verschiedene Stellungen des Drehmeißels ausrichten zu können.

Die zweite Kurvenscheibe $V$ für die Schnittgeschwindigkeit wird von Hand auf den gewünschten Wert eingestellt, die von ihr erzeugte Federkraft ist also dem Logarithmus der Schnittgeschwindigkeit proportional.

Abb. 234
Einstellen der konstanten Schnittgeschwindigkeit bei einer Drehmaschine mit Steuerungs-Automatik nach Abb. 233

<hr>

[1] Nach einer Ausführung der P. I. V.-Antrieb KG.

Die dritte Kurvenscheibe $n$ für die Drehzahl steht in mechanischer Verbindung mit dem Verstellorgan des stufenlosen Getriebes, so daß die von ihr erzeugte Federkraft dem Logarithmus der jeweiligen Drehzahl der Arbeitsspindel proportional ist.

Sobald nun das Gleichgewicht an dem Waagebalken gestört wird, schaltet sich der Verstellmotor für das stufenlose Getriebe durch entsprechende Kontakte oder Fühlstifte am Ende des Waagebalkens im gewünschten Verstellsinn ein und verändert die Spindeldrehzahl so lange, bis das Gleichgewicht am Waagebalken wiederhergestellt ist.

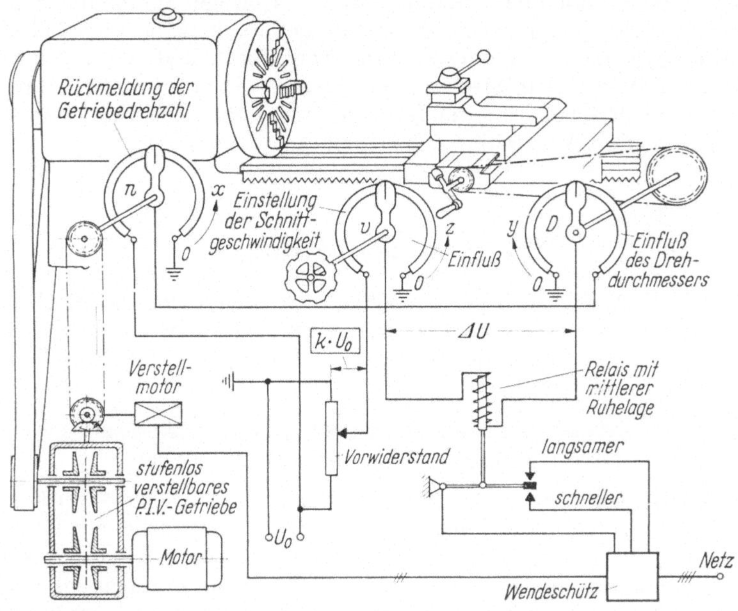


Abb. 235. Elektrische automatische Drehzahlsteuerung zum Konstanthalten der Schnittgeschwindigkeit bei einer Drehmaschine, schematische Prinzipskizze

Eine entsprechende elektrische Lösung, die ebenfalls von der Firma P. I. V.-Antrieb, Werner Reimers K.-G., Bad Homburg v. d. H. entwickelt wurde, zeigt Abb. 235. Hier wird eine Spannung $U_0$ an ein als Spannungsteiler geschaltetes Potentiometer gelegt, das eine der Spindeldrehzahl proportionale Teilspannung abzweigt. Diese wird über ein zweites Potentiometer geleitet, das einen dem jeweiligen Drehdurchmesser proportionalen Teil abzweigt. Die Restspannung ist dann proportional dem Produkt aus Drehzahl und Durchmesser. Diese Restspannung wird in einem Feinrelais mit einer Spannung verglichen, die ein drittes Potentiometer, an das die Spannung

$$k \cdot U_0$$

gelegt ist, proportional der Schnittgeschwindigkeit abgezweigt hat. Mit einer für die Praxis genügenden Genauigkeit wird so die Gleichung

12  Simonis, Getriebe, 2. Aufl.

dargestellt

$$k \cdot U_0 \cdot \frac{v}{v_{\max}} = U_0 \cdot \frac{n}{n_{\max}} \cdot \frac{D}{D_{\max}}.$$

In der Gleichung ist $k$ ein Faktor für die Größe des Vorwiderstandes, welcher entsprechend den für die Maschine festgelegten Werten $v_{\max}$, $n_{\max}$ und $D_{\max}$ gewählt werden muß. Sind die beiden in dem Feinrelais verglichenen Spannungen nicht gleich, so wird — ähnlich wie bei der mechanischen Lösung — ein Kontakt betätigt, durch den der Verstellmotor in der einen oder in der anderen Drehrichtung anläuft und das Verstellgetriebe solange verstellt, bis die richtige Spindeldrehzahl erreicht ist. Die festgestellte Steuerungsgenauigkeit beträgt bei dieser Anordnung je nach der eingestellten Empfindlichkeit $2 \cdots 5\%$.

Diese selbsttätigen Steuerungen können auch in Verbindung mit stufenlosen Getrieben angewendet werden, die mit Leistungsverzweigung und erweitertem Verstellbereich arbeiten.


# 12. Sondergetriebe

Der Vollständigkeit halber sollen abschließend noch zwei Getriebebauarten Erwähnung finden, die zwar eigentlich im Sinne dieses Buches keine stufenlos verstellbaren Getriebe sind, die jedoch in ihrer Wirkung diesen sehr nahe kommen.

### 12.01 Ceha-Vielstufen-Zahnradgetriebe[1]

Zunächst soll noch ein Zahnradgetriebe beschrieben werden, das zwar keine stufenlose Drehzahlverstellung im eigentlichen Sinne gestattet, jedoch durch zahlreiche sehr feine Abstufungen dem stufenlosen Getriebe in seinen Eigenschaften und Anwendungsmöglichkeiten sehr nahe kommt, ohne die Mängel von Reibgetrieben (veränderliche übertragbare Leistung, Absinken der Drehzahl bei vergrößerter Belastung und Schlupf zwischen treibender und getriebener Welle) aufzuweisen.

Die grundsätzliche Wirkungsweise sei an Hand der Schemazeichnung in Abb. 236 erläutert: Auf der mit konstanter Drehzahl angetriebenen Antriebswelle $a$ ist das Antriebsritzel $c$ axial verschiebbar angeordnet. Um den halben Kegelwinkel $\alpha$ schräg zur Antriebswelle gestellt befindet sich ein Satz von konischen Stirnrädern $d$, die in ihrer dicht folgenden Aneinanderreihung den Eindruck eines verzahnten Kegelstumpfes erwecken. Jedes größere konische Stirnrad besitzt jedoch 2 bzw. 4 Zähne mehr als das vorhergehende. Dadurch ist die Voraussetzung für die verschiedenen Übersetzungsverhältnisse gegeben. Die Antriebswelle $a$ liegt parallel zur Mantellinie des Kegelstumpfes $d$, so daß das Antriebsritzel $c$ durch axiale Verschiebung nacheinander mit jedem der

---

[1] Hersteller: C. H. Schäfer, Ohorn, Bez. Dresden.

konischen Stirnräder in Eingriff gebracht werden kann. Die konischen Stirnräder sind so ausgebildet, daß es möglich ist, das Antriebsritzel während des Laufes, auch bei belastetem Getriebe, aus dem einen in das

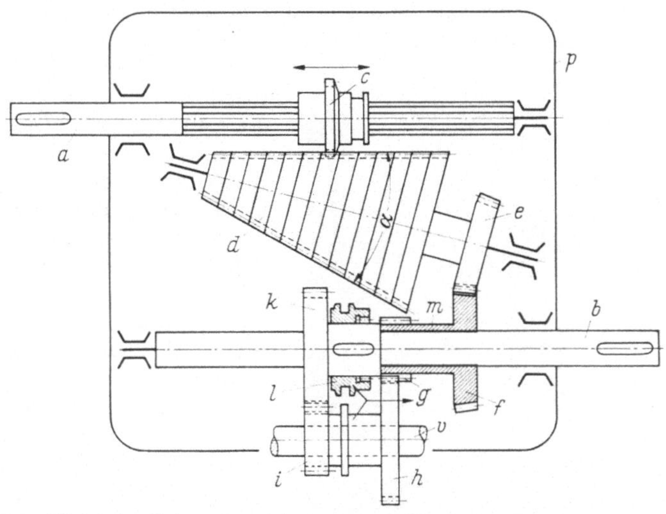

Abb. 236. Ceha-Vielstufen-Zahnradgetriebe, schematische Darstellung der Wirkungsweise
*a* Antriebswelle; *b* Abtriebswelle; *c* Verschieberad; *d* konische Stirnräder; *e* und *f* Verbindungs-Kegelräder; *g—k* Vorgelege-Zahnräder; *l* Verschiebe- und Kupplungsmuffe; *m* Verbindungshülse zwischen *f* und *g*

nächste konische Stirnrad zu verschieben, ohne daß die Kraftübertragung unterbrochen wird (s. Abb. 237—238). Der Übergang von einem konischen Stirnrad zum nächsten erfolgt derartig, daß das Antriebsritzel *c* gleichzeitig mit dem letzten Zahn der einen Stufe und dem ersten Zahn der nächsten Stufe in Eingriff steht. Die Welle des aus einer Vielzahl von konischen Stirnrädern bestehenden Kegelstumpfes *d* trägt außerdem rechts unten ein Kegelrad *e*, das mit dem Kegelrad *f* zusammenarbeitet, dessen Drehung entweder mit Hilfe der Verschiebemuffe *l* (die axiale Verschiebung dieser Muffe erfolgt immer zusammen mit den Vorgelegerädern *h*

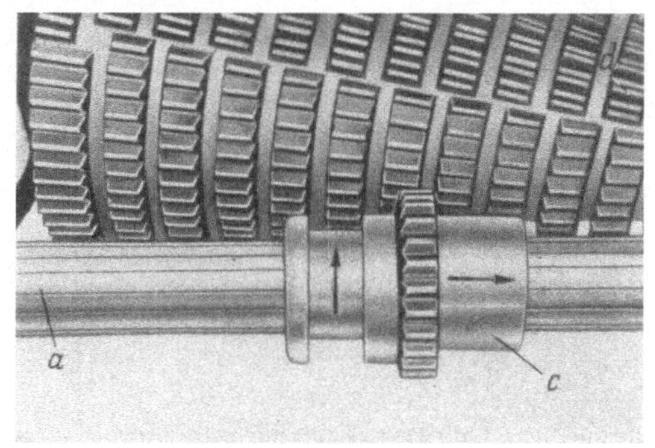

Abb. 237. Blick auf die konischen Stirnräder und das
unten davor liegende Verschieberad beim
Ceha-Getriebe
(Bezugszeichen s. Abb. 236)

und *i*), die auf ihrer rechten Seite eine mit dem Zahnrad *g* übereinstimmende Innenverzahnung besitzt, direkt auf die Abtriebswelle *b* übertragen werden kann, oder (wie in Abb. 236 dargestellt) über die

Vorgelegeräder $g/h$ und $i/k$ geleitet wird. Aus darstellungstechnischen Gründen ist die Vorgelegewelle in der Schemazeichnung nach Abb. 236 in die Zeichenebene hineingeschwenkt wiedergegeben.

Um eine zwangsweise Verschiebung des Antriebsritzels $c$ zu ermöglichen, wird dieses von einer Schaltklaue $m$ geführt (Abb. 240). Auf dieser sitzt eine schwenkbar gelagerte, gefederte Schaltweiche $n$ (Abb. Nr. 240 und 244). Diese Schaltweiche $n$ ragt in die über ihr angeordnete Schaltwalze $o$ hinein, die aus einzelnen Kurvenscheiben $p$ besteht. Die Schaltwalze $o$ wird von der schrägliegenden Zwischenwelle, die die konischen Stirnräder $d$ trägt, über weitere Zahnräder angetrieben. Wird die Schaltweiche $n$ durch den Schalthebel $q$ über die Zahnwalze $t$ in Schaltstellung gebracht, d. h. schräg gestellt, so erfaßt eine Kurvenscheibe $p$ der Schaltwalze $o$ die Schaltweiche $n$ und verschiebt sie. Mit der Schaltweiche $n$ werden Schaltklaue $m$ und Antriebsritzel $c$ zwangsläufig axial von einem konischen Stirnrad zum nächsten ver-

Abb. 238. Schaltmechanismus mit Nutenwalze beim Ceha-Getriebe. $m$ Schaltklaue; $v$ Nutenwalze; $w$ Führungsrolle; $x$ Rückführungskurve

schoben. Nach Beendigung des Schaltvorganges bringt ein feststehender Federschieber $r$ über ein Gestänge $s$ und die Zahnwalze $t$ die Weiche $n$, und damit den Schalthebel $q$ wieder in Mittelstellung. Die Kegelräder $e$

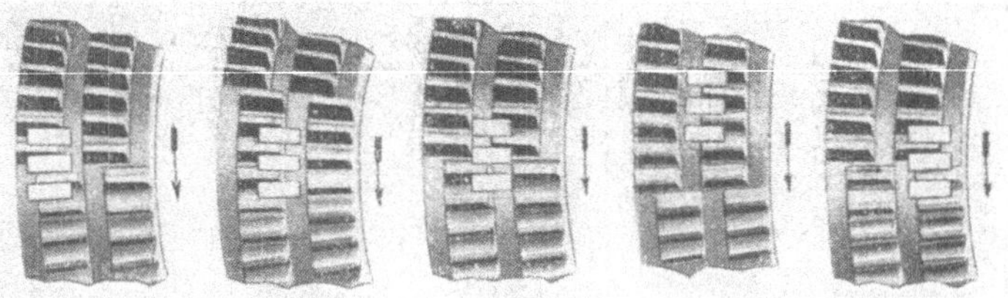

Abb. 239. Darstellung des Schaltvorganges beim Ceha-Getriebe

und $f$ besitzen eine Palloidverzahnung und laufen dadurch sehr geräuscharm. Der Schalthebel $u$ dient zum Umstellen des Vorgeleges, was naturgemäß nur bei Stillstand erfolgen darf.

Neben dem vorstehend beschriebenen Schaltmechanismus wurde noch ein weiterer entwickelt (vgl. Abb. 238 und 242—247), der folgendermaßen arbeitet:

Abb. 240. Blick in ein geöffnetes Ceha-Getriebe mit herausgenommener Schaltwalze *m* Schaltklaue; *n* Schaltweiche (sonstige Bezugszeichen s. Abb. 236)

Abb. 241. Blick in ein geöffnetes Ceha-Getriebe mit Vorgelegewelle und Schaltwalze *g* Schalthebel; *o* Schaltwalze; *p* Kurvenscheiben der Schaltwalze; *r* Federschieber; *s* Schaltgestänge; *t* Zahnwalze; *u* Umschalthebel (sonstige Bezugszeichen s. Abb. 236)

An Stelle der Schaltwalze mit den Kurvenscheiben ist eine Nutenwalze $v$ vorgesehen, in die eine auf der Schaltklaue $m'$ befindliche Rolle $w$ eingreift. Die Nutenwalze $v$ steht während des normalen Laufes des

Abb. 242. Blick auf die Schaltklaue ($m$) mit Führungsrolle ($w$)
beim Ceha-Getriebe

Getriebes still, zu jeder Stufenschaltung führt sie jeweils eine halbe Umdrehung in der einen oder in der anderen Drehrichtung aus. Um dies zu ermöglichen, ist eine Kupplung zwischen zwei sich gegenläufig drehenden Stirnrädern angeordnet, die durch axiales Verschieben entweder mit

Abb. 243. Schalteinrichtung beim Ceha-Getriebe.
$j$ Stirnräder; $v$ Sperrklinken; $x$ Kupplungsmuffe;
$y$ Doppel-Plankurve

dem einen oder dem anderen in Eingriff gebracht werden kann. Durch Betätigung des Schalthebels $q$ wird die Schaltweiche $n$ schräg gestellt und die Kupplungsmuffe $x$ durch eine Doppelkurve $y$ über den Schaltbügel $z$ mit dem einen oder anderen Stirnrad $j$ oder $j'$ gekuppelt. Auf den Abbildungen nicht sichtbare Plankurven und Rollen sorgen dafür, daß die Kupplungsmuffe $x$ nach Beendigung des Schaltvorganges wieder in ihre Mittelstellung gebracht wird. An den Endstufen besitzt die Nutenwalze Rückführungs-kurven $x'$, durch die vermieden wird, daß das Getriebe bei einer Schaltung über eine Endstufe hinaus gefährdet wird. In diesem Falle wird also selbsttätig wieder eine Rückschaltung auf die vorletzte Stufe ausgeführt. Um ein ungewolltes Weiterlaufen der Nutenwalze $v$ zu verhindern, sind Sperrklinken $v'$ und $v''$ angebracht, die beim Einleiten der Schaltbewegung die Nutenwalze freigeben. Auch bei dieser Ausführung bringt ein feststehender Federschieber $r$ den Schalthebel $q$ und damit auch die Schaltweiche $n$ wieder in Mittelstellung zurück.

Die Stufenschaltung kann auch durch Fernsteuerung erfolgen, wobei dann zweckmäßig

Abb. 244. Schalteinrichtung beim Ceha-Getriebe. $n$ Schaltweiche; $y$ Doppelkurve; $z$ Schaltbügel

Abb. 245. Blick in ein geöffnetes Ceha-Getriebe ohne die Ölleitungen für Zentralschmierung
(Bezugszeichen s. vorherige Abbildungen)

Abb. 246. Unterteil des Ceha-Getriebes mit sämtlichen Zahnrädern

ein Doppeldruckknopf-Taster benutzt wird. Wird dann beispielsweise ein Druckknopf dauernd niedergedrückt, so führt das Getriebe eine Stufenschaltung nach der anderen aus. Soll nur eine einzige Schaltung ausgeführt werden, wird eine Impulsfernsteuerung verwendet, bei der der Steuerstrom automatisch unterbrochen wird. Abb. 247 zeigt als Teilansicht die Anordnung des Endschalters, des Wechselräderkastens (Deckel abgenommen) und des Umschalthebels für Drehrichtungswechsel.

Das Ceha-Vielstufen-Zahnradgetriebe wird in verschiedenen Ausführungen bis zu 14 Schaltstufen und für Leistungen von 1,5···44 kW gebaut. Sein Wirkungsgrad entspricht dem üblicher Zahnradgetriebe.

Abb. 247. Teilansicht von außen eines Ceha-Getriebes
mit Endschaltern und Wechselräderkasten

## 12.02 Primas-Hubgetriebe [1]

Diese Getriebebauart ist für die stufenlos verstellbare Änderung von Hublängen bei geradlinigen Umkehrbewegungen entwickelt worden. Die Wirkungsweise sei an Hand der schematischen Darstellung in Abb. 248 beschrieben. In der Abbildung sind die vier Phasen des Vorganges dargestellt.

a) Der Anschlagnocken $c_1$ an der Schaltstange $b$ sperrt die Drehbewegung des am Schlitten $a$ drehbar befestigten Schaltrades $d$ über dessen Anschlagnocken $e$. Der Schlitten wird also in der Bewegungs-

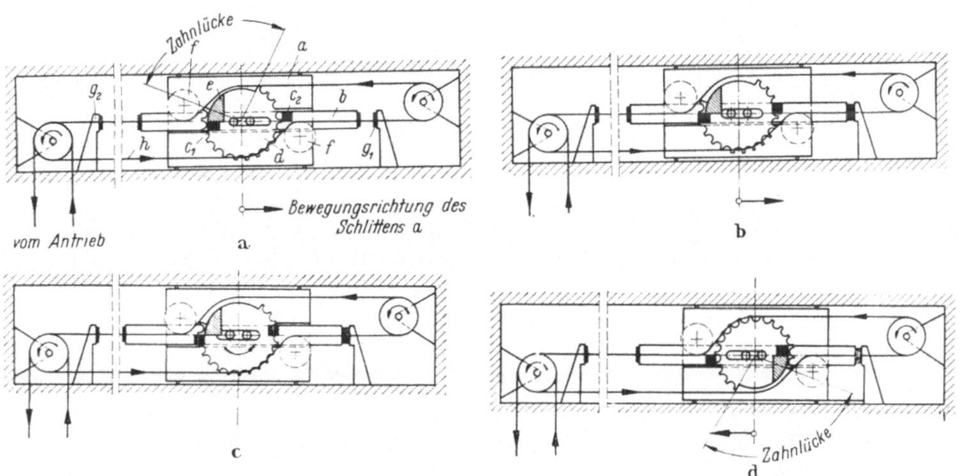


Abb. 248a—d. Darstellung der schematischen Wirkungsweise des stufenlosen Primas-Hubgetriebes. $a$ Schlitten; $b$ Schaltstange; $c_1$ und $c_2$ Anschlagnocken; $d$ Schaltrad mit Zahnlücke; $e$ Anschlagnocken; $f$ Umlenkräder; $g_1$ und $g_2$ feste Anschläge; $h$ GALLsche Kette

richtung des unteren Kettenstranges $h$ über das Schaltrad zwangsweise mitgenommen. Der obere Kettenstrang gleitet dabei über die Zahnlücke im Schaltrad hinweg.

b) Die im Schlitten $a$ verschiebbar gelagerte Schaltstange $b$ ist am rechten festen Anschlag $g_1$ aufgelaufen und bewegt sich relativ zum Schlitten nach links. Dabei wird der Schlitten noch vom unteren Kettenstrang mitgenommen, da der Anschlagnocken $c_1$ das Schaltrad $d$ an der Drehung verhindert.

c) Der Schlitten $a$ ist bei feststehender Schaltstange $b$ durch die Kette soweit nach rechts bewegt worden, daß die Sperrung des Schaltrades durch den Anschlagnocken $c_1$ aufgehoben, und der Anschlagnocken $c_2$ in Sperrstellung gelangt ist. Der Schlitten steht still und das Schaltrad wird durch die Kette in Pfeilrichtung mitgenommen.

---

[1] Hersteller: Arnold & Stolzenberg, Einbeck/Hann.

d) Das Schaltrad hat sich um 180° gedreht und liegt mit seinem Anschlagnocken $e$ am Anschlagnocken $c_2$ der Schaltstange an, so daß es an weiterer Drehung gehindert ist. Der Schlitten $a$ wird jetzt in der Bewegungsrichtung des oberen Kettenstranges nach links über das Schaltrad zwangsweise mitgenommen, während nun der untere Kettenstrang über die Zahnlücke im Schaltrad hinweggleitet.

Am linken Anschlag $g_2$ wiederholt sich dieser Vorgang sinngemäß.

Ein derartiges Getriebe kann besonders für Transport- und Förderanlagen, Greif- und Zubringeeinrichtungen und für zahlreiche andere Zwecke Anwendung finden, wenn schlupffreie Übertragung der Antriebsleistung, gleiche Hubgeschwindigkeit und genaue Umkehr verlangt werden.

# Nachtrag

## 2.06 Rollax-Getriebe [1] [2]

Bei der Getriebebauart, die in Abb. 249 im Längsschnitt und in Abb. 251 aufgeschnitten mit Einblickmöglichkeit auf die Innenteile wiedergegeben ist, sitzt die treibende Kegelscheibe $b$ fest auf der Antriebswelle $a$. Die planetenartig umlaufenden Doppel-Reibkegel $c$ (vgl.

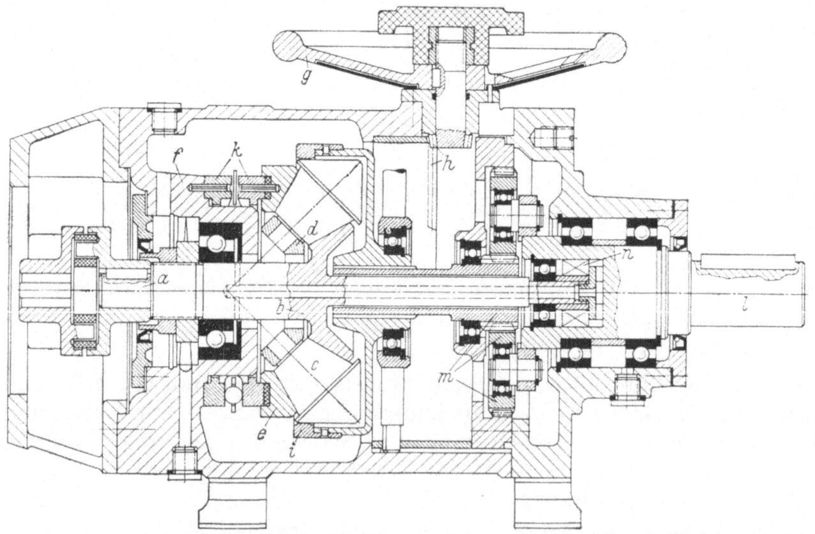

Abb. 249. Rollax-Getriebe, Längsschnitt. $a$ Antriebswelle; $b$ treibende Kegelscheibe auf $a$; $c$ umlaufende Doppel-Reibkegel; $d$ Lagerkäfig für die Reibkegel $c$; $e$ feststehender Ring mit Innenkegelfläche; $g$ Handrad zur Getriebeverstellung; $h$ Kegelräder zur Getriebeverstellung; $i$ glockenförmiges Abtriebsrad; $l$ Abtriebswelle; $m$ Zahnrad-Umlaufgetriebe; $n$ Ölpumpe

---

[1] Hersteller: Gotthard Allweiler, Pumpenfabrik, Radolfzell/Bodensee.

[2] Dieses neue Getriebe wurde erst während der Drucklegung bekannt und konnte deshalb aus technischen Gründen nur nachgetragen werden.

Abb. 250) sind drehbar in einem frei umlaufenden Käfig $d$ gelagert und stützen sich in der kegeligen Ausnehmung des feststehenden Ringkörpers $e$ ab. Diese Doppel-Reibkegel sind so gelagert und ausgebildet, daß die Mantellinien sämtlicher Außenkegel auf einer Zylinderfläche liegen.

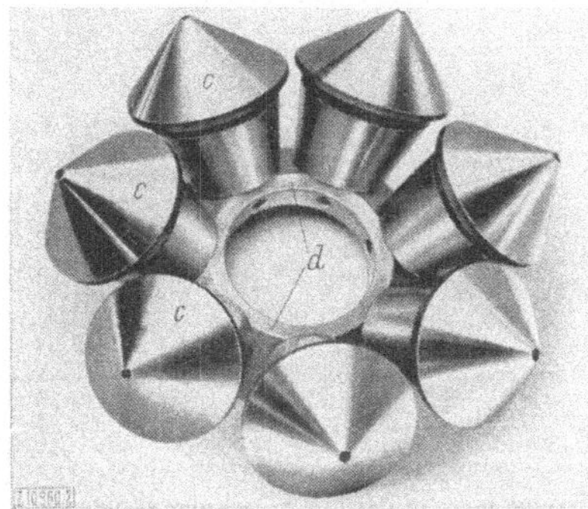

Abb. 250. Lagerkäfig mit den umlaufenden Doppel-Reibkegeln
für Allweiler-Rollax-Getriebe. $c$ und $d$ s. Abb. 249

Diese Mantellinien stehen mit der zylindrischen Innenringfläche des glockenförmigen Abtriebsrades $i$ in Eingriff. Durch Drehen des Handrades $g$ läßt sich das Abtriebsrad $i$ über Kegelräder $h$ axial verschieben, wodurch sich die Berührungsradien der äußeren sieben Kegelscheiben ändern und stufenlose Verstellung der Abtriebsdrehzahlen von Null bis

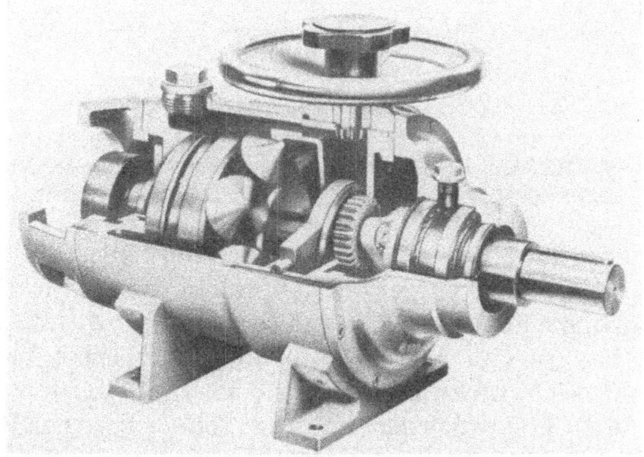

Abb. 251. Rollax-Getriebe, aufgeschnitten
mit Blick auf die Innenteile

zum Maximum ermöglicht wird. Der Verstellbereich unter voller Last beträgt indessen nur ungefähr 1:4,5. Der Antriebsmotor kann also bei Stillstand der Abtriebswelle angefahren werden und, falls erforderlich, kann vor dem Abschalten des Antriebsmotors wieder zunächst eine Verstellung der Abtriebsdrehzahl auf Null erfolgen. Zwischen dem Ring $e$

und dem Gehäuse $f$ ist eine Axialnocken-Kupplung $k$ vorgesehen, zwischen deren Flanken zur Reibungsverminderung Stahlkugeln angeordnet sind, so daß drehmomentabhängige Anpressung der Reibkörper bewirkt wird. Das Abtriebsrad $i$ und die Abtriebswelle $l$ können direkt miteinander gekuppelt oder zwecks Verlagerung des Verstellbereiches durch

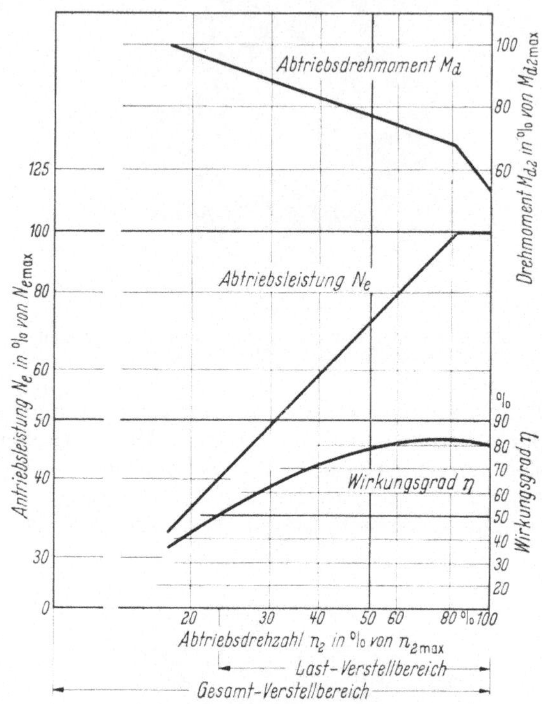


Abb. 252. Veränderung von Drehmoment und Leistung an der Abtriebsseite und des Wirkungsgrades bei einem Rollax-Getriebe

zusätzliche Zahnradgetriebe verbunden werden (in Abb. 249 durch das Umlaufgetriebe $m$). Eine eingebaute Ölpumpe $n$ sorgt für die Schmierung aller Übertragungselemente. Dieses Getriebe wird für Drehmomente an der Abtriebsseite von 2,8—50 kpm und für übertragbare Leistungen bis 4 PS gebaut; es kann auch unter Last verstellt werden und wird auch als Getriebe mit Leistungsverzweigung geliefert. Die Wirkungsgrade (vgl. Abb. 252) liegen im Last-Verstellbereich zwischen 76 und 86 %.

# Sachverzeichnis